办公自动化设备的使用和维护

(第 三 版)

陈国先　主编

伊世昌　郑惠芳　刘　猛　参编

西安电子科技大学出版社

内 容 简 介

　　本书较全面、详细地介绍了目前流行的办公自动化设备,包括传真机、复印机、速印机、微型计算机、针式打印机、喷墨打印机、激光打印机、扫描仪、数码相机、投影仪、数码摄像机、集团电话、考勤机、幻灯机与投影器、数码录音笔、多功能一体机、刻录机、UPS 电源、交流稳压电源、碎纸机等,重点介绍了这些设备的选购、安装和使用,较详细地介绍了这些设备的日常维护及常见故障的处理。此外,在本书每一章的最后还安排了实训内容和各种类型的练习题。

　　本书阐述精炼、实用性强,从理论与实践结合的角度出发,配合图片,直观明了。读者按照书中介绍实践,就能较好地选购、安装、使用和维护这些自动化办公设备。

　　本书适合作为各类高职高专职业技术院校、中等职业技术学校及职业高中有关专业的教材,也可供各类培训班及办公室人员使用。

图书在版编目(CIP)数据

办公自动化设备的使用和维护 / 陈国先主编. —3 版.
—西安:西安电子科技大学出版社,2011.8(2021.1 重印)
ISBN 978–7–5606–2605–5

Ⅰ. ① 办⋯　Ⅱ. ① 陈⋯　Ⅲ. ① 办公室—自动化设备—使用
② 办公室—自动化设备—维护　Ⅳ. ① C931.4

中国版本图书馆 CIP 数据核字(2011)第 107862 号

策　　划　马武装
责任编辑　买永莲　马武装
出版发行　西安电子科技大学出版社(西安市太白南路 2 号)
电　　话　(029)88242885　88201467　　　邮　　编　710071
网　　址　www.xduph.com　　　　　　电子邮箱　xdupfxb001@163.com
经　　销　新华书店
印刷单位　咸阳华盛印务有限责任公司
版　　次　2011 年 8 月第 3 版　　2021 年 1 月第 20 次印刷
开　　本　787 毫米×1092 毫米　1/16　印　张　20
字　　数　467 千字
印　　数　113 001～115 000 册
定　　价　45.00 元

ISBN 978-7-5606-2605-5/C

XDUP 2897003-20

如有印装问题可调换

前　　言

　　《办公自动化设备的使用和维护》的第二版自 2005 年 1 月出版以来，已被多所院校的有关专业采用。第二版的出版已有六年了，在这六年的时间里，新的办公自动化设备及新技术不断涌现，第二版中的部分内容已有些陈旧。因此在该书的第三版中，对有关内容作了较大幅度的增、删和调整，以适应办公自动化设备的发展变化。本书目录承继上一版，章节的安排基本未变，但各章节的内容变化较大，对书中的实例进行了更新，同时增加了考勤机、幻灯机与投影器、数码录音笔等内容。

　　一个完整的办公自动化系统应当是办公人员、办公设备、信息资源三者紧密联系的整体。办公设备是人们在进行办公信息和事务处理中所必需的配置。随着微型计算机技术的进步和通信技术突飞猛进的发展，各种先进的办公设备如雨后春笋般涌现。目前先进的办公设备是以微型机和网络为中心的设备，包括信息生成设备、信息传输设备、文件复印设备、信息存储设备、电子会议支持设备和其他办公机械设备等。

　　本书内容全面、实用，图文并茂，较全面、详细地介绍了目前流行的办公自动化设备，包括传真机、复印机、速印机、微型计算机、针式打印机、喷墨打印机、激光打印机、扫描仪、数码相机、投影仪、数码摄像机、考勤机、幻灯机与投影器、数码录音笔、外部存储设备、集团电话、UPS 电源、交流稳压电源、碎纸机、多功能一体机、刻录机等设备，对其分类、基本工作原理、基本构成及主要技术指标等方面进行了介绍，同时对每种设备还列出了最新的多种同类型产品的性能参数，以方便读者选择。此外，重点介绍了这些设备的选购、安装和使用，较详细地介绍了这些设备的日常维护和常见故障的处理。每章末安排了实训内容和各种类型的练习题，以满足高职高专学校的教学要求。

　　本书由陈国先主编，伊世昌、郑惠芳、刘猛参编。全书由陈国先统稿。西安电子科技大学出版社对本书的出版给予极大的关心和支持，在此表示衷心的感谢。

　　由于编者水平有限，书中难免有不足之处，敬请读者批评指正。

编者

2011 年 2 月

第 二 版 前 言

《办公自动化设备的使用和维护》第一版自 2000 年 11 月出版以来，被多所院校有关专业作为教材使用。第一版出版已有四年了，在这四年的时间里，新的办公自动化设备、新技术不断涌现，第一版中的部分内容已有些陈旧了。《办公自动化设备的使用和维护》第二版对有关内容作了较大幅度的增、删调整，以适应办公自动化设备的发展变化。本书各章节的安排基本上不变，但每章的内容却有较大变化。书中的实例已基本上更新为更先进的办公设备实例，同时还增加了数码摄像机、集团电话、多功能一体机、刻录机等设备的使用实例，使本书紧跟办公自动化设备技术的发展。

一个完整的办公自动化系统应当是办公人员、办公设备和信息资源三者密切联系的整体。办公设备是人们在进行办公信息和事务处理中所必需的配置。随着微型计算机技术的进步和通信技术突飞猛进的发展，各种先进的办公设备如雨后春笋般涌现。目前先进的办公设备是以微型机为中心的设备，包括信息生成设备、信息传输设备、文件复印设备、信息存储设备、电子会议支持设备和其他办公机械设备等。

本书较全面、详细地介绍了目前流行的办公自动化设备，如传真机、复印机、速印机、微型计算机、针式打印机、喷墨打印机、激光打印机、扫描仪、数码相机、投影仪、数码摄像机、集团电话、UPS 电源、交流稳压电源、碎纸机、多功能一体机、刻录机等设备的分类、基本工作原理、基本组成及主要技术指标，重点介绍了如何选购、安装、使用这些设备。另外还介绍了这些设备的日常维护和常见故障的处理。

本书内容全面、实用，着眼于办公设备的使用和维护，特别对目前较先进的办公设备，如对各种局域网的组建、连接 Internet 的方法、与微机同步的投影仪的使用以及将办公文字和图像刻录到光盘中的方法等都进行了详细的介绍。

本书由陈国先主编，伊世昌、郑惠芳、刘猛参编。全书由陈国先统稿，戚琦主审。西安电子科技大学出版社的各位同志对本书的出版也给予了极大的关心和支持，在此一并表示衷心感谢。

由于编者水平有限，书中难免有许多不足之处，敬请读者批评指正。

编　者

2004 年 10 月

第 一 版 前 言

所谓办公自动化，就是利用现代的技术和设备代替办公人员的部分业务活动，优质高效地处理办公信息和事务。

办公设备是人们在处理办公信息和事务中所必需的装置。随着微型计算机和通信技术的发展，各种先进的办公设备如雨后春笋般地出现。常用的办公设备包括信息生成设备、信息传输设备、信息存储设备、文件复印设备、电子会议支持设备和其他办公机械设备等。目前先进的办公设备总是以微型计算机为中心的。

本书内容主要包括两部分：第一部分介绍微型计算机及其外部设备的种类、技术性能、基本组成、工作原理、选购原则、使用方法、维护维修；第二部分介绍常用的办公机械设备的种类、技术性能、基本组成、工作原理、选购原则、使用方法、维护维修。本书内容全面、实用，侧重于办公设备的使用和维护，同时对目前较先进的技术手段和办公设备，如局域网的组建、连接 Internet 的方法、与微机同步的投影仪的使用以及将办公文字和图像刻录到光盘中的方法等，都作了较详细的介绍。

本书第 1、6、8、9、10、11、12、13 章由陈国先编写，第 2、3、4 章由伊世昌编写，第 5、7 章由刘猛编写，全书由陈国先统稿。西安电子科技大学出版社对本书的出版给予了极大的关心和支持，在此一并表示衷心感谢。

由于编者水平有限，书中难免有许多不足之处，敬请读者批评指正。

编 者

2000 年 7 月

目　　录

第1章

绪 论

1.1 办公自动化概述

办公自动化(Office Automation，OA)即利用先进的科学技术，使部分办公业务活动物化于人以外的各种现代化办公设备中，由人与技术设备构成服务于某种办公业务目的的人—机信息处理系统。办公自动化以计算机为中心，采用一系列现代化的办公设备和先进的通信技术(如因特网等)，广泛、全面、迅速地收集、整理、加工、存储和使用信息，使企事业内部人员能够方便、快捷地共享信息，高效地协同工作，为科学管理和决策服务，从而达到提高办公效率的目的。

1.1.1 办公自动化的基本功能

所谓办公自动化的功能，是指办公自动化系统可能具备的功能。从功能角度来看，办公自动化具有事务处理、信息管理和辅助决策三种功能。

1. 事务处理功能

各个办公部门都有大量的事务工作，这些工作往往量大、重复、繁忙，例如数据汇总、报表合成、草拟文件、发送通知、打印文本等。实现办公自动化可以把上述繁琐的事务交由系统来处理，达到提高工作效率、减轻工作负担的目的。完成事务处理功能的办公自动化系统被称为事务处理系统。这类系统比较简单，一般由分立式的电子计算机和复印机等设备构成。

2. 信息管理功能

办公部门最本质的工作是对信息的流通进行控制和管理。要做好对信息的收集、加工、传递、交流、存取、分析、判断和反馈，从而使信息资源转化为推动社会进步、获得良好经济效益的物质财富。办公自动化是信息管理的有效手段，担负信息管理功能的办公自动化系统称为信息管理系统。这种系统的办公自动化设备呈分布式组合，具有计算机通信和网络功能。

3. 辅助决策功能

决策是根据预定目标作出的行动决定，是办公活动的重要内容之一，是较高层次的管理工作。决策的正确与否往往会对一个企业产生重大影响，因此在决策之前，要做大量的基础工作，要经过提出问题、搜集资料、确定目标、拟定方案、分析评价、最后选定等一系列活动环节。比较理想的办公自动化系统能自动地分析采集的信息，提出各种可供领导参考的优选方案，是辅助决策的有力手段。这类系统必须建立起多种能综合分析、预测发展、判断利弊的计算机运算模型，从而可以根据大量的原始数据信息自动作出比较符合实际的决策方案。这种系统叫做决策支持系统，是一种高层次的、智能型的系统。

1.1.2　办公的信息处理方法

办公的功能主要是与各种信息打交道，办公室既是各种信息的汇聚点，也是产生各种信息的场所。一个现代化的办公室，应是一个有效的信息管理系统，可以监督和控制本机构信息的生成、收集、加工、复制、分发、利用、存储直至销毁的全过程。下面简要介绍现代办公信息的处理方法。

1. 办公信息的生成和输入

办公信息的生成和输入包括信息的产生、获取和存储。

从信息来源上看，办公信息可以来自外部，也可以来自内部。前者通常已经经过一定的加工处理，以非原始输入的形式存在于办公室中，后者则较多地表现为原始输入。

原始输入比较典型的例子是机构的高层领导或其他工作人员产生了某些设想，这些设想有的可能最终成为一份报告、一封信件、一篇文章，也有的可能是包含若干数据的统计分析报告表，但第一步都要将这些设想以某种方式输入。原始输入可进一步分为语音输入、键盘输入和图像输入。

1) 语音输入

语音输入包括机器录音和声音的识别及响应。

机器录音：机器录音在没有文字处理中心的办公机构中是最有效的输入方式，由于可以节省高层领导的时间，并可随时将其一些想法记录下来，因此这种输入方法正在被越来越多的办公人员使用。

远程系统：可使经常外出的管理者通过电话直接向计算机(或通过录音笔)口述各种批示文件或备忘录。

声音识别与响应系统：声音的识别和响应技术已发展得较成熟，目前已有相应的设备，其核心是一台高性能的计算机。在接受某一个人的口授之前，设备会先有一个学习过程，以便记住其声音，并将声音与某些词汇一一建立起对应关系，而在口授时，要求词与词之间要有停顿。

2) 键盘输入

键盘是输入文字和数据的主要工具，通过键盘输入的通常是机器录音、速记、普通纸笔书写的结果或已打印的文件的内容。随着便携式微机的发展，越来越多的领导者和文字工作者乐意直接利用键盘撰写文稿。

3) 自动扫描输入

图像输入通常使用图形扫描仪或数码相机。图形扫描仪或数码相机能十分方便迅速地将图像信息输入计算机，以便进一步处理。利用图形扫描仪还可以对印有印刷体汉字的页面进行扫描，借助专用的软件，计算机能对用这种方式输入的文字进行识别，必要时可编辑加工。页面扫描的速度比用键盘键入速度快很多，且避免了键入时的差错，从而大大提高了工作效率。扫描仪也能有效地处理图表。另外，自动扫描输入还包括传真和条形码技术。条型码技术的核心是编码、扫描输入和鉴别。编码是指设计一种合理的编码形式，以便区分商品的名称、产地、种类等各种信息；扫描输入和鉴别的设备是扫描仪或光符阅读器，只要用扫描仪或光符阅读器扫描一下商品的条形码，即相当于输入了这种商品的名称、产地等信息，从而节省了输入时间。

4) 非原始输入

非原始信息是指那些已经产生并处理过的信息。所有的数据或资料在最初阶段都是原始输入，但是，一个机构的许多信息会在不同的地点以各种方式重复使用。过去，信息的传送是通过传递文件来实现的，当信息需要重复使用时，只要其格式或某一部分有所取舍，就只能以重写或重新键入的方式来处理。显然，这种方法既不经济，效率又低。

5) 视频获取

视频获取在办公信息中起到越来越重要的作用。视频信息的获取可以通过数码摄像机来进行，获取的视频信号可以通过计算机编辑、合成处理。

2. 信息处理

信息处理是指对已输入系统的信息进行加工，使之转换成可供使用者显示、存储或复制的电子存储格式。信息处理包括数据处理和文字处理两种。

数据处理一般与管理工作相联系，比如编制计划、统计、分类、查询、索引、修改、存储等。数据处理主要是指对数值进行处理，通过对原始数据进行各种计算而产生有意义的决定以及有用的统计信息。由于计算机技术的飞速发展，特别是数据库操作系统问世以来，数据处理的内涵有了进一步的扩展，不但可以对数值型字段进行排序、索引等操作，还可以对字符型字段进行处理操作，从而为表格处理提供了丰富的手段。

文字处理主要处理语言信息，通过对原稿的编辑、校正、修改和格式化，使语言信息的意思能清楚地被人们理解。利用不同的处理软件，计算机能分别对数据和文字进行处理。

对于语音和视频信号，主要利用计算机对其进行识别、合成、存储、加工等处理。图形与图像处理是指利用计算机把图形或图像以数字形式输入，并按照一定的要求进行处理后，再把数字输出恢复为图形或图像。使用计算机的图形处理功能，可得到醒目的各种彩色统计图，使办公人员直观地了解各种信息之间的关系。使用计算机的图像处理功能，可以输入或输出照片、图像，并对它们进行如数字化、增强、复原、压缩、分割、识别等处理。

3. 信息的输出及复制

1) 信息的输出

经过处理后的信息要输出、分发给他人，其输出的形式和方法很多，也最复杂。

(1) 显示器显示输出。几乎所有的文字处理机或计算机都可以通过屏幕显示输出或通过投影仪输出，显示器能随时显示输出、输入的内容和处理的结果。显示器输出主要用于观察中间处理结果或不需要书面保存的文件。

(2) 打印机打印输出。打印机是常用的输出设备，通常与计算机连接在一起，常见的有针式打印机、激光打印机和喷墨打印机。使用这类打印机，可以输出精美的文字和符号，使打印出的文稿符合各种需要。

(3) 绘图仪绘制输出。绘图仪是比较专用的输出设备，通常作为计算机输出设备的选用配置，用于输出图形。

(4) 声音和视频输出。目前，计算机已能模拟输出各种声音，声音和视频输出已由当初的辅助输出逐渐转化为一种重要的输出形式。视频可以通过显示器或投影仪输出。

(5) 电子通信输出。随着通信系统和网络的发展，越来越多的机关和企业内部及相互之间开始采用电子通信来代替书面通信和文件分发。有的通过 Internet 发布输出。

2) 信息的复制

复印是信息的复制过程，通常是将信息复制在纸上。油印和印刷都属于复印。复印的设备主要有复印机、多功能一体机、快速油印机、一体化速印机和胶印机等。

4. 文件的存储、归档及销毁

办公的重要工作之一就是做好文件的存储、归档。对文件进行存储、归档是因为文件中包含的信息在今后一段时间内有使用的可能，因此，文件的存储、归档要考虑使用或查找的方便，并要有计划、定期地将不再有使用价值的文件信息销毁，以便使有用的信息不被无用的信息淹没，同时也为新的文件的存储提供空间。

1) 电子文档的存储与检索

传统的文档存储与索引是由秘书把各种纸质的文件按规定装订成册、建立好索引，然后以垂直或水平的形式存放在档案柜或档案橱里。而电子文档存储是将文档信息存储在计算机的磁带、硬盘(含外接硬盘)、光盘上，并由计算机来帮助检索。

计算机把一个文件存储在磁盘上的同时，也将用户为文件确定的简短的文件名、文件的类型、存入的时间、文件的长度等信息存放在磁盘的目录区，以便查找。用户要查看所有文件目录或查找某一文件，只要通过计算机终端，按规定提出查询要求，系统即会在几秒钟内做出响应，并输出查询结果。进一步的管理则利用数据库管理系统，这时不但要输入文件的全名，还要输入文件的主题词、关键词、内容提要等信息，有时，还要对检索查询提出权限要求。在这种情况下，用户先要通过终端向系统发出申请，然后系统响应，对用户作保密权限检查，合格后，用户向系统输入查询要求，系统根据查询要求进行检索，向用户输出检索结果。用户得到结果后，检查其是否满足要求，若不满足可修改查询要求，重新输入。重复上述过程，直至用户满意。

为了方便用户，提高效益，国际上现在流行的做法是建立各种专业的国际联机检索系统，这种国际联机检索系统以一个文献数据库为文库，及时地存储某种专业文献，通过卫星通信网络，供分布在世界各国的联机终端用户检索文献。

2) 文档的销毁

并非所有的文件和信息都需要永久地保存，当文件的保存期超过法定期限和有效期后，即应销毁。销毁的方法因保存形式而异，例如纸质文件可用碎纸机粉碎，存储器上存储的内容可删除掉，等等。作为一个机构规定的工作制度的一部分，应制定档案处置计划和销毁方法，尤其是涉及机密的文件，销毁的程序及方法都要严密无误，以免发生意外的毁档事件和泄密事件。

5. 信息的利用

信息的重要作用是辅助决策。辅助决策是指利用计算机辅助办公人员根据计划和必要的信息进行分析、判断，提供决策的方案。换言之，辅助决策是指利用计算机的智能化处理软件，对复杂的事物提供可行的各种决策方案，协助甚至替代办公人员进行决策或预测。

1.1.3 办公自动化设备

办公自动化系统以人为主体，融数据、文字、语言、图像信息的存储和处理等功能为一体，具有完善的、相互融洽的人—机接口界面。其中，训练有素的办公自动化人员应是第一位的。因此在推进办公自动化的进程中，应首先把对办公人员的培训放到重要的议事日程，与此同时，也要重视物的因素。办公自动化系统装备的组成可分成计算机、通信、办公机械三大类。

1. 计算机类

计算机类设备包括各类大、中、小和微型计算机，计算机网络设备，声音处理设备，图文处理设备，视频处理设备，电子会议设备和多功能工作站，以及一些相关的软件等。

2. 通信类

通信类设备包括各种电话、传真机、局域网、Internet 网、程控电话、集团电话、自动交换机等。

3. 办公机械类

办公机械类设备包括复印机、针式打印机、激光打印机、喷墨打印机、绘图仪、数字化仪、扫描仪、硬盘驱动器、光盘存储器、高速油印机、投影仪、考勤机、桌面轻印刷系统、速印机、多功能一体机、碎纸机、折页机和装订机等。

整个办公自动化系统，就是通过上述各类设备的不同组合构成办公的人—机环境。办公自动化的进程与先进的办公设备的使用息息相关。随着科技的进步，办公自动化设备的发展趋势是数字化、智能化、无纸化、综合化以及一机多用。

1.2 办公设备的用电常识

办公自动化设备中，微型计算机系统对供电要求较严格，因此只要微机系统供电达到要求，其他设备的供电也能达到要求。

1.2.1 微机系统对供电的基本要求

为了保证微型计算机系统的正常运行，供电系统的质量和连续性至关重要，它直接关系到机器的使用寿命。一般对微机系统的供电应考虑以下五个方面的要求。

1. 供电电压的波动范围

微型计算机系统对供电电压的允许波动范围一般是额定电压值的 ±5%。当电网电压过低时，有些种类的微机会自动保护；当电网电压过高时，则很容易损坏微机系统。供电电压的波动较大时，要安装交流电稳压电源。

2. 供电电网的连续性

微型计算机系统要求供电电网在工作时间里连续供电，无规则的突然断电很容易造成微机系统损坏、数据丢失及磁盘盘面划伤。因此，在供电电网经常发生断电的地区，必须配置不间断电源(UPS)。UPS 主要包括电池、充电器、逆变器和转换开关四部分。电池是逆变器工作时的供电电源，充电器用来给电池充电，逆变器用来将直流电源转换为交流电源，转换开关用于切换逆变器的供电电源(即电网电压供电正常时，切断电池供电；电网供电出现事故或停电、断电时，自动接通电池供电)。

3. 避免与大容量感性负载的电网并联使用

微型计算机系统的电源线应当避免与带有大容量感性负载的电网并联使用，因为电感负载在启动和停止时，会产生高压涌流和干扰，使微机系统不能正常工作。如果确实不能做到分别供电，可分别添加稳压电源以减少影响。

4. 避免供电电网带来的杂波干扰

电网带来的杂波干扰一般存在于两载流导体(火线与零线)之间和载流导体与地线之间。前者称为差模(Normal-mode)干扰，后者称为共模(Common-mode)干扰。在干扰比较严重的场合，会造成微机的错误计算，因此必须在电网回路中引入低通滤波器、隔离变压器、压敏变阻器(吸收大幅度的电压尖峰，如抑制闪电带来的大幅度脉冲)等杂波干扰抑制设备。

5. 微机系统的接地

微型计算机系统安装连接时，不仅应接好电源火线和零线，而且还应按说明书要求，严格地将机器接地。如果不接地，虽然微机系统能使用，但却大大增加了微机因外来突发原因而造成损坏的可能性。这是因为许多类型的微机主机中的电源变压器，其中心抽头与机壳(即大地地线)相连，当机器未接地时，机壳上则会带有 110 V 左右的"感应电压"，容易造成系统工作不稳定。如果主机接好了地线，但打印机未接地线，则在两者的地线之间就会产生一定的电压差，严重时会将打印适配器或打印机接口板上的电路损坏。此外，接好地线还会减少因静电放电现象造成系统故障的可能性。

1.2.2　办公室电源安装要求

(1) 采用专用地线，以消除采用公共地线带来的相互影响。

(2) 电网零线和重复接地线不能作为计算机的接地线。

(3) 考虑三相平衡的情况下，根据用电设备的总功率和性质分配用电。

(4) 选择较粗的多芯铜缆作地线，它的一端直接与室外引进的紫铜带焊接(不宜用螺丝钉紧固)；另一端用单芯包皮粗铜缆焊接，再连接到三芯电源插座的接地端。

(5) 接地线应尽量短，以最大限度地减小干扰电压的影响。

(6) 一个机房如安装多根地线时，从同一根紫铜带上引出的任意两根接地时，不应形成回路，以减小高频干扰。

(7) 对于三芯电源插座，按国际、国内标准，从插座的正面看，上面的粗芯应接地线，下面的两个细芯，左边接零线，右边接火线，即"左零右火"，电源插头也应与之对应。

(8) 如装接稳压电源，应检查稳压电源是否漏电，即稳压电源零线对机壳(地)电压是否小于 5 V(峰-峰值)。

(9) 稳压电源安装完毕，用数字电压表测量其空载情况下的中线对地电压，并用示波器测量其峰-峰值，然后逐步加载至所需功率，此时的中线对地电压应小于 5 V(峰-峰值)。

1.2.3 插座、插头安装要求

插座是一种低压电源装置，它与相同形式的插头配合使用。插座的主要作用是通过插头把用电设备和电源连接起来。插座一般分为明插座和暗插座；按孔眼的多少也可分为二极、三极、四极三种类型。在单相三极和三相四极插座中，有一个较大的孔是接地插孔，它的插套比较高，这是为了保证插头插入时，接地插脚能先接触到接地插套，而拔出插头时，接地插脚又能最后拔离接地插套，从而起到保障使用者安全的作用。单相二极插座没有这样的接地插孔，其使用范围有较大的局限性。

插头是一种连接插座与用电设备的电器。由于插头必须与相同形式的插座配合使用，其形式和种类与插座相同。单相三极、三相四极插头中，接地插脚比其他插脚粗而长，通过它与电气设备的金属外壳连接，借助插座可靠接地，可防止电气设备因漏电引起的触电事故。

安装插座、插头必须注意以下几点：

(1) 插座、插头必须符合相应的国家标准。安装使用前，要严格检查，不合格的产品不准安装使用。

(2) 安装插座时必须保证一定的安装高度。规定明插座离地的高度为 1.3～1.5 m，暗插座离地的高度可取 0.2～0.3 m。

(3) 使用插座时，开关与熔断器必须接在火线上。

(4) 插座、插头的带电部件与导线均不得外露。

(5) 严防插座、插头内因线头松脱或绝缘破损而造成短路或碰壳漏电。

(6) 插座、插头的外壳应始终保持完整并具有良好的绝缘。

(7) 插座、插头必须正确接线。

1.3 办公自动化系统的建设与管理

1.3.1 办公自动化系统的建设

办公自动化是信息社会的需要，是社会经济发展的需要，是提高办公效率和管理水平的有效途径。

1. 办公自动化系统建设的原则

办公自动化系统用现代化的技术装备和科学的管理手段来帮助办公人员提高工作质量和效率，以摆脱传统的办公模式。办公自动化系统的建设必须得到各级领导和有关技术人员的重视，有正确的设计原则，建立科学的规则，选择合适的建设规模，投入必要的资金，进行合理的系统分析论证，实施精心的设计，采取切实可行的步骤，以建设一个好的办公自动化系统。

办公自动化系统涉及到电子、机械、通信、网络、管理、文秘等多个学科，投资大，对人员的要求较高。我国政府机关的办公自动化系统建设的一般原则是：积极稳妥，统筹规划，量力而行，按照办公自动化系统软硬件的组成，依照实际的建设方案完成下述工作：

(1) 购置必要的设备，使办公自动化系统的硬件得到保证。

(2) 购置或编制必要的软件，这需要一定的计算机设备、时间和程序设计人员。

(3) 培训操作人员，使系统得以正常使用。

(4) 积极进行数据整理和标准化工作。

2. 办公自动化系统建设的步骤

1) 抓住本部门急需解决的问题

首先配置以微型计算机为核心的桌面打印系统，进行字处理和文件打印工作。对于学校和事业单位，可以先在业务繁忙的处/室配备计算机，解决原始数据输入、数据整理等问题。对于企业单位，可以先在仓库、调度、财务、销售、生产等业务繁杂、时效性较强的科室配备计算机，用以解决业务处理中的问题。

这个阶段需投资的设备有计算机、打印机、复印机、排版软件和数据处理软件等，还需进行打字速度、计算机和其他设备的使用及相应软件操作知识的培训。

2) 建立专业数据库

在一些工作量大且业务又规范的处、科、室配备计算机，开发一些相应的信息管理软件，建立起专门的数据库，制定一些标准以解决本部门较重要的数据查询、检索和处理等事务性管理工作。

与此同时，对部分办公人员进行使用计算机和数据库方面的培训，使技术人员积累经验，改变老式办公观念，为办公自动化的进一步深化打下基础。

同时，建立起一个计算机中心机房，将分散的微机连成一个局域网，在单位内部实行信息资源的共享。这是将各科/室分散的单机集中管理的过程，可使各科室的数据形成统一标准，建成一个完整的事务型办公系统，为更完善、更复杂的办公自动化系统的建立打下坚实的基础。

3) 建立数字化办公的基本框架

数字化办公的基本框架是 Intranet 网结构，它的构建思路是自上而下的，即首先把整个内部网看成一个整体，这个整体的对象是网上的所有用户，它必须有一个基础，这个基础即内网平台。内网平台负责所有用户对象的管理、所有网络资源(含网络应用)的管理、网络资源的分层授权、网络资源的开放标准，并提供常用的网络服务(如邮件、论坛、导航、检索和公告等)。在平台的基础之上，插接各种业务应用，这些应用都是网络资源。用户通过统一的浏览器界面入网，网络根据用户的权限提供相应的信息、功能和服务，使用户在网络环境下办公。

4) 配备小型机或超级微机

配备小型机或超级微机的目的是为每个办公处/室或每个人设一个工作站，并通过通信网络与外界交流信息，形成一个较完善的三级网络式管理办公系统。

三级网络式管理办公系统的第一级是一小型计算机构成的管理系统，设置于计算机中心；第二级是用小型机或超级微机构成的办公事务处理系统，设置于各职能管理机关；第三级是以微机工作站或终端构成的，用于完成信息的采集、输入、输出和查询等功能，做到各处/室的所有数据共享，设置于各基层科/室、车间。三级网络管理型办公自动化系统具有数据分析处理能力强、资源共享充分和可靠性高的特点。这种管理型办公自动化系统，除了具备事务型办公自动化系统的全部功能外，主要增加了信息管理系统的功能。

5) 建立 OA 决策型办公系统

在 OA 系统具备了上述管理型办公系统的功能后，还应努力使其具备决策支持功能，使 OA 系统成为决策型的办公系统(或称为综合型办公自动化系统)，使之具备生产计划、数据综合、发展预测、效益预测、结构分析等有关发展方面的决策支持的能力。

1.3.2 办公设备的环境

1. 温度对办公设备的影响

(1) 温度对器件可靠性的影响：器件的工作性能和可靠性是由器件的功耗、环境温度和散热状态决定的。据实验得知，在规定的室温范围内，环境温度每增加 10℃，器件的可靠性约降低 25%。

(2) 温度对电阻器的影响：温度的升高将会导致电阻器额定功率的下降。RTX 型碳膜电阻在环境温度为 40℃时，允许使用功率为标称值的 100%；当环境温度增至 100℃时，允许使用功率仅为标称值的 20%。又如，RT-0.125 W 金属膜电阻，在环境温度为 70℃时，允许使用功率为标称值的 100%；当环境温度为 125℃时，允许使用功率仅为标称值的 20%。实验还表明，温度升高或降低 10℃，其阻值约变化 1%。

(3) 温度对电容器的影响：在超过规定温度工作时，温度每增加 10℃，电容器使用时间将下降 50%。在高温状态下，电解电容器的电解质中的水分易蒸发，氧化膜性能易变坏。温度过低时电解质会冻结，使电阻增大，损耗增加，甚至完全失去作用。

(4) 温度对绝缘材料和金属构件的影响：绝缘材料又称电介质，主要用于绝缘。如印制板、插头、插座以及各种信号线的包封等。这些材料在电场作用下有电流产生，称之为漏电流，这是介质在高温时的主要损耗。机械传动部件、各类开关等金属构件，由于膨胀系数不同，在高温下会发生形变。剧烈的膨胀与收缩所产生的内引力以及交替结露、冻结和蒸烤，将加速元件、材料的机械损伤和电性能的变坏。

(5) 温度对记录介质的影响：这里的记录介质指输入/输出设备中使用的磁盘、磁带、打印纸张等。这些介质不仅在计算机运行时使用，而且还作为文件、资料被长期存放。对磁介质来说，随着温度的升高，开始时磁导率增大，但当温度升高到某一数值时，磁介质将失去磁性，磁导率急剧下降。因此，在国标《计算站场地技术要求》中对磁介质的存放和使用均作了明确的规定。

2. 湿度对办公设备的影响

在相对湿度保持不变的情况下，湿度越高，水蒸气对办公设备的影响越大。水蒸气压力增大，水分子易进入材料内部。相对湿度越小，水蒸气在元器件或介质材料表面形成的水膜越厚，以致造成"导电通路"和出现飞弧。有些塑料及橡胶制品，由于吸收水分，发生变形以致损坏。另外，当湿度由 25%增加到 80%时纸张尺寸将增加 0.8%左右。

高湿度对计算机设备的危害是明显的，而低湿度的危害有时更大。在低湿状态下，机房中穿着化纤衣服的工作人员，因塑料地板及机壳表面都不同程度地积累静电荷，若无有效措施加以消除，这种电荷将越积越高，不仅影响机器的可靠性，而且危及工作人员的身心健康。

此外，高温高湿、低温干燥等交替变化的环境，由于材料毛细孔的呼吸作用，会进一步加速材料的吸潮和腐蚀。

3. 灰尘对办公设备的影响

灰尘对计算机设备，特别是对精密机械和接插件影响较大。不论机房采取何种结构形式，由于下述原因，机房内存在大量灰尘仍是不可避免的：空气调节需要不断补充新风，把大气中的灰尘带进了机房；机房墙壁、地面、天棚等起尘或涂层脱落；建筑不严，灰尘通过缝隙渗漏等。若大量含导电性尘埃落入计算机设备内，将使有关材料的绝缘性能降低，甚至短路。反之，当大量绝缘性尘埃落入设备内时，则可能引起接插件触点接触不良。

4. 静电对计算机的影响

静电是物体与物体摩擦时产生的电，也就是人们常说的摩擦起电。

办公室里使用很多绝缘材料和电阻率很高的化工合成材料，操作人员的衣着也大量使用化纤织物。这些材料相互摩擦，便会产生静电，而且越积越多，静电压可达几千伏甚至上万伏。因此，静电的影响不容忽视。

静电对计算机的影响，主要体现在静电对半导体器件的影响上。尽管大多数 MOS 电路都具有接保护电路，提高了抗静电的能力，但在使用特别是在维修更换时，仍然要注意静电的影响，过高的静电电压依然会使 MOS 电路击穿。

静电带电体触及计算机时，有可能使计算机逻辑器件送入错误信号，引起计算机运算出错，严重时还会使送入计算机的计算程序紊乱。

此外，带阴极射线管的显示器在受到静电干扰时，会产生图像紊乱、模糊不清。

从管理的角度来看，办公室防静电的措施可归纳如下：

(1) 接地与屏蔽，即静电接地系统的维护。

(2) 工作人员的着装，包括内衣在内，最好选择不产生静电的衣料制作。工作人员穿的鞋也要用不产生静电的材料制作。

(3) 控制湿度，关键是保证空调系统的安全运行以及恒温、恒湿设备的完好，使相对湿度保持在规定的范围之内。

(4) 如果使用静电消除器，除按规程操作外还应经常维护，保证设备完好。

综上所述，办公室环境条件的保证，除了精良的建筑设计和施工，最关键的仍是严格的管理制度的建立和执行。

1.3.3　办公室的安全防护

办公室的安全及防护是计算机系统安全防护的一个重要方面，它既要保证计算机设备可靠运行，不因意外事故而毁坏，还应保证操作人员与维修人员的正常工作和身心健康。

办公室安全防护问题大致包括火灾、静电、电击、水害及鼠虫害等方面，其中危害较大的是静电和火灾。

火灾是办公室所发生的较普遍、危害较大的灾害之一。1977 年国内某机关的办公室，因空调系统起火，蔓延至机房及有关房间，大火持续了近三个小时，造成 40 多万美元的损失。人们所重视的是人们视觉所能看到的地方，而对于顶棚之上、地板之下等隐蔽的地方则易于忽视。那么，对这些地方则应采取措施，勤于检测，防患于未然，否则一旦起火很容易成灾，这点应该引起足够的重视。

1. 办公室火灾的起因

(1) 电火灾：主要是指电气设备、线路等因过载、绝缘被击穿、漏电、接触不良、高阻抗连接松脱以及接地短路而引起电弧打火等，从而引发的火灾。

(2) 空调加热器起火：为了保证办公室环境的恒温、恒湿，在空调(指集中空调)系统中常常使用电加热器。由于种种原因可能造成加热器起火，并顺着空调管道进入办公室，造成火灾。尤其是在吊顶上或地板下都设有各种电缆时，将会引起更大的火灾。这种在地板下或吊顶上引起的火灾在隐燃阶段是很难被发觉的，一旦觉察，火势已经很大了，消防人员也难于接近。

(3) 人为事故：人为事故是不容忽视的火灾起因之一。人员缺乏防火知识，缺乏防火训练和严格的管理制度，以及违章操作等，都是引起火灾的重要隐患。此外，防火措施不力以及工作人员不慎都有可能引起火灾。

(4) 其他建筑物起火蔓延或介质与易燃物起火：这种火害也是不能忽视的。办公室中存放着大量的纸张、磁带、胶卷等记录介质，如果管理不善，人为起火或火灾蔓延，将会助长火势，造成火灾。

2. 办公室防火措施

除了建筑上的防火措施和设置火灾报警与灭火设备外，主要是加强防火管理。

大量事实表明，在办公室火灾的起因中，人为事故是不可忽视的因素。因此，为防止火灾，应加强防火管理，建立必要的消防机构，经常对办公室人员进行消防教育和训练，并制定有效的消防制度。防火制度应包括下列条款：

(1) 办公室应严禁烟火。

(2) 办公室经常使用的纸张、磁带、胶卷等易燃物品要置于金属制的防火柜内，并由专人管理，不得乱丢乱放。

(3) 不许在办公室内使用电炉。

(4) 电气设备和动力线路应定期维护管理。

(5) 擦拭设备的棉纱、酒精等应及时清理，一般应在维修间进行。

(6) 定期检查、维护防火设施，使之经常处于完好状态。

1.3.4 办公设备管理

办公设备都较为贵重，有的还担负着国家的重要任务。因此加强设备管理，保证安全运行是极为重要的。设备管理归纳起来有如下几个方面：

(1) 根据设备指标、性能编写出设备操作规程。

(2) 对设备应建立技术档案，详细记载运行情况。贵重设备应设专人管理。

(3) 建立维修、维护制度，填写维修记录，明确日常维护与定期维修内容。

(4) 管理人对所管辖设备的现状必须做到心中有数，防止机器带故障运行，造成不应有的损失。

1.4 实 训

一、实训目的

1. 了解各种办公设备的作用；

2. 了解各种办公设备的外观。

二、实训条件

配有较全办公设备的典型办公室，当地出售办公设备的商场。

三、实训过程

1. 到典型的办公室了解各种办公设备的作用和外观(包括微型机、复印机、速印机、传真机、各种打印机、扫描仪、数码相机、投影仪、数码摄像机、各种电话、考勤机和网络现状等)。

2. 到当地市场了解各种办公设备的情况。

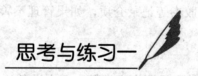

思考与练习一

一、填空题

1. 办公自动化的功能是指办公自动化系统可能具备的功能。不同的系统具备不同的功能，从功能角度看，办公自动化可能具有(　　　)、信息管理和(　　　)三种功能。

2. 计算机把一个文件存储在磁盘上的同时，也将用户为文件确定的简短的文件名、(　　　)、存入的时间、(　　　)等信息存放在磁盘的目录区，以便查找。

3. 大量含导电性尘埃落入计算机设备内时，将使有关材料的(　　　)降低，甚至短路。反之，当大量绝缘性尘埃落入设备内时，则可能引起接插件(　　　)不良。

4. 在低湿状态下，机房中穿着化纤衣服的工作人员，因塑料地板及机壳表面都不同程度地积累(　　　)，若无有效措施加以消除，这种(　　　)将越积越高，不仅影响机器的可靠性，而且危及工作人员的身心健康。

二、选择题

1. 办公自动化系统装备的组成按设备的生产产业部门可分成(　　　)大类。

A. 二　　　　　　　　B. 三　　　　　　　　C. 四　　　　　　　　D. 五

2. 微型计算机系统要求供电电网在工作时间里连续供电，无规则的突然断电很容易造成微机系统损坏、数据丢失及磁盘盘面划伤。因此，在供电电网经常发生断电的地区必须配置( )。

    A. 稳压器   B. 不间断电源(UPS)   C. 双路供电   D. 发电装置

    3. 当计算机未接地时，机壳上则会带有( )左右的"感应电压"，容易造成系统工作不稳定。

    A. 10 V   B. 60 V   C. 110 V   D. 30 V

    4. 器件的工作性能和可靠性是由器件的功耗、环境温度和散热状态决定的。据实验得知，在规定的室温范围内，环境温度每增加 10℃，器件的可靠性约降低( )。

    A. 25%   B. 15%   C. 10%   D. 5%

三、简答题

1. 办公自动化是如何定义的？

2. 办公自动化设备的通信类设备有哪些？

3. 安装插座、插头时必须注意什么？

4. 办公自动化系统建设的基本原则是什么？

5. 办公室如何防静电？

第 2 章

传　真　机

2.1　传真机的类型和主要技术指标

传真机是集计算机技术、通信技术、精密机械与光学技术于一体的通信设备，其信息传送速度快、接收的副本质量高。传真机不但能准确、原样地传送各种信息的内容，还能传送信息的笔迹，适于保密通信，具有其他工具无法比拟的优势，为现代通信技术增添了新的生命力，在办公自动化领域占有极为重要的地位。

2.1.1　传真机的类型

传真机种类较多，分类方法各有不同，按打印方式分为四大类：① 热敏纸传真机，也称为卷筒纸传真机；② 热转印式普通纸传真机；③ 激光式普通纸传真机，也称为激光一体机；④ 喷墨式普通纸传真机，也称为喷墨一体机。市场上最常见的是热敏纸传真机和喷墨/激光一体机。

传真机按传送转黑白或彩色分类，可分为真迹传真机和彩色传真机；按占用的电话线路数目分类，可分为单路传真机和多路传真机；按用途分类，可分为用户传真机、报纸传真机、气象传真机和通信传真机；按传输速率分类，可分为低速机、中速机及高速机。

国际电报和电话咨询委员会(CCITT)按技术等级把图文传真机分成以下四类。

一类机(G1)：采用双边带传输，对传输信号不采取特殊频带压缩措施，能以 4 线/毫米的扫描密度在 6 分钟内传输一页 ISO(国际标准化组织)A4 幅面(标称尺寸为 210 mm×297 mm)的文件。

二类机(G2)：采用频带压缩技术，能以 4 线/毫米的扫描密度在 3 分钟内传送一页 ISO A4 幅面的标准测试样张。这里所说的频带压缩包括码化和残余边带传输，但不包括将文件信号经过特殊处理以减少其冗余度的措施。

三类机(G3)：在调制前采取减少文件信号冗余度的措施，能在 1 分钟内传输一页 ISO A4 幅面的文件。

四类机(G4)：对发送前的报文信号采取减少信息冗余度的措施，适用于公用数据网(ISDN)的通信规程，可保证文件的无差错接收。经适当的调制处理后，四类机也可用在公用电话交换网上。

一类机和二类机是模拟式传真机，三类机和四类机是数字式传真机。一类机和二类机由于技术落后，传送速度低，质量差，已被淘汰，目前在各行业中广泛使用的主要是三类机。部分传真机的主要技术参数如表 2-1 所示。

表 2-1 部分传真机的主要技术参数

产品名称	松下 KX-FP706CN	佳能 FAX-L140	惠普 Officejet J3508	联想 M3020	三星 SF-371P
传真机类型	桌上型	激光普通纸传真机	商用办公型	个人/办公实用型	个人/办公实用型
适用线路	公用电话线路	公用电话线路	公用电话线路	公共电话网	PSTN 和 PABX
纸张尺寸	A4	A4	216 mm×297 mm	216 mm×297 mm	210 mm×297 mm
适用纸张	普通纸	普通纸	普通纸	普通纸	普通纸
供纸标准	50 页	150 页	100 页	250 页	50 页
自动输稿器容量	10 页	30 页	20 页	20 页	15 页
调制解调器速度	9.6 kb/s	33.6 kb/s	33.6 kb/s	14.4 kb/s	14.4 kb/s
传送速度	12 秒/页	3 秒/页	3 秒/页	6 秒/页	6 秒/页
扫描密度	标准，精细，超精细，照片	标准：8 pixel/ mm ×3.85 line/mm；精细：8 pixel/ mm × 7.7 line/mm；超精细：8 pixel/ mm×15.4 line/mm	标准，精细，超精细，照片	标准：202 dpi ×98 dpi；精细：202 dpi×196 dpi；超精细：202 dpi× 392 dpi	分辨率(光学)：高达 200 dpi×200 dpi
扫描宽度	208 mm	216 mm	208 mm	208 mm	210 mm
扫描方式	接触式图像传感器	接触式图像传感器	接触式图像传感器	CIS	CIS
打印方式	热转印	激光打印	喷墨打印	激光打印	喷墨打印
打印速度	2 秒/页	14 秒/页		4 秒/页	15 秒/页
打印宽度	208 mm	216 mm	208 mm	208 mm	
打印暗盒	KX-FA300E 可替换薄膜	佳能 FX-9	HP 702 黑色墨盒	墨粉盒(lt2020)；硒鼓单元(ld2020)	INK-M45
数据压缩系统	MH，MR，MMR	MH，MR，MMR	MH，MR	MH，MR，MMR	MH，MR，MMR
图像品质	标准，精细，超精细，照片	256 级中间色调	黑白和彩色传真	64 级灰度	64 级灰度
报告信息	分机号码转移，传真友好接收功能，传真提取	通信管理报告(记录最近 60 次)，发送出错报告	传真延迟发送	传真/电话自动切换；有话筒，音量可调；免提拨号；重拨/暂停；闪挂功能	错误报告，传真报告

产品 名称	松下 KX-FP706CN	佳能 FAX-L140	惠普 Officejet J3508	联想 M3020	三星 SF-371P
拨号	音频 (DTMF)/脉冲	单触式快速拨号：15 个；编码式快速拨号：100 个；定时发送：50 个地点；多路发送：131 个地点	自动重拨，最大广播地点数：48 个；快速拨号：60 个	单拨键：20 个；速拨键：200 个；组拨号：100 个 8 组	一键拨号：10 个；快速拨号：100 个，包括一键拨号
电话接口	RJ11	RJ11	RJ11	RJ11	RJ11
功能描述	独特的来电显示功能，双行显示液晶屏幕	自动重拨；手动重拨；暂停键	使用内置的电话可以轻松传真文档，以及打印、复印与扫描		使用"我的收藏夹"功能，是三星传真机独有的功能，储存经常使用的文件
便利设施	电子音量调节，电话听筒静音，外接电话插口	自动重拨；手动重拨；暂停键	借助 33.6 kb/s 传真速度、160 页内存和 60 个快速拨号，可轻松收发传真	多址发送：最多 270 个地点；存储发送：400 页	识别传真号，阻止垃圾传真
电源	AC 220～240 V，50/60 Hz	AC 220～240 V，50/60 Hz	AC 100～240V	AC 220～240 V 50/60 Hz	AC 220 V
功率	950 W	700 W	最大：18 W；待机：11.5 W	打印时平均：475 W；最大耗电量：1032 W；休眠模式：10 W	最大：15 W；待机：4.9 W

2.1.2　传真机的主要技术指标

1. 分辨率

分辨率有水平方向的分辨率和垂直方向的分辨率。水平方向的分辨率代表了扫描点的尺寸，垂直方向的分辨率代表了扫描线密度。当前流行的 G3 机的水平分辨率都是 8 pixel/mm。

垂直分辨率指的是在垂直方向上单位长度的扫描线条数。单位长度的扫描线数越多，垂直分辨率越高，复制的图像也就越清晰。标准方式下垂直方向的分辨率规定为 3.85 pixel/mm，精细方式下规定为 7.7 pixel/mm。1990 年 9 月以后，垂直方向的分辨率增加到 15.4 pixel/mm，水平方向的分辨率增加到 16 pixel/mm。

2. 有效扫描宽度

有效扫描宽度代表了扫描线长度，即扫描线沿主扫描方向扫描一行的距离。在平面扫描中，扫描线长度等于扫描头的有效宽度。在当前流行的数字机中，有效扫描宽度主要有 210 mm(对应 A4 幅面，含 1728 个像素)、256 mm(对应 B4 幅面，含 2048 个像素)、296 mm(对应 A3 幅面，含 2592 个像素)三种规格。

3. 有效记录宽度

有效记录宽度是一行图像信息的最大长度，等于记录头的有效宽度。在感热记录方式的传真机中，记录宽度主要有 210 mm(含 1728 个像素)和 256 mm(含 2048 个像素)两种规格。

4. 主扫描速度和副扫描速度

主扫描是沿原稿水平方向的扫描；沿原稿垂直方向(即原稿在传真机中的走纸方向)的扫描称为副扫描。

主扫描速度是指单位时间内对图像进行主扫描的次数，在 CCD 平面扫描方式中等于时钟频率。副扫描速度是指单位时间扫描元件在副扫描方向上扫描的距离，在平面扫描中即为记录走纸的速度。

5. 传送时间和传送速度

传真机传送一页纸的时间称为传送时间。传送时间由原稿尺寸分辨率、压缩方式以及传输线路允许的传输频带宽度决定。

传送速度由调制解调器决定。CCITT 建议 T.4 规定，传送数据信号采用 V.27 和 V.29 调制解调器，把传送速度分为 2.4 kb/s、4.8 kb/s、7.2 kb/s 和 9.6 kb/s 四种方式。

当传真机采用 MH 编码压缩方式，垂直分辨率为标准方式(3.85 line/mm)，以 9.6 kb/s 速率传送一页 A4 幅面的文件时，传送时间为 25 s。

6. 数据压缩系统

传真机为了实现传输高速化，通过压缩的方法来减少每幅图像所产生的数据量，这就是数据压缩系统。为压缩每幅图像的传输时间，在三类传真机中，先是将模拟图像信号经模/数转换变换成图像数据信号，之后用数据压缩系统减少图像数据的信息冗余度，使每幅图像需传送的数据大大减少；其次是减少占用话路的时间与传真过程中的附属时间，以提高操作的自动化程度。

现在的传真机一般都支持 MH、MR、MMR 等压缩系统，而 JBIG 作为一种最新的高效率的压缩技术，还只是在中高档的传真机上应用。彩色传真机除了支持前几种黑白压缩技术外，还支持 JPEG 压缩技术，以适应彩色文稿的传真需要。

7. 打印(记录)方式

打印(记录)方式指传真机接收文稿时所采用的打印方式。现在流行的传真机有热敏记录、激光记录、喷墨记录、热转印记录等方式。热敏记录方式以热敏纸作为载体，靠热敏头发热使热敏纸变色。其他方式均采用普通纸作为载体，激光记录是靠激光束照射硒鼓将墨粉附着在复印纸上，喷墨记录使用液体墨水通过喷墨头记录在复印纸上，而热转印记录则是通过热敏头加热色带印字在复印纸上。热敏记录和热转印记录一般适用于使用热敏纸的传真机，激光记录和喷墨记录适用于普通纸传真机。

8. 图像品质

图像品质也称灰度等级、中间色调(Half-tone)，主要用于传送图片，分别有 16 级、32 级和 64 级三种方式。它采用矩阵处理方式将文件的像素处理成 16、32、64 级层次，使传送的图片更清晰。它是反映图像亮度层次、黑白对比变化的技术指标。传真机具有的中间色调的级数越多，其所记录与传输得到副本的图像层次就越丰富、越逼真。采用 CCD 作为扫描器的传真机，其中间色调可达 64 级；而采用 CIS 作为扫描器的传真机，其中间色调最多可达 32 级，一般均在 16 级以下。因此，对于经常需要对图像信息进行传真和复印的用户来说，采用 CCD 扫描方式的传真机当为首选，并且应选择具有 64 级中间色调的传真机。

2.2　传真机的功能和基本原理

2.2.1　传真机的功能

1. 传真机的基本功能

(1) 复印功能。传真机能像复印机一样复印文件和图片。

(2) 既可以用在公用电话交换网中，也可以用在专用电话线路中，以半双工方式通信。

(3) 具有几种传输速率，通常为 9.6 kb/s、7.2 kb/s、4.8 kb/s、2.4 kb/s 四种，并且可根据传输线路的质量自动选择其中一种传输速率。

(4) 能与各类机兼容通信。在通信线路的传输质量不好时，可以自动降到二类机的通信方式。

(5) 传真机的影像区分系统将色调分成若干级，使含有画面的传真副本层次分明、清晰逼真，半色调方式尤其适合传送照片、图片等图像信息。

(6) 分辨率选择。可根据原稿选择合适的分辨率进行传送。

(7) 通信报告。文件发送后，传真机会自动打印出发送和接收的详细记录，如发送日期、对方的电话号码、开始时间、经过时间、纸张尺寸、页数及故障代码等，以帮助操作者了解通信情况。

(8) 可在文件接收副本上加印日期、时间及地址等用户标识信息。

(9) 谈话功能。可以在发送前、发送后或因某种原因而中断文件传送，进行谈话。

2. 传真机的自动功能

(1) 自动拨号：自动拨号功能是指"一触键"拨号、缩位拨号及直接拨号。

"一触键"拨号，又称单触拨号，是指操作人员事先设置好对方的电话号码，利用键盘上的 01～XX "一触键"中的任意键来代替它。要呼叫对方时，只需按与设置的电话号码相对应的"一触键"即可。

(2) 自动功能：能自动进稿、自动输纸和切纸，多页稿件时自动分页。

(3) 自动传真/电话切换：能自动进行传真/电话的切换，无人值守时自动接收传真的文件。

(4) 自动/手动对比度控制：扫描期间可根据原稿底色自动调整对比度，也可手动调整，使复制的图像保持较高的质量。

(5) 自动接收：置于自动接收方式时，由传真机回答所有呼叫；置于手动方式时，如果在预制的振铃次数内无人拿起受话器，传真机就会自动回答呼叫，并发出 Fax 音调允许接收，由手动接收方式转为自动接收方式。

(6) 查询发送：查询发送是指放入原稿后，等待对方给出的送信指令，只要对方发送指令一到即自动发送。

(7) 亲展通信功能：又称保密收发功能。当发送时指定亲展通信功能时，接收方把收到的内容暂存入存储器中，不打印原稿，而是由特定掌握专用密码的人通过操作方能显示出其原稿。

(8) 自动缩小：当发送文件比接收方的记录纸宽时，可自动按比例缩小全部图像以适应接收方的记录纸尺寸。

(9) 自动检测故障：为了检修、维护、调整及测试传真机的工作状态，传真机中一般设有自检功能。自检功能可随时检出卡纸、记录纸用完、原稿阻塞及通信错误并告警指示。一般传真机还具有传感器检测、感热记录头的打印检测、存储器、调制解调器检查等多种自检功能，当在传真通信中发生故障时即可将错误代码打印出来，供分析及查找故障原因。

(10) 定时通信：包括定时发送和定时查询接收。定时发送功能可将原稿在指定时间内自动地传送给对方的传真机。定时查询接收功能是在指定的时间内自动呼叫对方传真机，接收对方传真机上的文件。

(11) 自动纠错：这是 CCITT 新的标准纠错方式，它可准确地判断电话线路由于干扰而引起的传输数据错误、重发错误数据段，既保证了原稿准确再现，减少了干扰，又提高了传送的可靠性，使接收的附件质量大大提高。

(12) 顺序同文同报传送：即一发多收及多发多收传送，它是把原稿架上的一份文件，顺序地传到多个部门或将多份报文顺序地传送到多个部门的通信方式。

(13) 打印报告：可以打印通信业务报告、定时指标、电话号码表、识别代码表、中断编组表、保密接收报告和部门使用情况统计表。

(14) 部门管理：主要用于对传真机的使用进行管理。设置此功能后，要使用传真机必须先送入一个约定的部门代码，否则就不能使用。

3. 传真机的高级功能

(1) 中断广播通信：中断转发命令是为了向多个远方终端发送同一原稿，而通过中断传真机的顺序同报功能，把原稿向多个终端转发，可以减少中央传真机的通信使用时间与长途线路的占用时间，不仅扩大了联网的通信能力，而且节约了总的通信费用。

(2) 存储转发：具有存储转发功能的传真机能将接收到的文件存入本机的存储器，然后转发给另一台远端传真机。存储转发分为一般情况下的存储转发、保密通信情况下的存储转发和中断广播的存储转发。

(3) 存储器接收：在传真机接收的过程中，若接收的记录纸用完或无记录纸，而需要将发送的原稿信息接收下来时，则传真机可将原稿信息接收并存入存储器中，待重新装入记录纸后，再把所存的内容自动打印出来。

(4) 存储器发送：传真机预先将文件扫描后存入存储器中，然后再送给远端传真机，此功能可实现延时发送。

(5) 远程收集功能：该功能可使接收方将收到的文件保留在接收机的存储器中，当发送方呼叫接收方并输入回收码时，可直接从接收方的存储器中收集文件并立即打印出来，还可以通过呼叫接收方将存储的文件送给指定的另一台远端传真机。

(6) 程序控制通信：指传真机预先对通信的开始时间、通信方式、对方传真机电话号码等进行编程的情况下进行的通信。在进行编程后，只需要按对应的编程键，通信就会自动进行。

(7) 通信请求及回电留言功能：当传真机通信结束后欲与对方通话时，不需重新拨号，只要双方按电话键联络应答，便可开始通话。

(8) 超精度扫描及中间色调功能：超精度扫描是指在传真通信中标准主扫描线密度是 8 line/mm，副扫描线密度是 3.85 line/mm 及 7.7 line/mm。近年推出的一些传真机又增加了可供选择的 15.4 line/mm 超精度细扫描，大大改善与提高了传真机原稿的清晰度，使细小的文字及图像能够准确无误地重现。

2.2.2　传真机的基本原理

虽然传真机的机型很多，功能及电路各有差异，但基本结构大致相同。其组成原理框图如图 2-1 所示，由光学系统、接收及发送电动机(简称电机)、系统控制板、操作面板、传感器、线路接口单元及电源等部分组成。

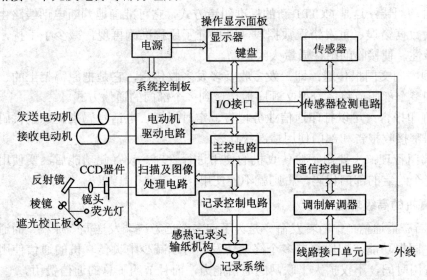

图 2-1　传真机组成原理框图

1. 传真机的发送原理

传真机的发送过程如下：首先将待发送文件放入传真机原稿托盘，用电话与接收方沟通之后，按下传真键。原稿文件通过传真机的进纸通道进入传真机的扫描系统，对文件进行逐行扫描，将文件图像分解成很多细小的单元，通常被称为像素。这些黑、白像素依照原稿文件按一定的规律排列，经光电转换，把代表原稿信息的光信号转换成模拟电信号，再经数字化处理，把该信号转变成便于计算机处理的数字信号，通过图像处理形成一个图像信号。由于一幅图像的数据量相当大，不利于实现高速传输，所以在数据发送之前，需要用编码方式对其进行数据压缩，压缩后的数据通过调制器的处理，将信号转换成为适合在电话线上传输的带通信号，再通过电话线路将代表原稿文件信息的信号发送出去，如图2-2 所示。

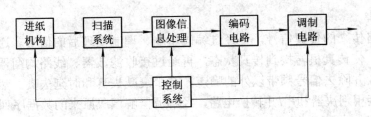

图 2-2　传真机发送原理框图

1) 扫描系统

传真机的扫描系统由扫描光源、反光镜、透镜及 CCD 板(电荷耦合器件)、CIS 板(半导体)等组成。扫描光源一般有两种，一种采用荧光灯，另一种采用半导体发光体。光电转换通常是由 CCD(CIS)板完成的。原稿图像经过荧光灯(半导体发光体)、反光镜、透镜等组成的光学系统，经 CCD(CIS)板逐行扫描，分解成微小的像素，再由光电转换器转换成电信号，原稿上各个像素的黑、白色调被发射到 CCD(CIS)板的感光区上，不同强度的发射光线在 CCD(CIS)板的输出信号端产生大小不同而与原稿内容对应的电信号。

2) 图像信号处理

CCD(CIS)板输出的是未经处理的模拟电信号，该信号经数/模变换，转变成适合编码的数字图像数据。另外由于 CCD(CIS)板的固有噪声、荧光灯的亮度不均匀、原稿底色不同及字迹深浅等原因，会造成图像信号的畸变。因此，需要对图像信号进行包括消噪声、电平调整、自动背景亮度调整、峰值保持等处理。

3) 编码电路

编码电路的主要功能是对数据进行压缩，去除图像信息中的冗余，对图像信息进行一维或二维编码，压缩数据以缩短数据传输的时间。

三类传真机通常采用 CCITT 在 T.4 建议中规定的三类传真机的标准编码方案，即改进霍夫曼一维编码(简称 MH 码)和改进型相对地址码的二维编码(简称 MR 码)方案。

4) 调制电路

调制电路的作用是将具有丰富的高、低频率分量的数字信号转变为适合在电话线上传输的带通信号，以便传真图像信号能够通过电话线传输给对方。

2. 传真机的接收原理

传真机的接收实际上是发送的逆过程。接收信号从电话线传过来，经过网络控制电路，把传真机从待机状态转换为接收状态。接收时，首先对接收信号进行解调，把调制信号恢复为原来的数据序列；再经解码，把经过压缩的数据信号还原成未压缩状态，把图像信号依次还原为逐个像素，按照与发送端扫描顺序相同的顺序记录下来，便可得到一份与原稿相同的副本。传真机接收原理如图 2-3 所示。

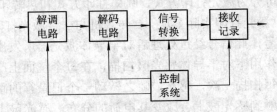

图 2-3　传真机接收原理框图

1) 解调电路

由电话线路传来的传真信号，是经过编码压缩、调制处理后的信号。通过传真机网络控制板的工作，使传真机转接到传真状态，再经过接收滤波器、线路均衡器等使机器与传输线路相匹配，并除去信号频带以外的噪声，减少衰减失真和时延失真。然后进行自动增益控制，进入鉴相判决器和串/并转换电路，经解调器解调成原来的数据序列。

2) 解码电路

解码是编码的逆过程，其目的是将经过编码压缩的信号根据码表进行还原，依次还原为各个像素，为图像记录部分做好准备。

3) 图像记录系统

图像记录系统的作用是将解码电路恢复的图像信号转换为记录纸上相对应的黑白像素，组合成图像。图像记录系统由控制电路控制，通过热敏打印方式、激光打印方式或喷墨打印方式，把图像电信号打印成记录纸上的图像。

3. 传真机的打印原理

传真机的打印方式可分为两类，一类是热敏打印方式，另一类是普通纸打印方式。热敏打印方式在现有的传真机中占有相当大的比重，是一种传统、实用的记录方式。它的基本工作原理是把传真机接收到的图像信号进行解调、解码等一系列处理，通过热敏打印头驱动电路将这些信号一一对应记录下来，得到与发送原稿十分相似的接收副本。热敏打印方式的关键是热敏记录头，它的好坏直接关系到打印的质量。热敏记录头由散热装置、热绝缘层、发热电阻、驱动集成电路、引线和保护层等组成。

1) 热敏打印方式

多数三类机是用热敏记录(TPH)来恢复图像，得到传真副件的。热敏记录的工作原理在于加热经过特殊化学处理的纸，这种纸对一定的门限温度很敏感。当超过门限温度时，白纸就会在加热点变黑。一种称作热敏记录头的装置用来提供热源。发热电阻体是其中最重要的部分，它由一排微小的发热器件(发热电阻)组成，其有效个数(也称 bit)与一条扫描线的像素个数相等，一般为 2048 bit(B4 幅面)和 1728 bit(A4 幅面)。每个发热电阻的宽度为 105×10^{-9} mm，每毫米含有 8 个发热电阻。

热敏纸与发热电阻排紧密接触，流过每个电阻上的电流脉冲会产生足够的热量，在纸上直径约 0.005 inch(1 inch = 2.54 cm)的点上留下黑色印记。发热电阻的温度必须从非记录温度骤然升高到记录温度，然后在记录进行到下一行前又迅速降到非记录温度。由于流过发热电阻的电流脉冲受控于记录图像信号，因而作用的结果就形成一张与发送端完全相同的记录图像。

2) 普通纸打印方式

普通纸打印方式又可分为激光打印方式、喷墨打印方式和热转印打印方式。

(1) 激光打印方式。激光打印实际上是一台传真机与一台激光打印机的组合。传真机接收到对方发送的图像信号，此信号经过处理后对半导体激光器所发出的激光束进行调制，每一束光在旋转棱镜的作用下对半导体感光鼓扫描，在每个镜面上产生一个记录行，成像透镜系统将光点聚焦。每扫描一次，感光鼓随之转动一个记录行的距离，感光鼓上均匀地载有高压电荷，光线照射到感光鼓上会改变其电荷的分布。感光鼓上载有这些带有传真图像信号的电荷将墨粉吸附到鼓上，通过机械传动作用，将这些代表原稿内容的鼓上的墨粉滚印在复印纸上，最后经高温定影辊的作用，使墨粉牢牢地与复印纸结合在一起，从而完成打印任务，用户便可以得到一份适合长期保存的激光打印副本。

(2) 喷墨打印方式。喷墨打印式传真机的墨水喷嘴有一个腔体，另有一个空气源同时给该腔体和墨水盒注入气体，还有一个压力调节机构对墨水的压力进行调节，这样可以保证在未收到打印信号时，喷嘴口上的墨水既不外溢且随时做好喷出墨水的准备。在墨水喷嘴和墨水之间还加有一个电压，形成一个电场，当传真机接收文件时，把接收到的信号进行处理后作为控制信号通过扁平电缆加至电场中，在电场产生的静电力的作用下，将墨水通过喷嘴喷至复印纸上。

(3) 热转印打印方式。热转印打印方式的原理最为简单，它利用热敏打印方式的全部技术，只是在普通的复印纸与热敏打印头之间加上一层与复印纸同样的一次性使用的黑色色带。

2.3 传真机的安装与使用

不同类型传真机的功能面板各不相同，但其基本传真功能的使用及操作却大致相同。本节以松下 KX-FP343 与 KX-FP363 传真机为例来介绍传真机的基本使用方法。不同类型传真机的使用应参考其相应的使用说明。

2.3.1 松下 KX-FP343 与 KX-FP363 传真机的控制面板及外观

1. 松下 KX-FP343 与 KX-FP363 传真机的控制面板

松下 KX-FP343 与 KX-FP363 传真机的控制面板如图 2-4 所示。

控制面板各功能键的作用介绍如下：

1—音频：当线路具有转盘脉冲服务时，在拨号中可暂时将脉冲改为音频。

2—慢速(仅 KX-FP363)：降低信息重放速度。

3—快速(仅 KX-FP363)：加快信息重放速度。

4—单触键：使用单触拨号。

5—多站点发送：向多方传送文稿。

6—垃圾传真过滤器：使用垃圾传真过滤器。

7—自动接收(仅 KX-FP363)：打开/关闭自动接收设定。

8—接收方式(仅 KX-FP343)：更改接收方式。

9—下一组：对于单触拨号选择 6～10 组。

10—帮助：打印快速指南。

11—来电显示：使用来电显示服务。

12—挂断：使用特殊的电话服务或转移分机呼叫等。

13—重拨/暂停：重拨上次最后拨过的号码。当使用"监听"(KX-FP343)/"数字式免提通话"(KX-FP363)按钮拨打电话时占线时，本机最多可以自动重拨 3 次该号码。在拨号中插入暂停。

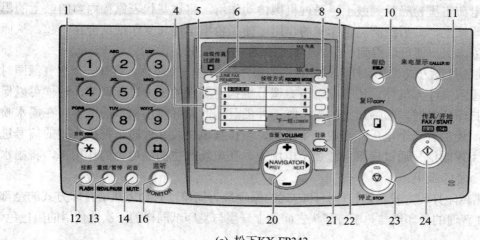

(a) 松下KX-FP343

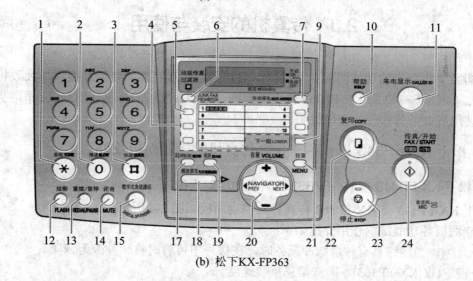

(b) 松下KX-FP363

图 2-4　松下 KX-FP343 与 KX-FP363 传真机的控制面板

14—闭音：在通话过程中使对方听不到您的声音。再次按此按钮可以继续通话。

15—数字式免提通话(仅 KX-FP363)：免提电话操作。

16—监听(仅 KX-FP343)：在不拿起话筒的情况下拨号。

17—录音(仅 KX-FP363)：录制您自己的欢迎信息。

18—播放留言(仅 KX-FP363)：播放信息。

19—抹消(仅 KX-FP363)：消除信息。

20—NAVIGATOR(音量)：调节音量。查找已存储的项目。在编程时选择功能或功能设定。转到下一个操作。

21—目录：开始或结束编程。

22—复印：开始复印。

23—停止：停止操作或编程。

24—传真/开始/设定：开始发送或接收传真。在编程时存储设定。

2. 松下 KX-FP343 与 KX-FP363 传真机的外观

松下 KX-FP343 与 KX-FP363 传真机的外观如图 2-5 所示。

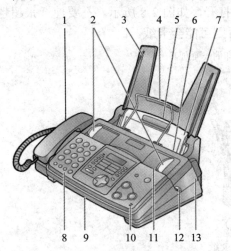

1—扬声器；　　　2—文稿引导板；

3—载纸盘；　　　4—记录纸支架；

5—记录纸入口；6—记录纸出口；

7—拉力板；　　　8—前盖；

9—文稿出口；　　10—麦克风(仅KX-FP363)；

11—文稿入口；12—绿色钮(后盖开盖钮)；　13—后盖

图 2-5　KX-FP363 传真机的前视图

2.3.2　传真机的安装

1. 安装印字薄膜

(1) 向上拉前盖的中间部分，打开前盖。

(2) 按机器右侧的绿色开盖钮，释放后盖。或者按机器的绿色开盖杆，释放后盖。

(3) 打开后盖。

(4) 将前印字薄膜辊蓝芯的齿轮件①插入到机器的左插槽②中，然后插入后印字薄膜辊③，如图 2-6 所示。可以用手触摸印字薄膜，不会像复写纸那样粘到手上。

(5) 按正确方向转动蓝芯的齿轮件，确保印字薄膜至少在蓝芯上缠绕一圈。

(6) 首先向下按后盖两端带有凸点的区域②，关上后盖①，然后牢固地关上前盖③，如图 2-7 所示。

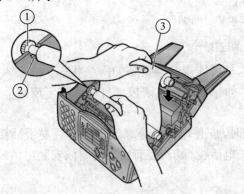

图 2-6　印字薄膜辊蓝芯的齿轮件安装

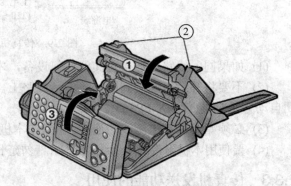

图 2-7　后盖和前盖的安装

2. 安装记录纸

将记录纸支架插入记录纸出口右侧的槽中，然后插入左插槽。本机最多可以放置 50 页

75 g/m^2 的纸张。

(1) 在插入纸叠之前，翻松纸张以免卡住。

(2) 向前推拉力板①，并且在装纸时使其一直打开，如图 2-8 所示。不要使纸张超越薄片②。如果未正确插入纸张，应重新调整纸张，否则可能会卡纸。

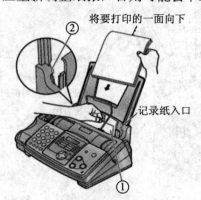

图 2-8　安装记录纸

3. 传真机的连接

传真机的连接如图 2-9 所示。

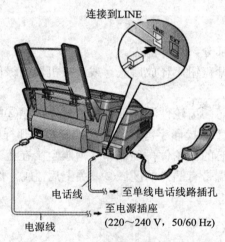

图 2-9　传真机的连接

(1) 如果同一线路上连接有其他任何设备，本机可能影响该设备的网络状态。

(2) 不要将答录机连接到同一条电话线路上。如果已连接，请按"自动接收"按键，关闭自动答录功能(仅 KX-FP363)。

(3) 必须始终保持电源线的连接。当操作本机时，应使电源插座靠近本机并且易于插接。

(4) 要使用本机附带的电话线。同时，请勿延长电话线。切勿在有雷电的时候安装电话线。

2.3.3　传真机发送功能的使用

1. 准备工作

在使用传真机之前要进行一些必要的设置。如振铃音量有 4 级(高/中/低/关闭)可选；话筒接收器音量有 3 级(高/中/低)可选；监听/扬声器音量有 8 级(从高到低)可选；语音提示音量(仅 KX-FP363)有 9 级(从高到关闭)可选；答录机音量(仅 KX-FP363)有 9 级(从高到关闭)可选；还必须设定日期和时间；设置抬头，抬头可以是公司、部门名称或您的姓名。

2．选择清晰度和分辨率

根据文稿类型，可选择需要的清晰度。STANDARD 用于普通文字大小的印刷或打印原稿；FINE 用于文字较小的原稿；SUPER FINE 用于文字非常小的原稿；PHOTO 用于带有照片、阴影图画等的原稿。使用 FINE、SUPER FINE 和 PHOTO 设定将增加传送时间。如果在送纸过程中改变了清晰度设定，将从下一页开始生效。

3．选择传真机的使用方式

根据具体情况，可选择传真机的使用方式：① 用作答录机和/或传真机(仅 KX-FP363)；② 仅用作传真机；③ 使用答录机(仅 KX-FP343)；④ 大多数时候作为电话使用。

4．传真机传送功能的使用

传真机传送功能使用的具体操作步骤如下(图 2-10)：

(1) 将文稿引导板①的宽度调节至文稿尺寸。

(2) 将文稿正面向下插入(最多 10 页)，直到本机发出一次"哗"声并抓住文稿为止。

(3) 如果需要，请反复按(+)或(−)键选择需要的清晰度。

(4) 按"监听"(KX-FP343)/"数字式免提通话"(KX-FP363)或拿起话筒。

(5) 拨打传真号码。

(6) 当对方应答您的呼叫时，拿起电话筒并请求对方按"开始"键；当听到传真音时，按"传真/开始"键；如果占线，本机将最多自动重拨 3 次该号码。重拨上次最后拨过的号码，可按"重拨/暂停"键。若要取消重拨，请按"停止"键。

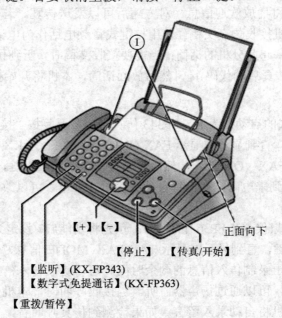

图 2-10　传送功能的按钮

2.3.4　传真机接收功能的使用

1. 手动接收

电话方式的启动：反复按"接收方式"(KX-FP343)/"自动接收"(KX-FP363)将传真机设定为电话方式，直到显示屏显示 TEL MODE，如图 2-11 所示。

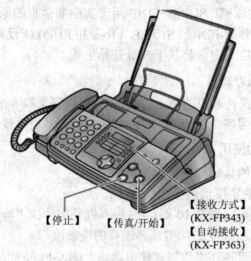

【停止】　　【传真/开始】　　【接收方式】(KX-FP343)
　　　　　　　　　　　　　　　　　【自动接收】(KX-FP363)

图 2-11　接收功能的按钮

当接收呼叫时，拿起话筒应答来电；当需要接收文稿时，听到传真音(慢"哔"声)或无声时，按"传真/开始"键，显示屏出现 CONNECTING…，本机将开始接收传真。如果在10 次振铃内不应答来电，KX-FP343 传真机将暂时切换到传真接收，KX-FP363 传真机将暂时启动答录机。这时将播放欢迎信息，对方随后可以发送传真。若停止接收，按"停止"键。可以使用电话分机接收传真文稿。使用按键式音频电话作为电话分机时，操作过程是：当电话分机振铃时，拿起此分机的话筒；当需要接收文稿时，听到传真音(慢"哔"声)或无声时，按*#9(预选的传真启动代码)键，然后放回话筒，本机将开始接收传真。

2. 自动接收

(1) 传真专用方式的启动：为 KX-FP343 传真机时，反复按"接收方式"键，将传真机设定为传真专用方式，直到显示屏显示 FAX ONLY MODE；为 KX-FP363 传真机时，预先将功能#77 设定为"FAX　ONLY"，然后反复按"自动接收"键，直到显示屏显示 FAX ONLY MODE。当收到来电时，本机将自动应答所有来电。可以改变传真专用方式下应答来电前的振铃次数。

(2) 答录/传真方式(仅 KX-FP363)的启动：预先将功能#77 设定为"TAD/FAX"，然后反复按"自动接收"键，直到显示屏显示 TAD/FAX MODE 信息，本机将播放预先录制的欢迎信息，将显示用于录制传入信息的剩余时间。可以更改传入信息的最长录音时间。当正在进行来电录音时，可以通过扬声器监听。当接收呼叫时，本机作为传真和答录设备。如果呼叫是电话，本机将自动录入留言。如果检测到传真呼叫音，本机将自动接收传真。来电者可以在同一来电过程中留言和发送传真文稿，但须预先通知来电者按下列步骤进行：

来电者呼叫本机，答录机将应答来电，来电者可以在欢迎信息之后留言，来电者按*9 键，本机将启动传真功能，来电者按开始键发送文稿。

欲将传真机与答录机一起使用(仅 KX-FP343)时，先安装并连接好传真机和答录机。将答录机的振铃次数设定为 4 次以下，这将允许答录机先应答来电；在答录机中录入欢迎信息；建议录入最长 10 秒钟的留言，并且在此留言中暂停时间不要超过 4 秒钟，否则两个机器都不能正常工作；启动答录机。将传真机设定为需要的接收方式；如果设定为传真专用方式，将传真专用方式下的振铃次数设定为 4 次以上；传真专用方式可以在答录机容量已满的情况下接收传真。答录机的遥控传真启动代码为功能#41。

KX-FP343 机型时，来电者可以在同一来电过程中留言和发送传真文稿，操作过程同KX-FP363 机型。

2.3.5 传真机的其他功能

1. 复印功能

利用传真机进行复印操作的具体步骤如下(图 2-12)：

(1) 调节文稿引导板①的宽度至文稿尺寸。

(2) 将文稿正面向下插入(最多 10 页)，直至本机发出一次"哔"声并抓住文稿。

(3) 如果需要，请反复按"+"或"−"键选择需要的清晰度。

(4) 按"复印"键，输入复印页数(最多 50 页)。

(5) 按"开始"键，15 秒钟后即开始复印。

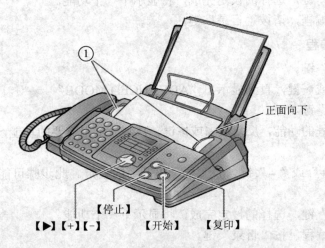

图 2-12 传真机的复印功能

复印时可以根据文稿类型，选择需要的清晰度。传真机有快速扫描功能，使用此功能时，应预先启动功能#34。文稿将被送入本机并被扫描存入存储器，然后本机将打印数据。如果文稿超出了存储器容量，将取消复印并自动关闭此功能。若停止复印，按"停止"键。若放大文稿，按"▶"键，反复按"+"键以选择"150%"或"200%"，然后按"开始"键。本机将只放大文稿的上部中心位置。若要放大复印文稿的底部，请将文稿上下倒置，然后进行复印。若缩小文稿，按"▶"键，反复按"−"键以选择"92%"、"86%"或"72%"，然后按"开始"键。本机可以按原稿页的顺序排列多页复印件。

2. 录制自己的欢迎信息

可以为答录/传真方式录制用户自己的欢迎信息，时间为 16 秒(默认值)或 60 秒。建议录制不超过 12 秒钟的信息，这样有利于接收传真。其具体操作步骤如下：

(1) 预先将功能#77 设定为"TAD/FAX"。

(2) 按"录音"键两次。

(3) 按"设定"键，发出一次长"哔"声。

(4) 在距麦克风 20 cm 处清楚地说话，显示屏中将显示剩余的录音时间。

(5) 录音完毕后，按"停止"键。

本机将重复用户的语音信息，使用"+"或"－"键可以调节音量。如果将欢迎信息的最长时间更改为 60 秒，建议在答录/传真方式的欢迎信息中告知来电者在开始传送传真之前按*9 键；如果将欢迎信息最长时间从 60 秒更改为 16 秒，该欢迎信息将被删除。接收来电时将播放预先录制的欢迎信息。

3. 基本功能编程

(1) 按"目录"键。

(2) 选择想编程的功能(输入程序代码#和 2 位数字，不同的 2 位数字可以设置传真机的不同功能)。反复按◀或▶键，直至显示出需要的功能，并将显示此功能的现行设定。

(3) 反复按"+"或"－"键，直到显示出需要的设定。

(4) 按"设定"键，选择的设定完成，将显示下一个功能。

(5) 若要结束编程，请按"目录"键。

4. 高级功能编程

(1) 按"目录"键。

(2) 反复按◀或▶键，直到显示出"ADVANCED MODE"。

(3) 按"设定"键。

(4) 选择想编程的功能，反复按◀或▶键，直到显示出需要的功能，并将显示此功能的现行设定。

(5) 反复按"+"或"－"键，直到显示出需要的设定。此步骤可能因功能不同而略有差别。

(6) 按"设定"键，选择的设定完成，将显示下一个功能。

(7) 若要结束编程，按"目录"键。

5. 直接输入程序代码进行编程

可以直接输入程序代码(# 和 2 位数字)来直接选择功能，而无需使用◀或▶键。

(1) 按"目录"键。

(2) 按 # 和 2 位数代码。

(3) 反复按"+"或"－"键，直到显示出需要的设定。

(4) 按"设定"键。

(5) 若要结束编程，请按"目录"键。

2.4 传真机的维护

2.4.1 传真机的日常维护

(1) 不要频繁开/关传真机。每次开/关机都会使传真机的电子元器件发生冷热变化，而频繁的冷热变化容易导致机内元器件提前老化，每次开机的冲击电流也会缩短传真机的使用寿命。

(2) 尽量使用专用的传真纸。应参照传真机说明书，使用推荐的传真纸。劣质传真纸的光洁度不够，使用时会对感热记录头和输纸辊造成磨损。

(3) 切记不要在使用过程中打开合纸舱盖。传真机的感热记录头大多装在合纸舱盖的下面，打印中不要打开纸卷上面的合纸舱盖。另外，打开或关闭合纸舱盖的动作不宜过猛。

(4) 经常清洁。要经常使用柔软的干布清洁传真机，保持其外部的清洁。对于传真机内部，最好每半年清洁保养一次。

(5) 注意使用环境。要避免传真机受到阳光直射、热辐射，远离强磁场、潮湿、灰尘多的环境，并防止水或化学液体流入传真机而损坏电子线路及器件。

2.4.2 传真机的预防性维护

通过预防性维护可以将传真机保持在最佳状态，不但能延长传真机的正常运行时间，而且能节省资金及最大限度地发挥传真机的作用。

1. 一般维护

一般维护是指经常性的维护，不需打开传真机的顶盖，只对传真机的外观进行查看与清洁。

(1) 查看工作手册。传真机一般都附有操作手册，这是用户使用传真机的操作指南。为减少传真机在使用中出现问题，用户应详读操作手册，并使手册常在身边，一旦遇到问题可随时参看。

(2) 清除外部灰尘。每隔几天，要用干布擦拭传真机外部的灰尘，不能用除尘喷射器、吹风机等除尘，以防将灰尘吹入传真机内部。对于难以触及到的地方，可用软刷清洁。

当清除顽固污垢时，可将常用的家用清洁剂喷到清洗布上擦拭。为防止清洁剂注入传真机的内部，不能直接将其喷到传真机上。为避免浸蚀传真机壳体的油漆及损坏塑料壳体，切忌使用以石油、丙酮为溶剂的清洁剂。

(3) 检查连线与连接插头。传真机上的软线与连接插头，由于使用、振动等，往往会出现接触不良、松脱、折断等故障，使传真机不能正常工作。对这些软线与连接插头，应经常检查它们是否接触良好、固定是否可靠、有无扭折裂断。当发现导线损坏或有问题时，要及时更换。

2. 内部预防性维护

传真机内部预防性维护是指经常打开传真机的机箱，仔细查看机内的光学器件、打印头、读出器条、压纸卷筒等部件。

(1) 取下附件。为了查看传真机内部部件，拆卸相关的附件是必要的，如话筒、自动文件馈送装置及记录纸盘等。对于这些附件，多数传真机是可以拿掉或取出的。拆卸附件时要注意固定附件的小螺丝的拆卸方法，防止损坏固定的小金属及塑料部件。

(2) 拆卸。多数传真机可直接拆卸，但应注意各部件的固定位置及拆卸方法。传真机由顶盖与底板组成，顶盖是由两个或更多的螺丝进行固定的，而这些螺丝一般在传真机的背面或两侧面；底板的固定螺丝则在底部。拆卸时，只要拧下相关螺丝即可。

应注意的是，有的螺丝并不是用来固定顶盖及底板的，而是固定机内的一些部件的。应查明或试拆少量螺丝，待顶盖松动后，确定该螺丝的作用，以防将所有外露螺丝拧下后使内部器件位置变动或损坏。

有些传真机的机箱螺丝标有箭头或一小块油漆标记，用来指示这些螺丝应拆卸掉，而留下其余螺丝。为了复装时准确无误，必要时应记录取下的部件与顺序以及安装方位。

取下固定螺丝后，应慢慢地取下顶盖，以防搞乱了内部部件或布线。顶盖取下后不应拆卸机内任何部分，否则不仅难于装复，而且可能导致新故障。

(3) 防止静电。由于传真机的电路板上有集成电路，而人体静电很可能损坏集成电路及其他部件，所以不要接触任何部分。当需检修电路板时，应在手腕带上接地环，以消除人体静电。

(4) 检查内部器件。在检查内部器件之前，应先熟悉光学部件、打印、读出器条、压纸卷筒、纸传送装置、主电路板、用于前面板的配电板及电源等位置，且应避免接触这些部件，尤其是光学部件与打印头。

为防止纸溢出及堵塞在里面，以及使电机与机械部件压力过大，导致传真机过早地损坏，传真机必须正立放置，不能位于其他方向工作。

查看传真机内的压纸卷筒、转轴与皮带等橡胶部件有无变形、裂痕等现象，视其磨损程度，不能继续使用的应予以更换。机械部件上的油与脂若溢到其他部件上，必须将其清除干净。

打滑的橡胶转轴及皮带可用清洁剂清洁，但不能使用基于溶剂的清洁剂，以防其化学成分使橡胶过早干裂，甚至融化。

对于压纸卷筒、皮带及转轴经常压附着的塑料与金属部件，其橡胶会在其上结块，使之失去拉力，可用酒精或基于石油的溶剂来清洁。韧性的结块橡胶，可用小刀去除。

在清洁传真机内部时，要找出塞纸时撕碎的小纸片。这些小纸片不能位于走纸的通道上，否则会继续导致传真机走纸堵塞。

3. 上油与润滑

传真机一般不要求润滑，但使用 1～2 年后应适当地涂上少量的润滑油与脂，使传真机工作保持在最佳状态。因此，在每个重要的预防性维护间隔时间里应润滑，如纸驱动装置及连接自动文件馈送系统的机械联动装置。

在上润滑油时，应分清哪种工作方式的部件上油，哪种工作方式的部件进行润滑。若传真机的部件为旋转的，应上油；若传真机的部件为滑动或啮合的，则上脂。油与脂的量必须适当，油与脂应涂在传真机中的所有齿轮上。

(1) 清洁光学部件与读出器条。多数传真机含有一定数量、需定期清洗的前表面反射镜及透镜，泥土、灰尘、烟雾、烟灰或其他砂粒对这些光学部件污染是不可避免的。光学部件一般是通过荧光灯面板进行取放，可取下固定面板的螺丝，卸下面板，之后，使用摄影用的球形刷清除反射镜及透镜上的灰尘与其他污物。当机内过于脏污时，就应对整个区域进行除尘，以防光学部件重新变脏。

若球形刷不能清除所有污垢，则用透镜清洗溶液(氟里昂与酒精的混合液)润湿包有海绵或麂皮的刷子，轻轻擦光学部件的表面。不能用布擦光学部件，以防将其划伤。

不能用含有硅的清洗剂清洗传真机的光学部件，它会毁坏其光学部件。也应避免直接使用异丙基酒精，因其多含有30%的水分，大大超过5%的指标。

若传真机使用的是长的、扁平的读出器条，则可用眼镜专用透镜清洗溶液、纱布或海绵、麂皮清洗。纱布应是无菌绷带，以防留下痕迹。

(2) 清洗打印头。多数传真机使用热敏打印头。打印头包含着上千个肉眼难以看见的电阻点，一般为铜色或银色，边上有绿漆。电路接通每个点，使其发热。当纸通过打印头时，每个热点在纸上便产生一个黑点。

由于打印头接触传真机纸，因而会粘上纸的灰尘、标牌上的粘性物质及其他影响工作的泥状物质。打印头一般可以取下，清洗时用球形刷清除其上的灰尘。若有较顽固的痕迹，可用湿布来回擦拭。为防止划伤打印头，造成永久损害，一定要用柔软、干净的布擦拭。

(3) 色料盒的更换。普通纸传真机使用黑色料将图像印到纸上，色料放在可更换的盒中。盒中存有用于打印纸页的所有消耗品。

色料是粘附在纸页上的黑或色彩粉末，用来在纸上产生图像。显影转轴用来将色料传到纸上。感光器滚筒是指从固态二极真空管激光器接收一幅图像，并在纸上重现图像的外包金属的感光滚筒。

传真机色料盒中的色料可打印2000～3000页纸，盒子上的显示器会显示它是否要更换。当打印的质量总是很差时，就要更换盒子。

更换盒子时可用新的保险座，包括清洗剂，以便从放电线上擦掉散落的色料颗粒，放电线位于打印装置的底层。

更换盒子后，应清除从盒子里掉出或从纸上划掉的多余色料，并检查保险单元周围有无剩余色料。若传真机使用的是色料瓶，则应按操作指南更换。

(4) 内存电池。传真机一般使用电池来存储电话号码、日记数据等。为防止电池液泄漏，腐蚀周围器件，应定期检查传真机的电池，并视其使用情况确定是否需要更换。

长寿命电池一般包在方便的电池盒套里，更换时取出旧电池，安装上新电池即可。对于便携式传真机，电池往往直接焊在印制电路板上。更换电池时需焊掉电池，重新焊上新电池。

(5) 切纸器的维护。多数传真机都有切纸器，打印一页后，切纸器自动将纸切断。

切纸器一般不需清洗，但要定期检查有无纸屑粘在上面。可用蘸有不留痕迹的氟里昂、酒精混合液的棉花刷清洗。

当由于传真机使用频繁，切纸器变钝而不能完全切割或弄折了纸页时，应更换切纸器。更换时要仔细校正切纸器，以确保切纸正常。

4. 传真机故障检修

(1) 传真机安装调试时的故障检修。

传真机安装调试时的故障表现与解决办法如表2-2所示。

表2-2 传真机安装调试时的故障检修

故障表现	解决办法
打电话时：无拨号声	检查电话线；检查电源插座连接处；检查电话线路类型
响铃声：无响铃声	检查电话线； 检查拨号声的音量
录音电话器： 无法使用"外出"功能； 在录制留言时转换成接收方式； 录制留言无声音	检查存储器容量是否已满；删除留言；打印文件。 确定在录制留言时，等待留言时间不可保持超过6秒钟的限度；对方的声音太小，本机鉴别为无声。 呼叫者没说话便挂上话筒
传真时：停止发送； 　　　　无法传真国外； 对方接收时；无法打印。 发送后，警报声响	检查是否电话线没安装好。 检查电话线，尝试在电话号码上加入"一"；把"Overseas Comm"设置为"开启"。 检查文件是否在发送前放置正确。 对方的传真机上无记录纸；按"停止"键
接收时：响铃持续，无法接收； 在记录纸的右上角出现黑色四方形； 空白页	检查是否已经把接收方式设定为"MANUAL RECEPTION"；检查是否记录纸已用完或存储器容量已满；安装记录纸；删除留言；打印文件。 为了检查打印质量，可以将传真设定的#07，选择不打印。 取出粘贴在新的喷墨打印盒上的胶片
记录纸：无法打印	检查记录纸是否受推荐或适合使用
打印：稍浅； 延迟打印	检查记录纸是否受推荐或适合使用；检查喷墨打印盒是否受推荐使用；检查文件内的文字是否写得太浅；向无线电收发机查询；确保文件所含的文字清晰；调整"浓淡度"。 传真故障或电话线无法操作
发生故障：本机无法正确操作	如果本机无法正确操作，首先把电源线从本机后部插座中拔出，然后再次把电源线插入后部插座，这样应该可以恢复正确操作。如果故障持续，同时按"外出"、"通话录音"、"启动"三个按键

2.5 实 训

一、实训目的

1. 了解传真机的类型和主要功能；
2. 掌握某种传真机的使用方法。

二、实训条件

传真机若干台，电话线等。

三、实训过程

1．在不同的实验室连接两台传真机，使传真机能够实现通话，能够发送和接收传真信息。

2．操作传真机，掌握各种键的作用，实现各种功能的设置，并利用传真机进行资料的复印。

3．安装印字薄膜和记录纸，进行各种正常的维护。

思考与练习二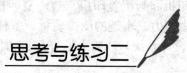

一、填空题

1．传真机按打印方式分为四大类：热敏纸传真机(也称为卷筒纸传真机)，(　　)传真机，(　　)传真机，喷墨式普通纸传真机(也称为喷墨一体机)。

2．传真机调制电路的作用是将具有丰富的高、低频率分量的(　　)信号转变为适合在电话线上传输的(　　)信号，以便传真图像信号能够通过电话线传输给对方。

3．传真机根据文稿类型选择需要的清晰度。STANDARD 用于普通文字大小的印刷或打印原稿；FINE 用于文字较小的原稿；(　　)用于文字非常小的原稿，此设定仅可用于其他兼容的传真机；(　　)用于带有照片、阴影图画等的原稿。

二、选择题

1．传真机国际电报和电话咨询委员会(CCITT)按技术等级把图文传真分成(　　)类。

A. 二　　　　　　　B. 三　　　　　　　C. 四　　　　　　　D. 五

2．传真机主扫描速度是指单位时间内对图像进行主扫描的(　　)。

A. 次数　　　　　　B. 线数　　　　　　C. 像素数　　　　　　D. 行数

3．传真机中的解码是编码的逆过程，其目的是将经过(　　)的信号，根据码表进行还原，依次还原为各个像素，为图像记录部分做好准备。

A. 二进制　　　　　B. 原有　　　　　　C. 解码　　　　　　D. 编码压缩

三、简答题

1．传真机的基本功能有哪些？

2．传真机的接收原理是什么？

3．传真机手动接收传真的主要操作步骤有哪些？

4．传真机复印功能的主要操作步骤有哪些？

5．简述传真机的基本功能编程的具体操作方法。

第3章

复　印　机

复印机主要有静电复印机和数码复印机。数码复印机成为目前复印设备的主导产品。数码复印机以其输出的高生产力、卓越的图像质量、多样化的功能(复印、传真、网络打印等)、高可靠性及可升级的设计系统,成为人们办公自动化的好帮手。

3.1　复印机的分类和技术指标

复印机是涉及多种学科的综合性技术产品,由于其品种繁多、机型纷杂、结构各异,目前世界各国对复印机尚未有较统一的分类方法。

3.1.1　复印机的分类

(1) 复印机按其基本技术分类,主要有模拟复印机和数码复印机两大类。

数码复印机和模拟复印机相比,功能和性能上的优势是比较明显的,但其价格要比模拟复印机高一些。数码复印机与模拟复印机的主要区别是工作原理不同。模拟复印机通过曝光、扫描方式将原稿的光学模拟图像通过光学系统直接投射到已被充电的感光鼓上,产生静电潜像,再经过显影、转印、定影等步骤完成整个复印过程。数码复印机则是采用数码原理,以激光打印输出方式进行扫描、复印的文件复制设备,能一次扫描、多次复印。

(2) 根据复印速度的不同,复印机可分为低速、中速和高速三种。

低速复印机每分钟可复印 A4 幅面的文件 10～30 份,中速复印机每分钟可复印 30～60 份,高速复印机每分钟可复印 60 份以上。绝大多数的办公场所只配有中速或低速复印机。

(3) 根据复印的幅面不同,复印机可分为普及型和工程复印机两种。

一般普通办公场所配有的复印机均为普及型的,复印的幅面范围为 A5～A3。

如果需要复印更大幅面的文档(如工程图纸等),则需使用工程复印机进行复印,这些工程复印机复印的幅面范围为 A2～A0,甚至更大,不过其价格也很高。

(4) 根据复印机使用纸张的不同,复印机可分为特殊纸复印机和普通纸复印机。

特殊纸一般指可感光的感光纸,而普通纸是指普遍使用的复印纸。

(5) 根据复印机显影方式的不同,复印机可分为单组份和双组份两种。

(6) 根据复印机复印颜色的不同,复印机可分为单色、多色及彩色复印机三种。

3.1.2　复印机的主要技术指标

1. 复印速度

复印速度是指复印机每分钟能够复印的文件页数,单位是张/分。由于复印机预热需要时间，首张复印也需要比较长的时间，因此复印速度在计数时一般应该从第二张开始。产品的复印速度和复印机中复印装置的运行速度、成像原理、定影系统都有直接的关系。

2. 连续复印

连续复印是指对同一复印原稿，不需要进行多次设置，复印机可以一次连续完成复印的最大数量。连续复印因为避免了对同一复印原稿的重复设置，节省了多次首页复印的时间，因此对于经常需要对同一对象进行多份复印的用户相当实用。连续复印的标识方法为 1～n 张，n 代表该产品连续复印的最大能力。连续复印的张数和产品的档次有直接的关系。目前最为常见的复印机都具备 1～99 张连续复印的能力，而一些高端产品的连续复印可以达到 1～999 张。

3. 首张复印时间

首张复印时间是指在复印机完成预热处于待机的状态下，用户在稿台放好复印原稿，盖好盖板等一切准备工作完成后，从按下按钮向复印机发出复印指令到复印机输出第一张复印稿所花费的时间。

首张复印时间对于复印量较小，同一复印原稿每次只复印 1、2 张的用户来说尤为重要。高端产品的首页时间在 4 s 以下，低端 A4 幅面的复印机其首页复印时间在 10 s 以上。

4. 复印比例

复印比例是指复印机能够对复印原稿进行放大和缩小的比例范围，用百分比(%)表示。如果某款复印机的复印比例为 50%～200%，表示该产品能够将原稿等比例最小缩至 50%，最大放至 200% 后复印输出。不过需要注意的是，在使用放大功能时还会受到最大复印尺寸的限制。比如某一复印机的最大复印尺寸是 A3 幅面，而用户的复印原稿也是 A3，则此原稿无法再放大。目前市场上的复印机常见的复印比例有 50%～200%、50%～400%、25%～400% 以及 25%～800%。

5. 感光材料

感光材料是指一种具有光敏特性的半导体材料，因此又称为光导材料或是光敏半导体。目前复印机上常用的感光材料有有机感光鼓(OPC)、无定形硅感光鼓、硫化镉感光鼓和硒感光鼓。

感光材料的特点是在无光的状态下呈绝缘性，在有光的状态下呈导电性。复印机的工作原理正是利用了这种特性。在复印机中，感光材料被涂敷于底基之上，制成进行复印所需要使用的印板(印鼓)，所以也把印板称为感光板(感光鼓)，它是复印机的基础核心部件。复印机上普遍应用的感光材料有硒、氧化锌、硫化镉、有机光导体等。

3.1.3　数码复印机的主要技术特点

数码复印机采用了先进的数码技术，所有原稿经一次性扫描存入复印机存储器中，可以进行复杂的图文编辑，大大提高了复印机的工作效率和复印质量，降低了复印机的故障发生的机率。与模拟复印机相比，数码复印机的主要特点如下：

(1) 数码复印机只需对原稿进行一次性扫描，存入复印机存储器中，即可随时复印所需份数。与模拟复印机相比，减少了扫描的次数，因此也就减少了扫描器产生的磨损及噪音，同时减少了卡纸的机会。

(2) 由于传统的模拟复印机是通过光反射原理成像，因此会有正常的物理性偏差，造成图像与文字不能同时清晰地表达。数码复印机则具有图像和文字分离识别的功能，在处理图像与文字混合的文稿时，能以不同的处理方式进行复印，因此文字可以鲜明地复印出来，而照片则以细腻的层次变化的方式复印出来。数码复印机还支持文稿、图片/文稿、图片、复印稿、低密度稿、浅色稿等多种模式，拥有多达 256 级的灰色浓度，可充分体现出复印件的清晰整洁。

　　(3) 很容易实现电子分页，并且一次复印后的分页数量远远大于模拟复印机加分页器所能达到的份数。

　　(4) 采用数码处理，能提供强大的图像编辑功能，如自动缩放、单向缩放、自动启动、双面复印、组合复印、重叠复印、图像旋转、黑白反转、25%～400%的缩放倍率等。

　　(5) 采用先进的环保系统设计，无废粉、低臭氧、自动关机节能，且图像自动旋转，减少废纸的产生。

　　(6) 一旦配备传真组件，就能升级成为 A3 幅面的高速激光传真机，可以直接传送书本、杂志、订装文件，甚至可以直接传送三维稿件。而若配备打印组件，就能升级成为 A3 幅面的高速双面激光打印机。安装网络打印卡并连接于局域网后便可作为高速网络打印机，实现网络打印。

　　综上所述，数码复印机所拥有的优点是传统模拟复印机所无法比拟的。数码复印机由于是利用激光扫描和数字化图像处理技术成像的，因此它不仅仅提供复印功能，还可以作为电脑的输入输出设备，以及成为网络的终端。现代化办公讲究的是高效率，数码复印机的出现，使现代化办公如鱼得水。随着数字化技术的普及，数码复印机将成为现代化办公环境中不可缺少的办公设备。

　　市场上的复印机其品种、型号较多，目前比较常用的数码复印机的主要技术规格如表3-1 所示。

表 3-1　部分数码复印机的主要技术参数

产品名称	佳能 iR 2318L	东芝 e-STUDIO 181	柯尼卡美能达 bizhub 220	松下 DP-8016P	理光 Aficio MP 1811L
类型	黑白数码复合机	数码复合机	黑白数码复合机	多功能数码复印机	黑白复合机
涵盖功能	打印/复印(标配), 扫描(选配)	打印/复印/扫描	打印/复印/扫描/传真	打印/复印/扫描	复印/打印/扫描
稿台	台式	台式	台式	台式	台式
分辨率	复印：600 dpi×600 dpi；打印：600 dpi×600 dpi；扫描：600 dpi×600 dpi	打印、复印分辨率：2400 dpi×600 dpi；扫描分辨率：600 dpi×600 dpi	600 dpi×600 dpi	600 dpi×600 dpi	600 dpi×600 dpi
内存容量	64 MB	标准内存：32 MB；最大内存：96 MB	标准内存：32 MB；最大内存：96 MB	68 MB	48 MB
原稿类型		纸张、书本、文件	纸张、书本、立体物品	单页、书本、立体物	297 mm×432 mm
复印速度	18 页/分钟(A4)		22 页/分钟	16 页/分钟	18 页/分钟

续表

产品名称	佳能 iR 2318L	东芝 e-STUDIO 181	柯尼卡美能达 bizhub 220	松下 DP-8016P	理光 Aficio MP 1811L
最大复印尺寸	A3	A3	A3	A3	A3
预热时间	13 秒	25 秒	30 秒	30 秒	25 秒
首张复印时间	7.9 秒	7.6 秒	7 秒	6.9 秒	6.5 秒
连续复印	99 页	999 页	99 页	999 页	99 页
供纸方法	主机纸盒：1 层×250 页，旁送：80 页；最大：4 层×250 页，旁送：80 页	主机纸盒：350 页；最大纸张容量：600 页；最多纸路：3	主机纸盒：1 层×250 页，旁送：100 页	主机纸盒：550 页，旁送：50 页	主机纸盒：250 页，旁送：100 页，最大：1350 页
复印比例	25%～400%	25%～200%(1%缩放)	手动纸张时：25%～400%(1%缩放)；选择自动选纸时：50%～200%(1%缩放)	50% ～ 200%(1% 缩放)	50% ～ 200%(缩放1%)
感光材料	OPC 鼓		OPC 鼓	OPC 鼓	
显影系统	干式单组分显影		干式双组分显影	干式双组分显影	
定影方式	按需定影方式	间接静电照相法	热辊定影	热辊定影	
曝光控制	自动/手动		手动/自动	文本,文本/图形,图形	
复印装置	间接复印方式	600 mm×462.5 mm×643 mm	激光静电转印	激光静电成像方式	
标准配置	说明书，保修卡，电源线，感光鼓组件，驱动光盘		GDI 打印机功能，标配本地 TWAIN 扫描功能，标配 USB 和并行接口	说明书，保修卡，电源线，感光鼓	
可选配件	双面自动输稿器-P2，分页装订处理器-U2，内置式双路托盘-E2，单纸盒组件-S2，双纸盒组件-T2	自动进稿器	自动输稿器 DF-502，万用纸盒 PF-502，工作托盘 JS-503，移位托盘，打印控制器 IC-205，扫描组件，传真组件，网卡 NC-502， 扩展内存，工作台 DK-701/703	自动送稿器，PCL 5e 仿真×2，PCL 6 仿真×2， 分页存储器	
电源	220 V AC、50 Hz、2.7 A		220～240 V AC、50/60 Hz	220～240 V、50/60 Hz	220～240 V、50/60 Hz
功耗	1373 W	1600 W	1000 W	最大值：1300 W；节能模式：19.5 W；睡眠模式：约 9.5 W	＜920 W

3.2　复印机的组成和基本工作原理

数码复印机与模拟复印机相比，主要是曝光原理的不同。

3.2.1　复印机的基本组成部件

1. 静电复印机的基本组成

图 3-1 为静电复印机的外部结构示意图。操作面板和显示器件在机身的上前方，便于复印操作的设定和控制；机身的上部主要是光学部件，右侧是供纸盒和手动供纸部；左侧是定影部接纸盘；中部主要有感光鼓、电晕器、显影部件、转印部件、清洁部件、输纸部件等；后部侧主要是驱动部件和微处理器控制电路等。整机除传动部件、光学部件外，感光鼓、电晕器、显影部件、清洁部件、定影部件等都能方便地进行拆装，便于清洁和维修保养操作。

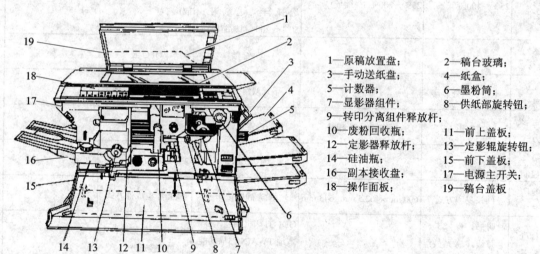

1—原稿放置盘；　　　　　2—稿台玻璃；
3—手动送纸盘；　　　　　4—纸盒；
5—计数器；　　　　　　　6—墨粉筒；
7—显影器组件；　　　　　8—供纸部旋转钮；
9—转印分离组件释放杆；
10—废粉回收瓶；　　　　11—前上盖板；
12—定影器释放杆；　　　13—定影辊旋转钮；
14—硅油瓶；　　　　　　15—前下盖板；
16—副本接收盘；　　　　17—电源主开关；
18—操作面板；　　　　　19—稿台盖板

图 3-1　静电复印机的外部结构示意图

通常一台静电复印机按功能可以划分成四大系统：曝光系统、成像系统、输纸系统和控制系统。图 3-2 所示为静电复印机四大系统的组成框图，其中的虚线框表示系统的范围，有些实线框(如定影器等)同时位于两个虚线框里，这表示其功能同时分属于两个系统。

2. 数码复印机的基本组成

1) CCD 图像传感器

数码复印机在图像曝光系统中使用了 CCD 图像传感器，由图像传感器 CCD 将光图像转变成电信号。数码复印机在复印过程中采用了激光印字的方式，CCD 输出的图像信号经处理后送入调制激光器，激光器通过激光束在感光鼓上成像(潜像)。利用印字数据存储器可实现一次扫描多次打印，从而大大提高打印速度和质量。

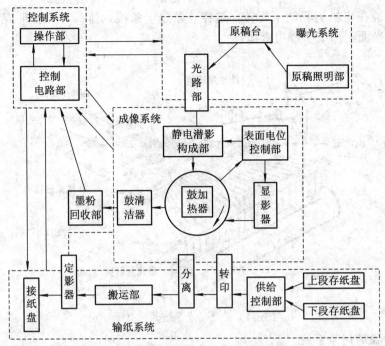

图 3-2 静电复印机四大系统的组成框图

原稿的曝光系统如图 3-3 所示。曝光灯在驱动机构的作用下沿水平方向移动对稿件扫描，扫描的图像经 2、3 反射镜后，再通过镜头照到 CCD 感光面上，CCD 将光图像转变成电信号，在 CCD 驱动电路的作用下输出图像信号，经信号处理后变成图文信号，再送到激光调制器中去控制激光扫描器。

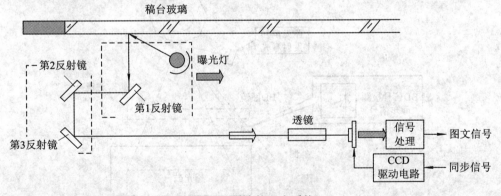

图 3-3 原稿的曝光系统

2) 激光曝光系统

激光是由半导体激光器或气体激光器产生的，具有色纯、能量集中、精度高、寿命长、便于控制的特点。用图像信号调制激光束，就是将图像中有图文的黑色部分与无图文的白色部分转换成激光束的有无来表示，然后经扫描器照射到感光鼓的表面。

激光曝光系统的示意图如图 3-4 所示，它同激光打印机的扫描系统基本相同。激光发射器固定在机器中，它所发射的激光束的方向是不变的，而激光反射镜的方位是变化的。由于反射镜的方位变化会使激光束的投射角度发生变化，因此经反射镜反射的激光束就会发生变化。反射镜在电机的驱动下旋转，这样一条线一条线地排列起来就形成了面，原稿的图像就在鼓感光面上形成了静电潜像。

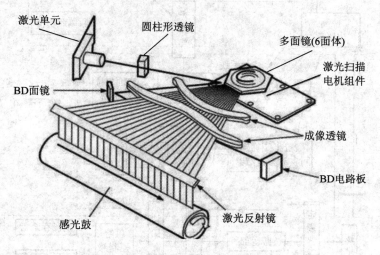

图 3-4　激光曝光系统的示意图

3) 激光扫描的同步系统

激光束的扫描必须与原稿的扫描保持同步才能把一幅图像不失真地复印下来，为此在激光扫描器中设有同步信号检测器件和同步信号处理电路。BD(Beam Detect)检测是在扫描的初始位置设置一个光电二极管，如图 3-5 所示，激光束照射时光电二极管收到激光束的信号表示一行扫描开始了，也可以利用此信号进行纸的对位。

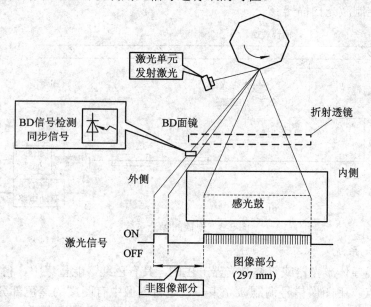

图 3-5　激光扫描的同步系统

3.2.2　复印机的基本工作原理

目前使用的静电复印机，其静电复印过程中必须经过充电、曝光、显影、转印、定影五个基本工序。其基本工作原理如图 3-6 所示。

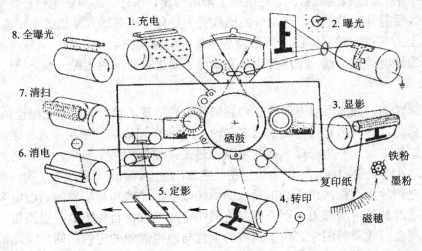

图 3-6　静电复印机的基本工作原理

1. 充电

通常采用电晕放电的方法(或称为电晕充电法)对硒鼓进行充电。在静电复印机的复印过程中，利用电荷同性相斥、异性相吸这一静电特性，使带电的显影剂附着到静电潜像上而形成清晰可见的图像。复印过程的"充电"是利用静电的电晕放电来实现的。每一电荷都在自己周围形成一个电场，电荷间的相互作用都是通过电场来实现的。物理实验证明，电场强度的大小与形成电场的电荷所带电量成正比，带电物体的尖端部分电荷最集中，电场强度也最大。在空气中存在着一定数量的带正电荷或带负电荷的空气分子——离子。在同一电场中，空气中的正、负离子受到方向相反的作用力，向相反方向作加速运动，和周围的中性空气分子发生碰撞，就会把中性分子里面的一个或者几个电子撞掉，形成新的正离子；而被撞出去的电子附着到其他中性分子上，从而形成负离子。电场愈强，这种碰撞愈激烈，一个撞两个，两个撞四个，这种连珠式的猛烈碰撞形成一场碰撞电离，使空气中的离子数量急剧增加。这种空气的电离化，使得原来并不导电的空气变成导电的。由于带电物体的尖端部位电荷最集中，电场最强，空气的电离化程度也最高，因而大量电荷通过电离化空气跑到空中，就形成了尖端放电。而尖端放电反过来又促进了空气的电离化。在这种空气被高度电离化的状态下，产生了一种柔和的雾状光辉——电晕，也称为电晕放电。静电复印机就是利用电晕放电的方法对光导体(硒鼓)进行充电的。其具体方法是：由高压发生器输出 5000～8000 V 高压直流电到充电电极，电极中的电晕丝与硒鼓表面保持一定的距离(通常为 10～20 mm)，而硒鼓的基体接地，这样就构成了一个充电回路。具有几千伏高压的带正电金属丝在此高电压下夺取了周围空气中的电子，使空气变成带正电的离子，正电离子又夺取硒鼓表面的电子，从而使硒鼓表面接受了大量电晕放电所形成的正离子，硒鼓表面均匀地布满了正电荷，这个工序即称为充电。一般硒鼓充电以后，其表面电位可高达1000 多伏。

2. 曝光

把待复印的稿本倒扣在原稿台上，原稿台与硒鼓同步运行。原稿受到光源的扫描，照在稿本上的光反射回来，经过镜头(透镜)，再经过反射落到已经充电的硒鼓上。稿本上有笔划(或有线条)的部分吸收了照射光，在硒鼓上形成阴影，保住了那里的电荷；而空白处反光性好，把光线反射到硒鼓上，受光部分的硒鼓变为导体，电荷通过接地的金属辊而被放走。这样，稿本上的字迹、符号、图表等，就被电荷准确地映在硒鼓表面，硒鼓表面上的这种"电字"称为静电潜像，这一工序称为曝光成像。曝光时所用的光源一般是碘钨灯。

3. 显影

硒鼓继续转动，鼓面上静电潜像转到显影剂箱的位置，箱内有一根带磁性的圆辊(一个旋转的空心套筒，其内部有几排磁铁固定在轴上)。由于箱内装的墨粉掺入了经过防氧化处理的铁粉，铁粉上的一些电子碰到墨粉就跑了过去，使墨粉带上负电，铁粉带上正电。磁铁吸引铁粉，铁粉吸引墨粉，一串串地挂在此圆辊(空心套筒)上，就形成了所谓的磁刷。磁刷上的墨粉遇到静电潜像，由于静电潜像的电场吸引力比铁粉与墨粉间的静电吸附力大，因此把墨粉吸附到静电潜像上。至于没有电荷的空心地方，自然不会吸引墨粉，这样，墨粉就在硒鼓表面形成墨粉图像。由于铁粉的电性与静电潜像的电性相同，因此铁粉又落回显影剂箱里。这一工序称为显影。

在静电复印过程中，显影工序直接影响到复印图像线条的浓淡、分辨率、密度和反差，因此，显影是影响复印图像质量的一道重要工序。

4. 转印

带有墨粉图像的硒鼓表面与输纸机构送来的空白复印纸接触时，它们彼此贴合，在纸的背后，从转印电极的电场给纸充以比硒鼓更强的正电荷，把在硒鼓表面上带负电的墨粉吸附到纸上，在纸上形成墨粉图像，这一工序称为转印。

衡量转印效果的主要指标是转印率。转印率是指光导体上墨粉图像(或字)转移到纸上的百分率。转印率高，则复印品上的图像(或字迹)墨浓度高且清晰；转印率低，则颜色浅淡，甚至看不清楚。一般的静电复印机的转印率大约为 70%～85%。转印率的高低取决于光导体表面的电位(不宜过高)、转印电压(不宜过高或过低)、纸张的干湿与电阻等多种因素(纸张受潮后会严重降低转印率，甚至看不清楚)。

5. 定影

转印到纸上的图像，很容易被揩抹擦掉，因此必须把图像固化在纸上。将墨粉图像用加热的方法(或者采用冷压的方法)，使墨粉融化渗入纸中，从而形成牢固、耐久的图像，这一工序称为定影。

加热定影有以下三种方法：

(1) 热板定影。在定影器中设置上、下两块加热板，当加热器中的热源(电阻丝)接通电源后，将热板加热，但是热板并不直接接触复印纸，而是通过空气介质，使热板面向纸张一面的空气被加热。当附有墨粉图像的复印纸从两块板中间通过时，便使墨粉融化渗透到纸中，从而实现定影。

(2) 热辊定影。定影器中的红外线灯管使定影辊(一般为镀金属或硅胶辊)加热，并且还对加热辊施加一定的压力。加热辊对附着墨粉的复印纸施加热量和压力，使墨粉牢固融化在纸上而实现定影。

(3) 热辐射定影。上述两种加热定影方法通常需要 3～8 分钟的预热时间。为了缩短预热待机时间和充分发挥热能的作用，有的静电复印机(例如声宝 SF750 型，施乐 2202 型)采用远红外辐射加热，将热能以电磁波的形式直接辐射到附着墨粉的复印纸上，纸迅速吸收远红外线辐射能量而变成热能，从而使墨粉很快融化渗入到纸中实现定影。热辐射定影一般仅需几十秒的预热时间。

除了上述三种加热定影方法外，有的复印纸还采用压力定影方法(也称为冷压定影)。冷压定影法利用一对具有一定压力的对滚圆辊对墨粉图像产生压力的作用，使在常温下柔软的墨粉粘附于纸上而实现定影。冷压定影是一种新的定影技术，目前只有个别静电复印机采用(如声宝 SF730 型)。冷压定影法的优点是节省电能，消除了预热待机时间，结构也较简单；其缺点是定影牢固程度较差，图像的分辨率也比较低。

以上所述为静电复印法所必需的五个基本工序。由于硒鼓在完成转印这一工序之后，其表面还必然留有墨粉和残余电荷，如不清除，则复印下一张时必将出现上一张图像(或字迹)的痕迹，因此静电复印机还必须具有清扫装置和消电装置，其作用是使硒鼓在经过转印工序以后，清除其表面的残留墨粉和残余电荷。清扫装置一般采用毛刷(兔毛、羊毛等)或者泡沫软辊(多用于湿法显影)。消电装置一般采用电晕消电法，即用一个电晕电极，向硒鼓表面充以电荷，此电荷的极性与在第一工序中硒鼓充电的电荷极性相反，从而使硒鼓表面的残余电荷中和。有些新型机(例如理光 DT5750 型)采用灯光消电法，用消电灯对硒鼓表面进行光照，这样可使硒鼓表面的残余电荷经接地的金属辊(硒鼓基体)放走，从而消除残余电荷。

3.2.3 复印机图像放大和缩小的工作原理

一般的静电复印机是等倍复印的，即复印件的图像、文字与原稿大小一样。有些静电复印机具有倍率放大(一般为 1∶1.27、1∶1.4)和倍率缩小(一般为 1∶0.7、1∶0.5)的复印功能。

倍率放大或倍率缩小复印是通过调节光学系统实现的，通常采用改变镜头与反光镜的位置以及用两个不同焦距透镜的调节方法。

1. 改变镜头与反光镜的位置

静电复印机的光学系统主要由光源(常用高色温分极发光卤素灯或水冷管形长弧氙灯)、反光镜(平面反光镜或球面反光镜)、透镜(凸透镜或凹透镜，对射光起会聚或发散作用，通常称为镜头)所组成。复印时，稿台上的原稿通过光学系统成像于硒鼓表面上。图 3-7 为静电复印机的光学系统。

放在稿台上的原稿，被光源(卤素灯)照射，其反射光经过第 1 反光镜、第 2 反光镜、透镜、第 3 反光镜、第 4 反光镜，从而把此原稿成像于硒鼓表面上。目前的静电复印机大多采用光学系统扫描的方式进行成像。复印时原稿是固定不动的，光学系统与硒鼓同步运动，从而进行同步扫描。其工作原理是镜头固定，第 1 反光镜和扫描光源以速度 V_1 与硒鼓同步运动对原稿进行扫描，而第 2 反光镜则以速度 V_2 作同向运动，两者的速度比 $V_1/V_2 = 2$，即当第 1 反光镜前进 500 mm 时，第 2 反光镜仅前进 250 mm，这样的运动关系就可以保证光学系统在移动扫描的过程中物距(物点到透镜光心的距离)和像距(像平面到透镜光心的距离)不发生变化。等比复印时(即复印图像与原稿大小一样)，透镜处于原稿与硒鼓表面距离的中点。倍率放大或倍率缩小复印时，就要使透镜的位置向左(放大时)或向右(缩小时)移动。但透镜位置的移动只能改变复印件的横向倍率，不能改变纵向倍率。为了改变纵向倍率，还需要使第 1 反光镜的移动速度相对于硒鼓的圆周速度慢些(放大时)或快些(缩小时)。

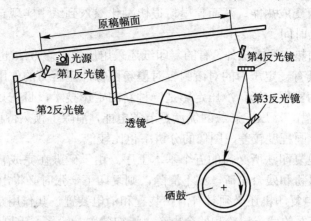

图 3-7　静电复印机的光学系统

2. 采用两个不同焦距透镜

有些静电复印机是采用两个(或几个)不同焦距(镜头)的透镜来实现变倍复印。等倍复印时使用一个标准镜头；需要变倍复印时，从光学系统移出标准镜头，而移入变倍(放大或缩小的)镜头。这样变倍方法不需要变动光学系统中的其他部分，但需要增加镜头的数量。

3.2.4　数码复印机的工作原理

数码复印机通过 CCD(电荷耦合器件)传感器对通过曝光、扫描产生的原稿的光学模拟图像信号进行光电转换，然后将经过数字技术处理的图像数码信号输入到激光调制器。调制后的激光束对被充电的感光鼓进行扫描，在感光鼓上产生静电潜像。图像处理装置(存储器)对诸如图像模式、放大、图像重叠等作数码处理后，再经过显影、转印、定影等步骤完成整个复印过程。数码复印机可实现真正的 1200 dpi 高精度，基本上相当于把扫描仪和激光打印机的功能融合在一起。

3.3　复印机的选购与安装

3.3.1　复印机的选购

目前国内生产的复印机种类和型号繁多，各种型号的技术规格和使用性能均不相同。选购复印机时，应依据什么标准选购适合于本单位工作需要的机型，是每个欲购买复印机的单位所面临的问题，下面分析有关内容，以供选购时参考。

1. 数码复印机的选购

数码复印机是通过激光扫描、数字化图像处理技术成像的，它既是一台复印设备，又可作为输入/输出设备与计算机以及其他办公自动化设备联机使用。如可以通过网络，以 E-mail 附件的形式将图像传送给指定的使用者。另外，它还可以直接扫描到 FTP 服务器。

由于采用了数字图像处理技术，数码复印机可以进行复杂的图文编辑，大大提高了复印机的复印能力、复印质量，降低了使用中出现故障的概率。

数码复印机还具有文稿、图片/文稿、图片、复印稿、低密度稿、浅色稿等模式功能，而 256 级灰色浓度、600 dpi 分辨率，则充分保证了复印品的整洁、清新。强大的图像编辑功能具体包括可自动缩放、单向缩放、自动启动、双面复印、组合复印、重叠复印、图像旋转、黑白反转、25%～400%缩放倍率等选项。此外，该类产品还具有无废粉、低臭氧、自动关机节能、图像自动旋转、减少产生废纸等特点。

在选购数码复印机时主要应考虑以下几个关键技术指标：

(1) 输出分辨率。和打印机一样，数码复印机的输出分辨率是最重要的技术指标。由于数码复印机采用的是激光静电转印技术，因此输出分辨率一般都可以达到 1200 dpi 以上，其输出效果也远远优于标称为 1200 dpi 的采用喷墨技术的输出设备。

(2) 预热时间和复印速度。这是两个和时间相关的技术指标。如果某一个时间段内需要复印的文件量比较大，则这两个参数是很重要的。

(3) 存储器和处理器的配置情况。数码复印机一般来说都会配置较大容量的内存，以便实现连续复印，并且在作为网络输出设备时能够容纳尽可能多的等待队列。有的产品还会配有处理器，以使产品处理数据的能力更加强大。存储器的容量自然是越大越好，有处理器的产品自然也比没有处理器的产品要好。尤其是复印工作量特别大的用户，应该选择存储器容量大且带有处理器的产品。

(4) 应该具有网络共享功能。数码复印机的打印和复印能力具备网络共享的功能，因此，如果办公室中已经有局域网，则应该尽可能选择那些具有网络共享能力的产品。即使还没有网络，也应该选择那些以后可以加插网络共享附件的产品。

(5) 耗材情况。办公室中耗材的消耗量一般比较大，因此用户在选购时还应该了解一些产品的耗材情况，主要是了解耗材的价格及其使用量，然后核算一下使用的单位成本。

(6) 售后服务。用户在选购时一定要对售后服务的情况了解清楚，最好选择能够上门服务的产品。

2. 模拟复印机的选购

在选购模拟复印机时主要应考虑以下几个关键技术指标。

1) 质量与速度

(1) 质量要求。

文字：分辨率高，无畸变，无底灰，反差大；

图像：分辨率高，无畸变，无底灰，中间层次丰富。

(2) 速度要求。一般要求复印速度为(A4)10 页/分以上。按照静电复印机的复印速度(A4 页/分)和每月复印量(A4 页/月)，常用的模拟复印机分为三大类：普及机、中级机、高级机。这三种复印机相对价格差别比较大，可根据对复印速度的要求并考虑价格的差别选择。

2) 幅面与比例

目前，一般静电复印机的最大复印幅面大多为 B4(257 mm × 364 mm)和 A3(297 mm × 420 mm)两种规格。如果只复印文件、文献、杂志等，选购最大幅面为 B4 的也就足够了。但若还需复印图纸等技术资料，则选购最大幅面为 A3 的静电复印机比较合适。

静电复印机不管其是否具有变倍复印的功能，一般其最大复印幅面与原稿的最大幅面是相同的。

　　3) 稿台的形式

　　目前静电复印机的稿台有两种形式：一种是稿台移动式的，它只能复印单页(或散页)稿，而不能够复印书本；另外一种是稿台固定式的，它既能复印单页，又能复印书本。因此，若需要复印书本，则必须选购稿台固定式的静电复印机。

　　4) 主机的形式

　　主机的形式有两种：一种是台式机，其体积较小，重量较轻，机器运转的噪音也比较小，但复印量亦比较小，适用于工作量不太大的情况；另一种是落地式复印机，其体积较大，重量较重，机器运转的噪音也比较大，但复印量比较大。

　　5) 价格

　　对价格的考虑，不能只看复印机的价格，还应该将复印纸的性能、能耗等问题一起分析和考虑。一般来说，质量优良、功能多的静电复印机价格也较高。

　　6) 自动化程度

　　目前有些静电复印机具有自动进稿、自动分页、自动叠页、自动掀起压稿板等自动化装置，可提高复印速度及复印质量。但自动化程度愈高的复印机，其价格也相应愈高，并且愈难修理，其修理费用也愈高。因此，不宜盲目追求自动化，应该根据复印工作的实际需要进行选购。例如，如果需要经常复印一式多份的文件、资料的，适宜选购一台带有自动分页、自动叠页装置的静电复印机，从而提高复印件的分页、叠页、装订等的工作效率。反之则会造成浪费。

　　7) 特殊需要

　　所谓特殊需要，就是在实际工作中对静电复印机技术规格的要求。例如，通常的静电复印机，其最大复印件幅面为 A3，若要求复印件的幅面大于 A3，就得选购大幅面的静电复印机。又如，一般静电复印机所用普通纸的规格为 $64\sim80\ \mathrm{g/m^2}$，若要求能够复印比较薄的纸或比较厚的纸，就得选购其技术规格能满足此项要求的机型。

　　有些大学、研究所、图书馆等单位，需要将缩微胶片复印成通常的复印件，就得选购缩微胶片静电复印机。

3.3.2　复印机的安装

1. 复印机的安装环境

　　用户选购复印机后，首先应当选择一个能使机器正常工作的环境。不良的使用条件将对机器的复印质量和寿命产生很大影响。安装机器的场地一般应满足下列要求。

　　(1) 电源和接地要求。电源电压波动应在额定电压的±10%以内。应尽量使用机器原装的三芯插头，与带地线的插座配合使用。如果机器接地不良，则会影响机器的正常运转，使复印品质量欠佳。

　　一些进口机器的电源插头与国内通用的插座类型不符，无法满足复印机的接地要求。由于纸张在充电、转印过程中会带上大量电荷，这些电荷是通过安装在纸上和出纸口等处的静电消除刷或消电针直接消除的，因此若没有地线，复印纸就容易粘在一起，不易分开，也容易发生卡纸故障。此外，机器的金属架、外壳均连为一体，由地线引出接地，可防止机器积累大量静电后放电伤人。接地不良，会发生触电事故。

(2) 环境温度。机器使用环境的温度应在 5～35℃ 之间。温度过高时，机器散热不利，影响各发光、发热器件的寿命；温度过低，一些器件的性能会受影响，预热时间也会延长。

(3) 环境湿度。室内相对湿度应在 20%～85% 之间，不可将机器安装在自来水龙头、烧水器、加湿器、电冰箱等附近。湿度过高时，空气极易被击穿，影响电晕充电的效果，甚至造成电极损坏、感光薄层击穿等故障。复印纸放置于潮湿环境之中，也会使其内电荷下降，影响纸张的转印效果。

(4) 通风问题。复印机使用时会放出一定的臭味气体和热量，对人体的健康不利，因此要求机房内应保证通风良好。安装大型机器且复印工作量又大的室内，应安装窗式空调器，以保证室内空气新鲜。

(5) 安放条件。复印机应水平置于机台或桌面上，支撑物必须坚固，不会随机器的运转而晃动。机器后部应距墙面 10 cm 以上，同时应考虑留有适当的操作空间，保证日常保养时不致于经常移动机器。

此外，安装复印机的室内不应有明火、灰尘及氨气等有害气体直接触及机身。

2. 复印机的安装方法

复印机的外包装有的是纸箱，有的是木箱，在拆箱时一定要注意不要损坏箱内的机器。有些机器是用螺钉及角铁固定在箱底的，需旋下螺钉，才能抬出机器。

主机安放在支撑物上后，可逐个拆开随机的小纸箱，取出一般没有装在机器上的易损件、消耗材料和零备件，并认真核对无误后再开始安装主机。

1) 主机的安装

首先去掉主机上的塑料罩，撕去其外部及机内固定各部件的纤维胶带。找到标有"拆下此固定片"字样的纸卡，根据它的指示旋下固定片螺钉，取下固定片。

有些复印机的感光鼓、复印机排出口处还装有缓冲垫圈或垫块，也需取下。还要取下镜头固定螺钉。

对机器进行一次全面检查，所有应拆下的紧固件完全拆除后，即可逐个安装易损件。

(1) 安装感光鼓。首先拔下各电极，释放清洁刮板，使之离开与感光鼓相接触的位置。有些机器还需将纸路部件放下来，以使其脱离感光鼓区。取下固定感光鼓轴的挡板，有的机器则要打开机器上盖，取出显影器，才能放入感光鼓。将感光鼓用一张纸垫好，不使手指触及感光薄层，小心地送入机内。如果感光鼓轴不到位，可稍加旋转，使之与机内齿轮完全咬合，并依拆下时相反的次序安装感光鼓、固定板、电极等。安装前需将电极丝及外壳擦拭干净，然后使已离位的部件复原。

(2) 加入载体及墨粉。加入载体(通常为载体与墨粉的混合物)时应按照说明书指定的数量进行，不可加多或加少。因载体内已配好适当比例的墨粉，所以只将载体倒入显影器内，并旋转显影辊使之分布均匀即可，不需要向显影器内添加墨粉。将显影器安装在机器上，打开墨粉盒盖后从盒中加进墨粉。单一成分显影的机器只在墨粉盒中加入墨粉即可。

有些复印机前门内设有墨粉供给量控制开关，有三挡指示："2"、"1"、"0"，依次表示多、少、无。新装的机器，可将旋钮放在"1"处。进粉过多或过少都会影响复印质量，只有当复印品偏白或偏黑时，才调节供粉量。

(3) 安装纸盒和接纸盘。纸盒和接纸盘大多都是插入式的。有的纸盒插入时需压入手柄才能使其到位，取下时也如此。在纸盒内加入复印纸时，需注意纸张的正反面，保证搓纸效果，防止数张纸由于静电作用贴在一起。具体做法是：将开包后的复印纸捏于双手之间，弯成弧度，使纸间稍有缝隙，然后对齐，弯面朝上放入纸盒内。

2) 主机显示及工作状态的检查

新安装的机器在接通电源试运行之前，需认真检查机器各部分有无损伤或变形。然后拆下机器后挡板，检查各齿轮、皮带轮和链轮等是否处于正确位置，有无脱出现象。此外，发现有电线接头脱落或歪斜时也要重新插好。

插好电源插头后，打开机器电源开关，然后打开机器前门，机器应立即停止预热。有些复印机可用门开关压板顶住门开关，电源即可接通，继续预热。此时应仔细倾听机内是否有异常噪音。

机器开始预热后，即可逐个检查复印机操作面板上的各项显示及动作。

(1) 检查复印数字输入键是否正常，按下时应该出现复印数量显示。按下清除数字键应该使已设数字变为"1"。

(2) 抽出纸盒，无纸盒或纸盒空时指示灯应点亮，相应的指示灯应同时变换。

(3) 检查墨粉指示灯是否点亮(此灯在加粉前是亮的)。加粉后仍亮，说明墨粉加少了，应再次补充。

(4) 具有缩放功能的复印机，开机后正常大小复印指示灯(1∶1指示灯)应点亮。分别按下放大、缩小等功能键，指示灯也应分别变换到与放大、缩小相应的位置。有些复印机，按下放大、缩小键时，透镜即开始移动，有的则要等到按下复印开始键后才开始移动。

(5) 检查复印浓度调节杆或按键动作是否灵活，对于后者还应注意相应的指示灯有无变化。

(6) 预热时间达到后，复印指示灯点亮，此灯一般是绿色的。也有些机器采用闪动灯表示正在预热，持续发光表明预热完毕，可以复印。还有的机器复印键由红变绿或预热信号熄灭，此时即可进行下一步试运行工作。

3) 主机的试运行

接通电源，预热完毕后，如果机器无其他异常显示及声音，即可进行复印。

首先将复印品质量测试板或一张较为清晰的原稿放在稿台玻璃上，盖好后即可按动复印开始键，复印一张以观察机器的显示效果。若无异常，即可将浓度调节杆放在中间色调位置上，连续复印20～30页。观察这些复印品质量是否一致，色调是否适中，有无图像缺陷等。如果这些操作均正常，则可分别选取放大或缩小等功能，各复印数页，检查放大及缩小功能。

对于有多层纸盒供纸或设有手动供纸的机器，还需分别选用每一个纸盒进行复印，以检查纸路及搓纸轮的性能是否完好。

机器运行正常后，应装好后挡板和机器前门，擦拭机器表面，清扫工作现场。最后填写使用维修卡片，并附上一张复印品(这一点非常重要，但往往被用户所忽略。该记录可在将来维修时作为参考)。

如果在试运行中发现异常现象，应立即按下复印停止键或断开机器总电源开关，然后按照维修指南进行相应的检修和调试。

4) 自动分页器的安装

自动分页器是将复印出的成品自动分成多份的装置。安装自动分页器的机器需配有合适的机台。分页器拆箱时是几个并未完全连接起来的部件，需要进行装配。

首先将分页器上的四只脚轮用螺钉固定好，将电源线及与主机的连线插头分别连接到电源插座和主机上，在主机的后部还需安装供给分页器电源的变压器和控制线路板。将各接插件插好，然后将分页器与主机的连杆用螺钉固定在机器工作台下部，安装时需要注意使分页器进纸口与主机出纸口保持约 5 mm 的距离。最后将分页器下端的轴孔套在与主机连接的轴上，分页器即可以此为轴与主机靠拢或离开。打开主机及分页器电源开关，开始复印时，分页器应无分页动作，而只是与接纸盘一样进行多页堆叠。当按下分页器分页按键复印时，分页器即会随每页纸的排出向上逐格移动，说明分页器已安装好。如果分页器反复卡纸，则应调整分页器与主机排纸口的距离，必要时还需将分页器或主机垫高一些，以使二者的进、出纸口相对应。

5) 自动进稿器(半自动进稿器)的安装

自动进稿器(ADF)与半自动进稿器(DF)的区别在于，前者可以在供稿盘上放置 50 页原稿，自动搓稿装置可将其一页一页地自动送到稿台玻璃上；后者只能在供稿盘上放一页原稿，该页送入后才可放另外一页。二者的原稿输送装置完全一样，只是供稿盘部分不大相同。

安装进稿器之前需拔出机器上原有的稿台盖板，取下稿台玻璃右边的固定条，取出稿台玻璃，在扫描灯罩上安装静电消除刷，以消除掉原稿输送带与稿台玻璃摩擦产生的电荷，防止原稿进入不畅。

将自动进稿器供稿盘或半自动进稿器供稿盘放在稿台右边合适位置上，并用固定螺钉紧固好。将自动进稿盖板插入原来稿台盖板孔中，并用导线将它与机身连接(接地)，把电源线与控制线连接到主机相应的插件上。

安装完毕，盖好进稿盖板，按下自动进稿或半自动进稿键，指示灯亮，将原稿放置在供稿盘上，便会自动开始复印。

进行自动进稿时，如果复印品总是歪斜的，则说明原稿进入时发生了偏差，一般是稿台玻璃或供稿盘没有调整好。检查复印完输送出来的原稿，即可发现原稿的某一角(一般是远侧)被折过，说明进稿时受到阻力。经检查可发现原稿行进时，边角碰到了稍突出的稿台玻璃板的原稿尺寸刻度板，这时可旋松固定供稿台的两颗螺钉，将供稿台向与原稿尺寸刻度板相反的方向移动一些，从机器右侧观看，供稿台原稿挡边应稍向内些。

此外，如果原稿出来不顺利，还可调节进稿板两个支点(插入机器内部分)的高度，在支点轴上各有一个齿轮状圆盘，旋转时可使稿台盖板向上或向下移动，也就是改变输稿带与纸的接触摩擦力。当原稿经常停在玻璃板上造成卡纸时，可将稿台盖板调低些，使之与纸张接触更紧些。

复印机在出厂时都经过严格的测试和检验，只要认真按照安装说明书进行安装，操作很简单。绝大多数机器安装后接通电源，无需进行任何调整即可进行复印。

3.4 复印机的使用

3.4.1 复印纸的选择与装盒

1. 纸的选择

在实际工作中选择复印纸时应考虑以下几个问题：

(1) 纸的含水量应适中。纸的含水量在不同温度和湿度下变化较大。受潮的纸，其电阻率降低，挺度小，容易变形，使用该纸不但容易卡纸，而且复印件的质量也差。反之，若纸过于干燥，其电阻率增加，会出现静电过大而卡纸。因此，在实际工作中应总结经验，根据不同情况及时调整用纸。

(2) 选择适宜的纸。同一种类的纸，因产地、厂家不同，纸的电性能、吸水性、表面光泽度及挺度等也各不相同，操作者应根据用纸经验选择。

2. 装纸

(1) 检查纸。打开纸包，用手抓住一刀纸的纸角抖动几下，然后再拿纸的另一对角再抖几下，若纸内有缺损或异物即可掉出。在清洁的桌面上将纸抖松，然后反复挫齐，这样可减少纸毛、卡纸或进多张纸。

(2) 装纸。将挫好的纸最上面的一张去掉后放入供纸盒；选用同一刀纸一起装，装纸数量不超过规定标准；装纸时要注意纸在纸盒内的位置。静电复印机中有多种供纸盒，将纸前端两角放在压角器下，并且一定要将前端对齐。纸盒内使用后剩余的纸，不要同新装的纸放在一起，否则容易进双张或多张纸。

3. 纸张幅面规格

纸张的规格是指纸张制成后，经过修整切边所裁成的一定的尺寸。现在我国采用国际标准，规定以 A0、A1、A2、B0、B1、B2 等标记来表示纸张的幅面规格。A0 纸的幅面尺寸为 841 mm × 1189 mm，B0 纸的幅面尺寸为 1000 mm × 1414 mm。复印纸的幅面规格只采用 A 系列和 B 系列。若将 A0 纸张沿长度方向对开成两等份，便成为 A1 规格的纸张；再将此纸张沿长度方向对开，便成为 A2 规格的纸张。如此对开至 A8 规格。B0 纸张亦可按此法对开至 B8 规格。

3.4.2 复印机的基本操作程序

静电复印机是一种自动化办公设备，它可以提高公文形成速度，节省大量的等待时间，给各项工作带来极大的方便。但是由于复印机的操作又是一项技术性较强的工作，不了解机器的基本原理和构造，就无法正确地使用它，有时还因操作不当而损坏，会影响使用。这里除谈谈复印机的使用常识外，还向读者介绍一些复印的经验，以帮助办公人员有效地提高工作效率。

静电复印机操作面板各部分及功能示意图如图 3-8 所示。数码复印机操作面板各部分及功能示意图如图 3-9 所示。

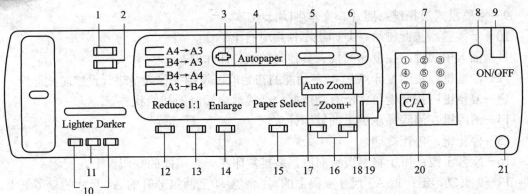

1—分页/分组键；2—双页分离器键；3—控制卡检查显示器等；4—自动纸张选择显示器；
5—复印张数/复印倍率显示器；6—复位键；7—数字键；8—待机键；9—电源开关；
10—复印浓度选择键；11—AE自动曝光键；12—缩小键；13—等倍键；14—放大键；
15—纸张选择键；16—无级变倍键；17—自动无级变倍键；18—百分比键；19—复印键；
20—消除/停止键；21—电源指示灯

图 3-8　静电复印机操作面板各部分及功能示意图

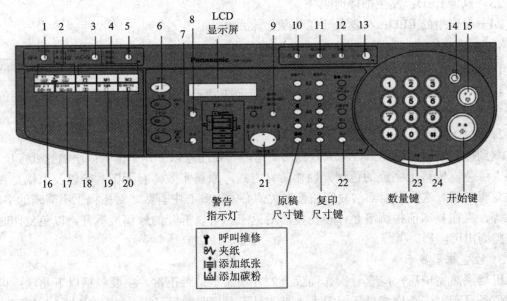

图 3-9　数码复印机操作面板各部分及功能示意图

数码复印机操作面板功能说明：

1—多尺寸进稿键：用 i-ADF/ADF 复印多尺寸原稿时使用。

2—投影胶片插页键：在投影胶片间插入纸张。

3—双面/单面复印键：选择双面/单面复印功能。

4—作业存储键：用于将复印作业存入内存或从内存中调出使用。

5—分页/整理键：用整理器进行分页和装订时使用。

6—复印键：将本机用作复印机时按此键。

7—纸盒选择键。

8—出纸盘选择键。

9—原稿模式选择键：照片、文本/照片、文本。

10—节能键：按此键可在复印机不使用时省电。

11—插入模式键：在复印时插入其他复印或打印作业。

12—功能键：更改复印纸尺寸/各功能的初始值以及键操作人员进行设定时按此键。

13—复位键：按此键可将所有功能复位至接通电源时的初始状态。

14—清除键：清除显示屏上的复印计数。

15—停止键：停止复印。

16—N 合 1 键：用于将两页单面原稿并排复印在一张单面的复印件上。

17—2 页复印键：把 A3 尺寸原稿上的对面页复印到两张分开的 A4 尺寸的复印纸上。

18—书本键：消除深色的中缝装订阴影。

19—留装订页边键：留出空白四边。

20—留边框键：将图像移至右边或左边。

21—光标键：用于选择曝光和复印倍率。选择功能模式。

22—设定键：用于设定当前的选择。

23—报警 LED：发生故障时点亮。

24—动作中的 LED：机器处于工作状态时点亮。

1. 基本操作程序

1）预热

按下电源开关，开始预热，面板上应有指示灯显示，并出现等待信号。当预热时间达到时，机器即可开始复印，这时会出现可以复印信号或音频信号。

2）检查原稿

拿到需要复印的原稿后，应大致翻阅一下，需要注意以下几个因素：原稿的纸张尺寸、质地、颜色，原稿上字迹的色调，原稿装订方式，原稿张数，有无图片等以及原稿是否需要改变曝光量。这些因素都与复印质量有关，必须做到心中有数。对原稿上不清晰的字迹、线条等，应在复印前描画清楚，以免复印后返工。可以拆开的原稿应拆开，以免复印时因不平整而出现阴影。

3）检查机器显示

机器预热完毕后，应查看操作面板上的各项显示是否正常，主要包括以下几项：可以复印信号显示、纸盒位置显示、等大小复印显示、复印数量显示(一般为"1")、复印浓度调节显示、纸张尺寸显示，一切显示正常才可进行复印。

4）放置原稿

根据稿台玻璃刻度板的指示及当前使用纸盒的尺寸和横竖方向放好原稿。需要注意的是，复印有顺序的原稿时，可以从最后一页开始，这样复印出来的复印品的顺序就是正确的。

5）设定复印份数

按下数字键设定复印份数。设定有误时可按清除键"C"予以清除，然后重新设定。

6）设定复印倍率

可在下述三种方式中任选一种进行放大或缩小。

方法一：使用放大键和缩小键，进行固定尺寸纸张的复印。

使用这一方式,可以很容易地将一种固定尺寸纸上的稿件经过放大或缩小后印到另一种固定尺寸的纸上。例如 A3→A4 即表示将 A3 规格纸的原稿复印到 A4 规格的纸上。

具体操作时,可按缩小键或放大键直至所需转印规格旁的显示器点亮,即可按复印键进行复印。

方法二: 使用无级变倍键进行无级变倍复印。

使用本方式,可对原稿进行 50%～200%、级差为 1% 的无级变倍缩放。按下 Zoom + 键,可增大图像尺寸;按下 Zoom− 键,可减小图像尺寸。每按一下键,即自动增大或缩小 1% 的图像尺寸,复印倍率会在复印张数/复印倍率显示器上显示出来,并保持 2 s。选定了所需要的复印倍率,即可按复印键进行复印。在试印过程中,有时需了解当前的复印倍率,以便确定下一步是增加还是减小图像的尺寸,这时可按百分比键以确认目前设定的复印倍率。按一下百分比键,会在复印张数/复印倍率显示器上显示目前设定的倍率,并保持 2 s。

方法三: 使用自动无级变倍键进行自动无级变倍。

使用本方法,机器会根据原稿和供纸盒内的纸的尺寸自动设置合适的复印倍率。当选用这一方式时,该键正上方的显示器会点亮(注意本方式不适合手动进纸方式复印)。另外,该方式下复印机只根据供纸盒中纸的尺寸选择进行缩小 70% 或放大 141% 的复印。

7) 选择复印纸尺寸

根据原稿尺寸、放大或缩小倍率按下纸盒选取键。如机内装有所需尺寸的纸盒,则在面板上会显示出来;如无显示,则需更换纸盒。

8) 调节复印浓度

根据原稿纸张、字迹的色调深浅,适当调节复印浓度。原稿纸张颜色较深的,如报纸,应将复印浓度调浅些;字迹线条细、不十分清晰的,如复印品原稿、铅笔原稿等,则应将浓度调深些。复印图片时一般应将浓度调浅。

2. 复印过程常见问题的处理

按下复印开始键,机器便开始运转,数秒后纸张进入机内,经过充电、曝光、显影、转印、定影等工序即可复印出复印品。

复印过程中常会遇到一些问题,如卡纸、墨粉不足、废粉过多等,必须及时处理,否则就不能继续复印。

1) 卡纸

复印过程的卡纸是不可避免的,但如果经常卡纸,则说明机器有故障,需要进行维修。这里只谈谈偶尔卡纸的故障排除方法。卡纸后,面板上的卡纸信号灯亮,这时需打开机门或左(定影器)、右(进纸部)侧板,取出卡住的纸张。一些高档复印机可显示出卡纸的部位,以 P0、P1、P2 等表示。取出所卡纸张后,应检查纸张是否完整,不完整时应找到夹在机器内的碎纸。分页器内卡纸时,需将分页器移离主机,压下分页器进纸口,取出卡纸。

2) 纸张用完

纸张用完时面板上会出现纸盒空的信号,需将纸盒抽出并装入复印纸。

3) 墨粉不足

墨粉不足信号灯亮,表明机内墨粉已快用完,将会影响复印质量,应及时补充。高档复印机出现此信号后机器不再运转,低档机则仍可继续复印。加入墨粉前应将墨粉瓶(或筒)

摇动几次，使结块的墨粉碎成粉末。

4) 废粉过多

从感光鼓上清除掉的废墨粉收集在一只小盒中，小盒装满后即会在面板上显示出信号。有些机器废粉过多与墨粉不足使用同一个信号，这就更应当注意检查。当废粉装满时要及时倒掉。有些高档机要求废粉不能重复使用，特别是单一成分显影的机器，因为这样会影响显影质量。

3.4.3　复印机特殊功能的使用

1. 自动送稿器的使用

使用自动送稿器可以提高复印效率，避免每次放稿都要掀起稿台盖板的麻烦。使用时首先按下自动送稿按键，指示灯点亮，在供稿台上放上原稿。半自动送稿器应一页一页地放上原稿。原稿放好后，机器即自动开始复印。

自动(半自动)送稿器的另一个功能是使机器预热后自动开始复印。方法是：在预热过程中，设定好各项目，如纸盒选择、浓度调节、放大或缩小等，然后在供稿台上按上述要求放上原稿，机器预热完成后自动开始复印。

应当注意，卷曲、折皱、折叠的原稿，带书钉、曲别针或胶带及浆糊未干的原稿，背面发黑的原稿，粘在一起或装订的原稿以及过薄的原稿都不能自动送入。

但是，利用一些特殊复印的技巧，仍可自动送入较薄的或不十分平整的原稿。方法是：在将易卡住的薄原稿一页一页送入时，打开左侧原稿回转盒，进行半自动送稿复印，即用右手送入原稿，用左手接住印过的原稿，这样原稿几乎不会卡住。

原稿卡住时也要掀开回转盖，轻轻拉出原稿，一般从与玻璃接触的一侧取出被夹住的原稿更容易些。如果难以取出，可拆下夹住原稿的压板，取出原稿。原稿取出后，若卡稿信号灯仍亮，一般是供稿台上已放上原稿，将此页原稿向外拉一些，信号即可消除。被卡住的页由于卡纸信号的出现未能被复印，因此仍需取出重新放在供稿台上，再行复印。

利用半自动送稿器复印双面原稿时，需先印该页原稿的一面，待此页从机内排到稿台上时，再将其放回送稿台，复印另一面。例如，先印第 4 页，然后再印第 3 页。这时不能使用全自动送稿功能。

2. 自动分页器的使用

利用自动分页器进行分页时，必须从原稿的最后一页开始复印。分页器一般为 15 格，可将复印品分成 15 份。复印品超过 15 份时，应先复印 15 份，再继续复印余下的份数。

使用自动分页器时，纸盒内装的纸张应凸面朝上，这样不致在复印品进入分页格时出现错插现象(即后印出的一页插入先复印的几页之间，搞乱了顺序)。每层分页格约能容纳 30 页复印品，超出时极易发生卡纸。因此，复印品过多时应在复印过程中先取出，分别放好，待全部复印完后再将两部分叠放在一起进行装订。

在自动送稿器与分页器同时使用时，应注意防止原稿偏斜造成复印品缺陷，以致残品被夹进复印品之中难以发现。因此，应在复印过程中随时留意分页器中最上层的复印品，只要此页完好，则以下多层的复印品应是好的。

自动(半自动)送稿器与自动分页器同时使用时，如遇到原稿大小参差不齐的情况，且复印份数又在分页器所能完成的份数以上，则可先印分页器分页份数的余份。如需复印 20 份，而分页器仅可分 15 份，这时应先印 5 份。复印这 5 份时，可对大小不一的原稿进行放大或缩小，统一到一种尺寸的复印纸上。印完后，取其中 1 份作为第二次复印余下 15 份的原稿。这时可使用自动(半自动)送稿器，而且只需进行等大小复印就行了。由于第一次复印的原稿尺寸不同，要进行放大、缩小的设定，故不能使用送稿器快速复印。

在对色调不一的多页原稿进行多份复印时，亦可先复印余份并统一色调，然后再以复印品为原稿进行多份复印，这样可避免反复调节显影浓度。

使用自动分页器时还需注意选用光洁度好、尺寸合适的复印纸，并应在复印前将纸盒中的纸张充分抖开、对齐。否则，一旦因静电吸引双张纸粘在一起，就会出现复印品缺陷或卡纸现象，使分页出现错误。

3. 大容量供纸箱的选用

高速复印时可选用容量为 1500～2000 张纸的供纸箱。这种纸箱附加在机器右侧，从下供纸箱进纸。供纸箱需单设电源。使用前需将选择器旋钮设定好，以满足不同纸张尺寸的要求，然后接通电源开关，指示灯点亮，无纸时指示灯闪烁。

当需要变更复印纸尺寸时，可向右拉出纸箱，打开纸箱盖和上盖，松开塑料钮，提起隔板，将选择器旋钮旋到所用纸张尺寸的号码位置，最后关好纸箱盖，将纸箱推接到主机上。如果加纸后指示灯闪烁不止，则说明复印纸未放好或纸箱未关严，此时不能进行复印。

4. 自动复印功能的使用

有些复印机在放好原稿后，预热完毕即自动开始复印。有些复印机在预热时将一张复印纸放在供纸板上，预热后即可自动复印。还有些复印机在操作面板上设置有一个"Standby"键和指示灯，开机预热时按下此键，指示灯亮，在纸盒内有纸的情况下，预热完毕机器即自动运转；如设定好复印数量，即可自动复印出多页复印品。

5. 插入复印键和停止键的使用

绝大多数复印机上都有插入复印键和停止键，但能够正确运用的用户并不多。插入复印键又叫暂停键，它可以用来中止正在复印的多份文件，临时加进另一个文件。在复印过程中按下此键，机器立即停止复印，复印数量显示变为"1"；重新设定一个复印数量，即可开始复印另一文件，复印完后机器又回到原来中断时的显示状态，继续进行原来的多份复印。如果按错插入复印键，要恢复中断前的复印数量，按下停止键即可。

停止键主要用于多份复印过程中调整复印份数或原稿放置等情况，按下此键后机器停止运转，复印份数回到"1"，再复印时需重设。有些小型复印机将停止键和复印份数清除键设为一个键，其功能相同。

3.4.4 复印技巧

复印是一项技术性较强的工作，技术熟练不但可以提高工作效率，而且可以节省纸张，减少浪费，保证机器的正常运转。这里向读者介绍一些应当掌握的复印技巧。

1. 合适的曝光量

复印过程中会遇到各种色调深浅不一的原稿，有些原稿上还夹杂着深浅不一的字迹，如铅印件上的圆珠笔、铅笔批示等。遇到这种情况，应当以较浅的字迹为准，减小曝光量，使其显出，具体方法是加大显影浓度，将浓度调节杆推向加深的一端。对于照片、图片等反差小、色调深的原稿，则应减小显影浓度，将浓度调节杆拨向变淡一侧。如果复印品仍难以令人满意，则可加大曝光量，做法是将曝光窄缝板(有的设在充电电极上，有的单独装在感光鼓附近)抽出，把光缝调宽一些，即可使图像变淡。

2. 双面复印

个别高档复印机具有自动复印双面的功能。双面复印的用途很多，如广告、磁带等的说明书，名片，表格以及页数过多、需要减小厚度的文件。双面复印不仅节省了一半纸张，而且减小了文件所占空间，且便于装订。

在套印双面之前，应使复印纸间充分进入空气，防止出现双张现象。复印时先印单数页码的一面，再根据所使用机器的类型，将复印品装入纸盒，复印双数页码的一面。有的机器应将第一次复印品上下两端位置不变地翻过来，文字面朝下，装入纸盒，再复印第二面；有的则将第一次复印品原封不动装入纸盒即可。前者是直线进纸的机型，后者是曲线进纸，进纸口与出纸口在机器同侧的机型。另有一点要注意，采用导纤维矩阵透镜的机器，原稿正放，复印品也是正的；而采用镜头的机器，原稿正放，复印品却是反的，即上下颠倒。特别是在双面复印小张原稿(不是复印纸尺寸)时，最好在复印第一面时使原稿位于复印纸尺寸中间，印第二面时也放在中间，但这样做两面可能出现误差；另一种方法是印第一面原稿时将其放在稿台上部右端，印第二面时放在上部左端，而复印纸下端不动，只是使其字迹朝下放入纸盒。

套印多页双面文件时，由于可能出现双张现象，使页码套错，因此需要时常留意套印第二面的页码是否正确。不正确时应停机，查看纸盒中剩余待套印的复印品，继续印完，然后补印错的几页。

3. 遮挡方法的应用

复印工作经常遇到原稿有污迹、需要复印原稿局部、厚原稿有阴影等情况，需利用遮挡技巧来去掉不需要的痕迹。最简便的办法是用一张白纸遮住这些部分，然后放在稿台上复印。复印书籍等厚原稿时，常会在复印品上留下一条阴影，这也可以用遮挡的方法来消除，方法是在待印页之下垫一张白纸，这样即可消除书籍边缘的阴影。如果还要去掉两页之间的阴影，可在暂不印的一页上覆盖一张白纸，并使白纸边缘到达待印页字迹边缘，即可奏效。

4. 反向复印品的制作

在设计、制图工作中，有时需要按某一图案绘制出完全相同的反方向图像，如果利用复印机来做，是比较方便的。做法是：取一张复印纸和一张比图案大些的拷贝纸(透明薄纸)，在薄纸边缘部分涂上胶水，并与复印纸粘合，待干燥后即进行复印。复印时拷贝纸在上，印完后将其撕下，将所需反向图案的一面(即拷贝纸的背面)朝下放在稿台玻璃上，再进行复印，即可得到完全相同的反向图案。拷贝纸亦可用绘图的硫酸纸或透明的聚酯薄膜代替。

5. 教学投影片的制作

利用复印机可以将任何文字、图表复印在透明的聚酯薄膜上，用来进行教学投影。具体做法是：将原稿放好，调节好显影浓度，利用手工供纸盘送入聚酯薄膜。如果薄膜容易卡住，可在其下衬一张复印纸，薄膜先进入机器的一端用透明胶纸粘在复印纸上。对于已转印且图像正常但被卡在机内的薄膜，可打开机门送它到达定影器入口，然后旋转定影辊排纸钮，使之通过定影器定影排出。对于转印不良、粉末图像被擦损的薄膜，可取出后用湿布擦净墨粉，晾干后仍可使用。

此外，还可利用复印机制作名片、检索卡片等，操作方法与上述的双面复印差不多，在此不再赘述。在掌握了复印机性能和不损坏机器的前提下，还可在其他材料(如布)上进行复印。

6. 加深浓度避免污脏的方法

对于单页两面有图像的原稿，要想在复印时图像清晰，而又不致透出背面的图像使复印品污脏，最简便的方法就是在要复印的原稿背面垫上一张黑色纸。没有黑纸时，可以打开复印机稿台盖板，复印出一张均匀的黑色纸。这种加深浓度避免污脏的方法在制作各种图纸时经常用到，原因是图纸上的线条浓度大，而空白部分又必须洁净。

7. 操作中需注意的问题

静电复印机是一种消耗性设备，随着工作时间的延长，各部件都会出现一定程度的磨损、老化，以致失效，因此要求操作人员能对机器的原理、性能和结构有大致的了解，应学会排除日常小故障的方法。

这里着重指出的一点是，在复印过程中当出现某种故障时，绝不可草率从事，应弄清原因后再进行处置。最常见的故障是卡纸。发生卡纸故障后，有的机器需打开机门，才能继续复印；有些大型机，排除卡纸后尚需预热一二分钟。通常，机器只要有搓纸动作，而由于某种原因，纸张并未被搓出纸盒、进入纸路，则被认为卡纸，出现卡纸信号，机器停止运转。这时也要打开机门(断电)并重复上述动作。如果反复出现这种现象，应当仔细检查出故障的原因。还应及时更换已磨损的零部件，或请维修人员进行检修，以保证机器的正常运转。

3.5 复印机的维护

应定期对机器进行保养。对于机器使用说明书中规定的零部件使用期限，尽管零部件功能正常而且没有明显的磨损现象，但使用一段时间后，最好进行更换。这是一种安全预防措施，可以有效地保证机器总是处于良好状态。当然，在一定情况下，不完全按照时间要求更换尚未失灵的部件是可以的，但定期的保养、清洁是非常必要的。

3.5.1 复印机的日常保养

1. 基本保养程序

基本保养程序是应当经常进行的，其主要内容可包括：

(1) 查阅维修档案，根据机器的复印数量(使用时间)检查达到时限的易损零件。

(2) 向操作人员询问机器的工作情况，根据其意见检查复印机的工作状况。

(3) 记录计数器的读数。将复印品质量测试板或清晰的原稿放在稿台上，复印数张，检查复印品图像浓度、清晰度、定影情况、有无污脏、有无底灰等；再利用放大、缩小功能复印数张，检查以上项目。复印时还应注意机器有无杂音。

(4) 清洁复印机的内部、外部及稿台盖板的白色内面。

(5) 检查并修复有故障的部分，更换性能不良的零件。

(6) 安装好机器，复印数张复印品，留一张存档。

(7) 填写维修卡片，向操作人员报告保养结果。

2. 定期保养程序

1) 复印 3 千张后的保养

(1) 取出废粉盒，倒掉废粉，将盒擦净后装入机内。

(2) 抽出各电极，擦拭电极丝、栅极丝和电极架。

(3) 清洁显影器底部，上、下导纸板，分离辊、分离带。

(4) 用蘸酒精的棉花清洁稿台玻璃。

2) 复印 1 万张后的保养

(1) 进行复印 3 千张后所应进行的各项保养。

(2) 取出显影器，卸下显影器辊上的防尘板，检查显影辊表面，发现异常时，应进行相应处理(只适用于单一成分的显影器)。

(3) 擦拭定影器进纸处的纸板，必要时可使用酒精。

(4) 拆开定影器护罩，更换定影辊清洁毛毡和上、下分离爪。

(5) 清除落在定影器下部的墨粉、纸毛及油垢。

(6) 用酒精擦拭原稿台玻璃的下表面。

3) 复印 5 万张后的保养

(1) 进行复印 1 万张后所应进行的各项保养。

(2) 用镜头纸擦拭扫描灯、反光板、防尘玻璃。

(3) 用镜头纸擦拭各反光镜、镜头的两面。如仍擦不干净，可蘸少许酒精向一个方向擦，然后用干纸擦净。

(4) 拆下感光鼓清洁器，检查刮板，如有损坏应更换。新的刮板应在刃口上涂一点墨粉。

(5) 检查稿台驱动钢丝绳，如有扭曲或损伤应更换。

4) 复印 10 万张后的保养

(1) 进行复印 5 万张后所应进行的各项保养。

(2) 取出前曝光灯、消电灯、全面曝光灯、空白曝光灯等，用干布擦拭，污染严重时可用镜头纸蘸酒精擦拭。

(3) 拆下搓纸、对位、显影离合器，在其内部弹簧上涂耐热润滑脂，如发现磨损严重，应予以更换。

(4) 卸下原稿台或扫描灯驱动部件，在前进、返回离合器上注润滑油。

(5) 在感光鼓驱动部件的张紧臂和张紧轮处涂耐热润滑脂。

(6) 用吹风毛刷清扫纸路上各印制电路板上的光电传感器部分。

5) 复印 20 万张后的保养

(1) 进行复印 10 万张后所应进行的各项保养。

(2) 更换显影器的显影间隙轮。发现显影器两端漏粉时，应更换两端的密封片。

(3) 检查清洁器是否漏粉，更换两端密封片及中间的密封薄膜。

(4) 检查空白/分离区曝光灯是否出现黑斑，必要时应予以更换。

以上几项保养程序应结合起来根据机器使用的时间进行，同时也要根据机器的使用条件灵活掌握，如室内灰尘较大，则应缩短两次保养的间隔。总之，要使机器达到清洁、完好、润滑的目的。

3. 保养应注意的问题

在保养过程中，为了不使机器产生人为故障或损坏机器的零部件，必须注意以下几点：

(1) 保养时应关闭机器主电源开关，拔下电源插头，以免金属工具碰触使机器短路。

(2) 使用各种溶剂时应严格按要求操作，不耐腐蚀的零部件切不可用溶剂清洁。使用时应避免明火。

(3) 一些绝缘部件用酒精等擦拭后，一定要等液体完全挥发后再装到机器上试机，否则会使其短路甚至击穿。

(4) 润滑时，要按说明的要求进行，一般塑料、橡胶零件不得加油，否则将会使其老化。

(5) 拆卸某一部件时，应注意拆下的次序。零件较多时，可以记录下来，以防忘记，特别是垫圈、弹簧、轴承之类。安装时以相反的次序操作。

(6) 机器内、外所使用的螺钉容易混淆，应在拆下后分别放置，以免上错，使之损坏。

(7) 在拆卸内驱动链条、皮带、齿轮时，应记住其走向，一般可用纸画下后再拆，以免装错，使机件损坏。

3.5.2　复印机的调节

1. 显影浓度调节

显影浓度是指复印件图像的深浅。虽然静电复印机设有显影深度控制杆，但当显影器内墨粉与载体的比例不符合要求时，变换控制杆几乎没有作用。调节显影浓度必须根据静电复印机所使用的显影方式而采用不同的方法。单一成分显影剂的显影器是利用改变显影刮刀与显影辊表面间隙(即改变磁辊上沾附墨粉的厚度)来改变显影浓度的。使用载体和墨粉的磁刷显影器则主要利用改变载体与墨粉比例来改变显影浓度。

2. 感光鼓表面电位调节

感光鼓表面电位的高低直接影响静电潜像的质量，也影响复印件图像的质量。不同类型的静电复印机感光鼓表面电位调节方法也不同，有的利用可变电阻值来调节，有的则调节电极丝与感光鼓表面的距离，也有利用旋钮或开关调节的。常见调节方法如下：

(1) 开关状态控制。有些静电复印机的机门内设有感光鼓表面电位控制开关，复印过程中可根据原稿的情况选择不同的开关位置。

(2) 调节可变电阻。在感光鼓、曝光灯及其他部件质量下降时，调节静电复印机电路板上的可变电阻可以改变复印件的质量。调节时先关闭静电复印机电源，用机门钥匙顶住门开关，找到可变电阻的位置后再进行调节。

(3) 调节电极丝。感光鼓表面电位过低时，复印件无层次，色调淡；反之，图像较黑，不均匀。除了充电电极丝与感光鼓表面的距离可调整外，消电、转印电极丝也可调整。各电极丝的调整是相互有影响的，必须通过观察复印件效果来确定各电极丝的位置。

3. 曝光缝的调节

曝光缝是原稿曝光时光线经过反光镜到达感光鼓表面的通路。在调节充电电极丝对图像的质量改善不多时，可调整曝光缝。复印件图像偏黑时将曝光缝调大，复印件偏白时应将曝光缝调小。曝光缝板一般由两层金属片构成，调节时应松开上片固定螺钉，将上片移动到所需位置，然后固定好，插到静电复印机上，通过复印的样品确认调节量是否合适。

有的静电复印机复印件浓度是靠曝光缝的改变来控制的，操作面板上的控制杆不是用来调节滑动式可变电阻大小的，而应该拉动曝光缝遮光板的手柄以改变曝光缝的大小。

3.5.3　复印机常见故障的维修

1. 复印品全黑

复印品全黑时，完全没有图像，与开着稿台盖板印出的纸张相同。

1) 光学系统的原因

(1) 原稿没有曝光。曝光灯管损坏、断线或灯脚与灯座接触不良，使之不能发光；曝光灯控制电路出现故障，导致曝光灯不亮或不作扫描运动，使感光鼓表面没有曝光，表面电位没有变化，无法形成静电潜像。首先观察曝光灯是否发光，不发光时可检查灯脚接触是否良好。灯脚接触无问题时再更换灯管；如不是灯管损坏，可测量灯脚间是否有电压，无电压时应检查控制曝光灯的电路是否有故障，有故障则更换此电路板。

(2) 复印机的光学系统被异物遮住，使曝光灯发出的光线无法到达感光鼓表面。常见的原因是卡纸后未及时清除，从而遮挡了光路。只要清除掉异物，并对光路进行适当清洁，光线即可透过。

(3) 反光镜太脏或损坏，以及反光角度改变，光线偏离，无法使感光鼓曝光。这时可以清洁或更换反光镜，调整到适当角度。反光镜表面出现老化现象时，必须更换。

(4) 光缝开得太小，同时曝光灯管老化，机内光学系统污染严重，调节光缝宽度的拉线断开使光缝处于关闭状态，都会造成复印品全黑。处理时要开大光缝，增加光量，必要时应更换曝光灯管，同时还要对光学系统进行全面清洁。

(5) 扫描驱动或曝光控制电路出现故障，使扫描部件不运动或曝光灯完好而不亮，这时要分别更换相应的电路板。

(6) 复印机由较冷的环境移动到热的室内，或由于室内湿度过高，使感光鼓、镜头及反光镜表面结雾，都可能出现黑色复印品，但不十分均匀。解决的办法是清洁光路部件，将机器预热一段时间。

2) 充电部件的原因

如果复印品黑度均匀(对磁刷显影的机器来说，复印品还带有载体，表面呈砂纸状)，则说明直流消电或交流消电电极的绝缘端被放电击穿。检查时可发现，电极两端的绝缘块上有烧焦的痕迹，一般呈一条不规则的线状，这是因为电极与金属屏蔽物连通而造成了漏电。击穿不严重时，可将电极丝拆下，并取下绝缘块击穿的一端，用小刀或砂纸清除掉烧焦的表面，直到露出新的绝缘层为止。严重时，则要更换击穿一端的绝缘块。对前一种情况，清洁后可在绝缘块与电极金属屏蔽物之间用透明胶片或绝缘胶带粘接，以增加此处的绝缘效果。要注意的是，消电电极击穿的主要原因是电压过高，空气湿度太大。因此，修复后必须将高压发生器的输出电压调低一些，同时注意室内通风，避免空气过于潮湿。

此外，消电电极未插入机器，或接触不良，电极丝断开，也会发生类似现象。高压发生器消电电压没有输出，现象也是如此，必须认真查找故障原因，对症处理。

2. 复印品底灰

复印品的图像部分尚好，但白底部分呈现灰色。

复印品上有深度不等的底灰是静电复印机中常见的一种现象，而且是一个难于解决的问题。复印品上有无底灰存在是鉴别其质量好坏的重要标志之一，因此必须认真对待。下面就逐个分析底灰形成的原因。

1) 操作方面的原因

(1) 原稿本身有底色，使其背景部分在感光鼓上曝光后，无法将电位降到残余电位，还有吸粉能力，仍能吸附一部分墨粉。这时可以加大曝光量，使底灰消除，但图像部分的浓度也会受到一些影响而变淡。

(2) 原稿反差太小，为了使较浅的字迹出现，复印时加大了显影浓度，或减小了曝光量，造成感光鼓表面对应部分的电位没有完全下降，残余电位过高，明区仍有较强的吸墨粉能力，产生底灰。

(3) 复印纸受潮后，电阻下降，转印电晕透过纸张而加强了静电潜像的电场，减弱了转印电场，造成整个图像变浅。如加大显影浓度或减小曝光量，图像虽有所加深，但底灰也会随之出现。

2) 光学部分的原因

(1) 原稿台玻璃板、曝光灯及其反光罩、镜头透镜、反光镜、光路部分与感光鼓之间的透光防尘玻璃片被灰尘或机内的墨粉污染，造成反光、透光效率下降，使曝光量加大，不仅使图像变浅，底灰增加，而且在减小曝光时，图像颜色虽有加深，但底灰亦有所增加。解决办法是认真清洁这些部件，用干净的镜头纸擦拭，从一端向另一端进行，并吹去纸毛和浮尘。太脏时，可蘸少许酒精擦拭，切不可来回擦，以免灰尘磨损光学部件表面。需要注意的是，稿台玻璃的下面一侧也必须擦拭干净，这往往容易被忽视。

(2) 曝光不足，原因包括曝光灯老化，照度下降；光缝开得太小，曝光量小。这时需要更换新灯管，调整光缝。

3) 显影部分的原因

(1) 显影偏压过低或无显影偏压，难以消除底灰。应检查显影器上的显影偏压插头是否接触良好，再检查显影偏压电路是否良好。

(2) 有的机器，多由于墨粉太多或墨粉质量不佳，使显影过程中粉尘飞扬，污染感光鼓表面，使复印品带上底灰。

(3) 显影器中载体比例小，墨粉比例过高，造成均匀的底灰，而且比较浓。原因是游离的墨粉过多，载体难以吸附。这时要重新调整载体与墨粉的配比。

(4) 墨粉、载体受潮，电阻率下降，墨粉与载体的带电性变差，造成显影效果不良。

(5) 载体疲劳(包括湿法显影和干法显影)使载体对墨粉(或油墨)的吸附能力下降，容易使墨粉游离而被残余电位(明区)吸附，产生底灰。

(6) 墨粉与载体不匹配，即不是同一机型所使用的，也会产生严重的底灰，甚至粘结在感光鼓上，难以消除。出现这种情况，应全部更换载体和墨粉。

4) 充电部件的原因

输入电压过低，如处于用电高峰期间，不能保证三个电极所需的高压值，则充电电压下降，静电潜像的电位降低，与明区电位(残余电位)差减小，因而不易显影成像。在操作时，由于浓度上不去，而减小曝光量虽然可以使图像色调有所加深，但也同时出现了底灰。因此，在电压不稳定的地区，使用复印机时应加装机外稳电电源，保证电压不低于220 V。

5) 感光鼓的原因

感光鼓疲劳，光敏性下降，使残余电位升高。此时可取下感光鼓并置于暗处，存放一段时间后可再次使用。

6) 清洁部件的原因

(1) 清洁毛刷倒伏、板结、脱毛或与感光鼓距离不当，收集废粉的磁辊上墨粉过多而引起粉尘脱落，都会造成复印品均匀或不均匀的底灰。需经常清洁这些多余的墨粉，毛刷不良时应将毛刷梳理后换方向使用，或更换新的毛刷并应清除吸尘箱中的墨粉。

(2) 消电灯污染或不亮，消电电极粘有墨粉等污物，消电能力下降，必须认真进行清洁处理，灯管损坏时必须更换。

3. 复印品图像浓度不够

复印品的图像颜色淡，黑色图像变成灰色，中间色调则难以显出。

1) 操作上的原因

(1) 原稿反差小或是已复印过多次的复印品；浅色铅笔书写的原稿，色调对比弱，反映在感光鼓上亦如此，明区和暗区电位差较小。要使图像加深，只能减小曝光量，但会出现一些底灰。

(2) 操作时，浓度控制调节不当，使曝光过度，暗区表面电位也下降过多，吸墨粉能力下降，应适当减小曝光量。

(3) 复印纸的理化指标没有达到要求。型号不同的复印机使用的纸张也略有差异，必须合理选用(如纸张的厚度、光洁度和密度等)，否则会在一定程度上影响复印品的反差。

(4) 机器使用环境湿度大，使纸张含水率上升，同样会造成转印效率下降，达不到应有的反差。

2) 充电部件的原因

(1) 感光鼓表面充电电位过低，造成曝光后表面电位差太小，即静电潜像的反差小。其原因包括：高压发生器出现故障，输出电压不够；电极丝过粗；电极丝与感光鼓表面距离过大；电极丝污染；电极绝缘块漏电。必须根据实际故障情况予以解决。

(2) 转印电极及有关电路出现故障，包括：转印电极太脏，粘有墨粉、灰尘、纸屑，影响转印电压；转印电极丝距离感光鼓表面(纸张)太远；转印电流太小，不能使纸张背面带上足够的电荷，影响转印效果；转印电极丝断路、转印电极插头接触不良也会造成复印品反差过小，图像淡。出现上述现象时，必须根据实际情况进行检修。

3) 感光鼓的原因

感光鼓疲劳，光敏性下降，曝光量过大或过小时，都会影响鼓表面的电位差。拔下了电源插头，使感光鼓吸湿，也会产生复印品过淡的现象。这时应根据情况更换感光鼓或纠正错误操作。

4) 显影部分的原因

(1) 显影器中的墨粉不足，无法充分显影；浓度不够或墨粉性能不良，难以被感光鼓吸附而充分显影。这时需补充或更换墨粉。

(2) 显影器距感光鼓表面距离过远，影响显影效果，需认真调整。

(3) 载体缺少或疲劳失效，带电性减弱，造成显影不足。干法显影中则可能是显影液陈旧失效，必须更换。

(4) 磁刷显影器内磁极的调整不当，影响磁刷的立起长度；干法显影中，挤料辊与感光鼓靠得太近，挤去过多的显影剂，需要进行适当的调整。

4. 复印品图像模糊

复印品图像模糊表现为清晰度差，即分辨率低。静电复印品的分辨率虽比银盐复印、重氮复印的效果差一些，但还能够满足人们的阅读要求。如果达不到这个要求，即为分辨率不够。

1) 操作上的原因

(1) 原稿分辨率低，图像模糊，如缩微胶片放大复印的原稿或以复印品作为原稿再进行复印时，即会影响其清晰度。

(2) 复印时曝光量过大，不符合原稿要求，使图像过淡，线条变细。

2) 光学系统的原因

由于光学系统紧固不好，在机器的运输或长时间使用中，造成光学部件——镜头、反光镜等的位置改变，其反光、透光线路发生偏移，造成聚焦不良，原稿反射光的焦点不能正好落在感光鼓表面，可以通过观察原稿与复印品的图像尺寸是否改变来发现聚焦问题。一般来说，图像模糊是聚焦不好的缘故，多因第一反光镜位置不当而造成；而倍率与原稿不符，多由于镜头位置改变而造成。光路部分的故障必须在排除了其他干扰因素，确定了光路故障以后才能进行调整。由于光学系统是出厂时调定的，无特殊情况，不宜随意调节。

3) 感光鼓的原因

硒感光鼓长时间使用后表面会产生氧化膜及其他污染，造成图像清晰度下降，应更换新的感光鼓，或用硒鼓再生剂进行处理。

4) 显影部分的原因

(1) 显影器中的墨粉粒太大，使分辨率下降，图像表面粗糙，应更换更细的墨粉，并配合适当的载体。

(2) 图像模糊而发黑，可能是显影器下墨粉太多，而单一成分显影时，则为显影辊与刮刀的间隙过大，应调整载体与墨粉的比例或显影间隙。

5) 清洁部分的原因

感光鼓表面清洁不良，残留粉过多，或显影磁刷与感光鼓表面太近，使复印品上的图像由于摩擦而模糊。处置办法是调整清洁器或显影磁极，使之位置合适。

5. 复印品无图像

复印品上无任何图像，与没有复印过的纸张一样。

1) 操作上的原因

(1) 稿台上没有原稿，使感光鼓表面全部受到光照，均呈高衰减，无法形成高低不同的表面电位。

(2) 复印纸含水量过大，难以转印，原因是转印电压透过复印纸被加到了感光鼓表面，必须更换成干燥的复印纸。

2) 检查充电部件

(1) 充电电极安装不牢、接触不良，或电极丝断开，电极绝缘块击穿，都会使感光鼓表面没有充电，无法形成高电位乃至静电潜像。充电电极与高压发生器电路中断，没有高压来源，或高压发生器本身发生故障，无高压输出，也会导致复印品全白。遇到这种情况，应首先检查充电电极本身是否漏电、击穿。如无问题可继续检查电极与高压发生器的连线是否松动、断路。如仍无故障，再更换高压发生器。

(2) 感光鼓表面有图像，而复印品全白，这多是由于没有转印电晕而造成的。常见的故障是转印电极接触不良，转印电极丝断路，高压发生器到转印电极的电路断开或与转印有关的电路有故障，使感光鼓上的墨粉图像不能转印到复印纸上。首先从电极开始检查，发现接触不良的应接牢；如果电极丝断路，应换上新的电极丝；以上部位均无故障时，应更换高压发生器。

3) 检查显影部件

(1) 显影驱动离合器失灵，内部接触片打滑，显影部件磨损或有油污，严重时会使显影辊根本不转动，印出全白的复印品。出现这种故障时，必须将离合器拆下清洁或更换成新的离合器。

(2) 显影器未向感光鼓上提供墨粉，无法在感光鼓上显出可见图像。常见原因有：显影器安装不妥，安装后未回复到感光鼓的正常间隙，致使显影辊不转动，造成无法显影。

6. 复印品前进方向黑条

此故障现象为复印品上出现前进方向的黑色条带。

1) 感光鼓的原因

(1) 刮板压力过大，长时间摩擦造成感光鼓表面普遍损伤，出现前进方向划痕。严重时需更换感光鼓。

(2) 毛刷太硬或含有杂物，将感光鼓划伤，形成纵向黑线。

(3) 显影载体或墨粉中有杂质，当这些杂质停留在感光鼓与毛刷或刮板之间时，就会将感光层划伤。

(4) 感光鼓的安装不合适，与其他部件接触，划伤感光鼓，这种操作导致的故障一般都比较严重。

2) 清洁部件的原因

(1) 刮板的刃口积粉过多，清洁效果不良；或刃口有缺陷，刮板局部未与感光鼓表面完全接触，复印品上都会出现黑色纵向条或黑线。必须对刮板进行清洁，并检查刮板有无缺损。

(2) 复印品较大面积呈黑带状，这是由于刮板与感光鼓接触不良，墨粉不干净而造成的，必须进行调整。

(3) 毛刷有缺毛现像，清洁效果不好，需要更换。

复印机内的卡纸没有完全清除，有纸张或纸屑进入清洁器，影响刮板或毛刷的正常工作，也会造成清洁不良而出现黑色带状污染。

(4) 如果纸张一端(机器分离侧)出现黑色污迹，一般是因为分离带上沾有墨粉造成的，也可能由于感光鼓此端清洁不良或显影器密封损坏所致，需要进行清洁，更换损坏的零件。

3) 显影部件的原因

(1) 磁辊单一成分显影方式中，磁辊上沾有条状墨粉凝结物，显影时会在感光鼓表面显现出来。需对显影辊进行认真的清洁。

(2) 显影辊上墨粉分布不均匀，呈条状分布，要检查刮刀下是否有杂物或纸屑，并认真清洁。

4) 定影部分的原因

(1) 转印后尚未定影的复印品与定影器入口摩擦，从而出现黑色污染及图像损伤。这多是因卡纸未清除干净而造成的，需认真清洁定影器入口。凝固的墨粉污迹可用酒精擦掉。

(2) 热辊定影时，加热辊表面清洁不良，沾有过多墨粉，产生黑条，定影时会印在复印品上。需注意的是，复印机进行双面套印时，容易使第一面定过影的墨粉图像再次熔化，一部分沾在定影辊表面，这是定影辊难于清洁的一个重要原因，必须进行清洁。进行大量双面复印时，必须保证充足的定影润滑剂并保证定影刮板效果良好。

3.6 实　　训

一、实训目的

1. 了解静电复印机和数码复印机的特点并区别它们；
2. 掌握某种数码复印机的使用方法。

二、实训条件

静电复印机和数码复印机各一台。

三、实训过程

1. 启动静电复印机和数码复印机，掌握面板各种按键和指示灯的作用，进行份数的设定以及放大、缩小、浓度等操作，并复印不同类型的原稿。

2. 学会卡纸处理、废粉处理和添加墨粉，并能够进行自动送稿纸、自动分页纸等操作。

3. 学会曝光量控制、双面复印、投影片制作，并进行正常的保养维护。

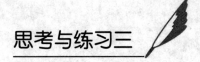
思考与练习三

一、填空题

1. 根据复印的幅面不同，复印机可分为(　　)和(　　)两种。

2. 根据复印机显影方式的不同，复印机可分为(　　)和(　　)两种。

3. 数码复印机采用先进的环保系统设计，无废粉、(　　)、自动关机节能、图像自动旋转、减少(　　)的产生。

4. 数码复印机的 CCD 将光图像转变成电信号，在 CCD 驱动电路的作用下输出(　　)信号，经信号处理后变成图文信号，再送到(　　)中去控制激光扫描器。

5. 静电复印过程中，必须经过(　　)、曝光、(　　)、转印、定影五个基本工序。

6. 复印机的加热定影有三种方法：(　　)、热辐定影和(　　)。

二、选择题

1. 数码复印机与模拟复印机的主要区别在于(　　)的不同。

A. 工作原理　　　　　B. 结构　　　　　　　C. 采用技术　　　　　D. 工作方法

2. 数码复印机在图像曝光系统中使用了(　　)传感器。

A. A/D 转换　　　　　B. 光电　　　　　　　C. CCD 图像　　　　　D. 电子

3. 复印机使用环境的温度应在(　　)之间。温度过高，对机器散热不利，影响各发光、发热器件的寿命；温度过低，一些器件的性能会受影响，预热时间也会延长。

A. 5℃~25℃　　　　　B. 5℃~45℃　　　　　C. 3℃~30℃　　　　　D. 5℃~35℃

4. 复印品全黑主要是光学系统和(　　)的原因。

A. 显影部分　　　　　B. 清洁部件　　　　　C. 定影部分　　　　D. 充电部件

三、简答题

1. 叙述复印机的曝光工作原理。

2. 叙述复印机的转印工作原理。

3. 叙述数码复印机的工作原理。

4. 如何进行复印 3 千张纸后的保养操作？

5. 复印品底灰主要有哪几方面的原因？

6. 复印品无图像主要有哪几方面的原因？

第4章

速 印 机

　　一体化速印机是指通过数字扫描、热敏制版成像的方式工作，从而实现高清晰印刷的印刷设备，其印刷速度在每分钟 100 张以上。一体化速印机还具有对原稿进行缩放印刷、拼接印刷、自动分纸控制等多种功能，绝大多数的机型还支持计算机直接打印输出。

4.1　速印机的特点与主要技术指标

4.1.1　速印机的特点

　　从外形上看，一体化速印机和复印机非常相似，尤其是在制版时，同样是将原稿放在玻璃稿台上。在功能上，一体化速印机与复印机也有许多相似之处，但一体化速印机的工作原理和复印机有着本质差别。一体化速印机的印刷首先需要通过光学和热敏制版的原理，把需要印刷的内容制成在印版上，然后再通过印版进行印刷。在完成印刷后，这张印版也就报废了，无法反复使用。复印机的印刷则主要是通过光学和半导体感光成像的原理来进行复印的，在复印结束之后，通过放电等手段可以消除感光板上的图像，从而可以反复使用。

　　与复印机相比，一体化速印机除了复印平均成本比较低廉以外，主要还有以下几个特点。

　　1) 印刷速度快而可调

　　一体化速印机最高复印速度可达 130 张/分钟，印刷速度可以自动调节，有的型号可以提供多达 5 级变速(60 张/分钟、80 张/分钟、100 张/分钟、120 张/分钟、130 张/分钟)的选择。由于速印机在印刷第一张文件的时候包括了制版(即数字化刻制蜡纸)的过程和印刷文件的过程，所以需要的时间比印刷其纸张所需的时间多些，大约需要 20 秒左右。

　　2) 原稿范围宽、缩放比例大

　　一体化速印机可以复印的原稿纸张尺寸范围较大，一般的机型都可以复印的原稿纸张尺寸范围为 A3 大小(297 mm × 420 mm)到名片大小(50 mm × 90 mm)；用于复印的纸张尺寸范围最大为 290 mm × 395 mm，最小为 90 mm × 140 mm，其最大印刷面积可以达 251 mm× 357 mm，相当于最大纸张面积的 80%。一体化速印机还提供多级缩放比例，如 4 级缩放比例提供了 94%、87%、82%、71%四个级别供用户选择。

　　3) 图文自动辨别制版

　　文字及图片自动辨别制版模式可将一张原稿上的文字和图片自动分开，用不同的扫描模式作出最佳处理,得到最佳的印刷效果。图片制版模式采用 600 dpi(dot per inch)的解像度,使照片能重现图像的层次及色泽度。

4) 与计算机连接使用

一体化速印机不仅像传统的一体机一样,可以进行有原稿的扫描、制版印刷,而且可以对计算机输出直接进行制版印刷。有些型号的机器内置了计算机打印接口,就像一台超高速、大幅面、高精细的打印机一样,可以快速、大量印制计算机文档资料。有些机型还可以接入到网络环境中,实现网络的共享印刷(局域网)和远程印刷(远程通信)。

4.1.2　速印机的主要技术指标

速印机有以下主要技术指标。

1) 制版方式

目前几乎所有的一体化速印机都是采用数码热敏头制版。热敏制版也可以分为两类:热熔解型和热交联型。

(1) 热熔解型:通过用半导体激光二极管熔去图文部分,露出下面的亲油层,除去版上的残留物,就可准备上机印刷。这是一种非化学处理过程,较为环保,可在明室下工作。

(2) 热交联型:通过红外线的热量而非光谱达到一定温度后,感光层中的部分高分子发生热交联反应,形成潜像;再加热,使图文部分的分子化合物进一步发生交联反应,其目的在于使图文部分在碱性显影液中不被溶解。

2) 最高印刷速度

最高印刷速度指一体化速印机每分钟最多能够印刷的张数,它的单位是 ppm,即张/分钟(以 A4 纸为标准)。和复印机一样,在工作时一体化速印机也需要一个预热过程,首张复印也需要花费较长的时间,因此复印速度在计数时一般应该从第二张开始。速印机的印刷速度是可以调节的,这里的最高印刷速度指产品的最大值,用户在印刷时也可以选择中档值或最小值来印刷,这样印刷的质量可以相应地提高一些。

速印机一个最大的优势就在于它的印刷速度,目前绝大多数的速印机都可以达到 100 张/分钟以上的印刷速度。

3) 首页印刷时间

首页印刷时间指一体化速印机在完成了预热和制版之后,已处于待机的状态下,用户在确认无误,并做好了(如加纸等)一切准备工作后,从按下按钮向一体化速印机发出指令到输出第一张印刷品所花费的时间。目前主流产品的首页印刷时间都可以控制在 30 秒之内。

4) 分辨率

分辨率指一体化速印机印制的清晰度,它直接关系到印刷的质量,和打印机一样也用 dpi 来标识。一体化速印机的分辨率用垂直分辨率和水平分辨率的乘积来表示,其精度指标不需要像打印机那么高,一般来说 300~400 dpi 就已经足够了。

5) 印刷颜色

印刷颜色指一体化速印机可以印制出的产品的颜色。目前一体化速印机的印刷颜色基本上都是黑色的。

6) 用纸尺寸

用纸尺寸指一体化速印机能够接受的用来进行印刷的纸张的最大尺寸。

7) 最大印刷面积

最大印刷面积指一体化速印机能够在纸上印制出来的最大面积。毫无疑问,最大印刷面积肯定小于用纸尺寸。

8) 放大/缩小比率

一体化速印机可以在对原稿进行放大或者缩小后制版印刷。放大比率和缩小比率指一体化速印机能够对需要印刷的原稿进行放大和缩小的比例范围,使用百分比(%)标识。一体化速印机的放大和缩小比率是固定的,一般没有无级放大/缩小功能,用户对原稿进行放大或缩小时只能在几个固定的比率中选择。

9) 供纸器容量

供纸器容量指一体化速印机的存储印刷纸张的供纸器最大可以存放的纸张的数量。由于一体化速印机的印刷速度快、印刷量大,其用纸量远远大于复印机,因此它的供纸器的容量要求比较大,一般来说,至少应在千张以上。

4.2 速印机的基本组成与功能

4.2.1 速印机的基本组成

速印机从功能上来划分,一般由以下几部分构成:原稿扫描、制版、进纸、印刷、出纸、控制电路和控制面板等,如图 4-1 所示。

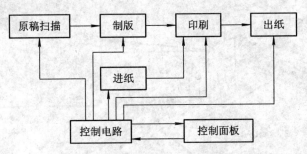

图 4-1 速印机的基本组成框图

(1) 原稿扫描:将需要印刷的原稿的图像经光电扫描后,得到数字化的图像信号。

(2) 制版:将扫描得到的数字化的图像信号经电热敏头在版纸上产生与原稿一致的图像,并自动地将版纸装在印刷滚筒上。

(3) 进纸:通过一个进纸搓动轮,自动将印刷用纸一张一张地送入印刷部分。

(4) 印刷:将滚筒版纸上的图像转印到进纸部分送进来的纸张上。

(5) 出纸:将印刷好的印刷件一张一张地送出到出纸台上。

(6) 控制电路:接收控制面板输入的各种操作命令和其他各功能部件的反馈信息,控制整个系统使之自动协调地工作。

(7) 控制面板:接收使用者输入的各种操作命令,显示使用者输入的命令和机器的工作状态信息。

4.2.2　理想数字式一体化速印机的组成部件

　　理想数字式一体化速印机 RISO RV 系列的主要型号为 RV3690/3660/3490/3460。本节以理想数字式一体化速印机 RISO RV 系列的速印机为例，从具体使用者的角度出发，对速印机的各组成部件按其在机器中的位置和功能作用的不同分类进行介绍。

　　理想数字式一体化速印机各部件在机器中的具体位置如图 4-2 所示。

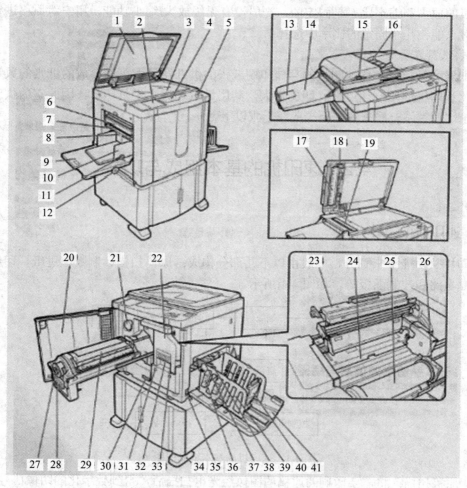

图 4-2　各部件在机器中的具体位置

各部件的说明如下：

1—扫描台盖。

2—副控制面板。

3—扫描台玻璃：放置原稿时正面朝下。

4—主显示屏。

5—主控制面板。

6—废版盒：存放废版纸。

7—进纸压力调节杆：根据使用的纸张，调节进纸压力。

8—进纸台下降按钮：更换或添加纸张时降下进纸台。

9—进纸台。

10—进纸台导板：存放并引导纸张，可以滑动，用于贴齐纸张侧面。

11—进纸台导板锁定杆：锁住进纸台导板。

12—水平印刷位置调整轮：向左或向右移动印刷位置。

13—自动进稿机组原稿挡板：选购件，挡住自动进稿机组扫描的原稿。

14—自动进稿机组出稿台：选购件。

15—自动进稿机组原稿释放钮：选购件，发生卡纸或需要重新放置原稿时，按此钮释放送入自动进稿机组的原稿。

16—自动进稿机组原稿导板：选购件，存放并引导自动进稿机组中的原稿，可以滑动，用于贴齐纸张侧面。

17—自动进稿机组白辊：选购件。

18—自动进稿机组原稿释放轮：选购件，发生卡纸时，用于释放送入自动进稿机组的原稿。

19—自动进稿机组扫描台玻璃：选购件，用于 RV3XXX 系列。

20—前盖。

21—油墨筒盖座。

22—制版机组。

23—制版机组盖。

24—版纸导翼。

25—版纸卷。

26—版纸卷承轮。

27—油墨筒。

28—印刷滚筒把手。

29—印刷滚筒。

30—计数器：计算印刷件数(总印刷计数器)与制作的版纸数(版纸计数器)。

31—印刷滚筒释放钮：松开印刷滚筒以便拆卸。

32—制版机组把手。

33—制版机组释放钮：松开制版机组以便拆卸。

34—撑脚。

35—电源开关。

36—纸传动器：帮助传动进入出纸台的印刷件。

37—压纸器：根据纸张类型调整压纸器，以对齐印刷纸张。

38—出纸导翼调整轮：RV2XXX 系列的机型不提供，根据纸张尺寸及相关特征进行调整，以对齐印刷纸。

39—出纸台导板：对齐印刷纸张，根据需印刷的纸张宽度进行滑动调整。

40—出纸挡板：挡住已印刷并排出纸台的纸张，根据需印刷的纸张长度进行滑动调整。

41—出纸台。

4.2.3 理想数字式一体化速印机的主要功能

理想数字式一体化速印机是一种高级数字印刷机，使用方法和复印机一样简单。其主要功能如下：

(1) 易于使用和全自动化。从控制面板可以看到能够使用的所有功能，包括提示机器当前状态的指示灯，简单易懂的液晶显示(LCD)和一个故障提示剖面图。速印机处理原稿时是先制版后印刷。通过液晶显示可以看到当前的处理过程。

(2) 印刷速度和印刷浓度控制。五级印刷速度和印刷浓度可供选择，以获得最佳性能。

(3) 保密功能。原稿印刷后版纸能被自动废除，以防止其他非法印刷。

(4) 彩色印刷选件。通过更换滚筒，能够使用彩色油墨。

(5) 放大和缩小功能。印刷件根据需要可按标准比率进行放大或缩小。

(6) 编程印刷功能。简单的控制面板操作能自动完成不同类型的印刷分组，以节省印刷工作时间。

(7) 记忆功能。多次使用或复杂的印刷设定可以存储在存储器中，便于随时调用。

(8) 二合一功能。能将原稿合并到一张版上印刷。

(9) 自动拌墨功能。机器在长时间停置后，能够在第一次制版时自动搅拌油墨，以保证第一个印张的清晰。

4.3 理想数字式一体化速印机的控制面板

4.3.1 主控制面板

理想数字式一体化速印机的主控制面板如图 4-3 所示。

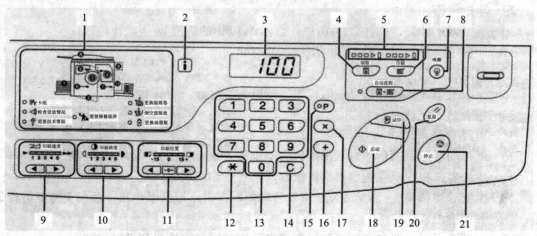

图 4-3 理想数字式一体化速印机的主控制面板

主控制面板中的各功能键的名称、作用如下：

1—检查错误显示屏：指出错误位置与状态。

2—指示灯。

3—印刷量显示屏：同时也是错误号码显示屏，可显示印刷份数、各种设定输入的数值以及错误号码。

4—制版键：让速印机开始制作版纸。

5—进度箭头：指出制版与印刷流程的进度状态。准备好制版后，制版键上方的所有指示灯均亮起；准备好印刷时，印刷键上方的所有指示灯均亮起。

6—印刷键：让速印机开始印刷。

7—唤醒键：唤醒节约能源模式下的速印。

8—自动流程键/指示灯：执行从制版到印刷的无间断操作。启动后，此键旁边的指示灯亮起。

9—印刷速度调整键/指示灯：选择五级印刷速度之一。这些键上方的指示灯显示当前速度。

10—印刷浓度调整键/指示灯：RV2XXX 系列的机型不提供。选择五级印刷浓度之一。这些键上方的指示灯显示当前浓度。

11—垂直印刷位置调整键/指示灯：制版后沿垂直方向调整印刷位置(在±15 mm 范围内)。这些键上方的指示灯显示距中心的偏移量。要清除偏移量时可按→0←键。

12—*键：用可选购的链接打印机进行印刷时使用。

13—印刷量键：0～9 键。用于输入要印刷的份数，或输入其他数值。

14—C 键：取消输入的数值，或将计数器复位成零。

15—P 键/指示灯：用于让速印机按指定(编程印刷)印刷并分组印刷件。启动后，此键上方的指示灯亮起。

16—+键：设定编程印刷或更改初始设定时使用。

17—×键：设定编程印刷时使用。

18—启动键：开始制版或印刷流程或执行特定的操作。此键只有工作时才亮起。

19—试印键：检查印刷结果。利用此键可以印刷试印本，不会影响印刷量显示屏上的数值。

20—复原键：将所有设定恢复成初始设定。

21—停止键：停止正在进行的操作。

4.3.2　副控制面板

理想数字式一体化速印机的副控制面板如图 4-4 所示。

副控制面板中的各个功能键的名称、作用如下：

1—无级缩放尺寸显示屏：RV2XXX 系列的机型不提供。使用任意指定功能指定放大/缩小比率。

2—缩放尺寸选择键：在各种标准缩放尺寸中进行选择时，按▲/▼键切换各个选项。对应的指示灯会亮起，指出当前选项。要恢复 100%时可按 1∶1 键。

3—任意指定键：RV2XXX 系列的机型不提供。供更改缩放尺寸，范围是 50%～200%。按此键后，可以使用选择键按 1%的增量更改尺寸。每次按此键时，会交替打开和关闭此项功能。

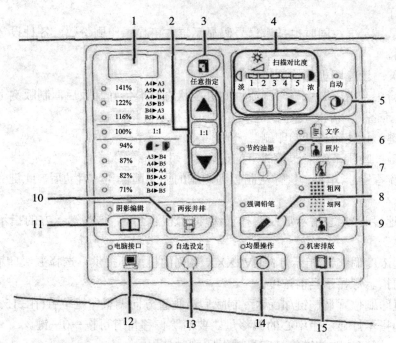

图 4-4　理想数字式一体化速印机的副控制面板

4—扫描对比度调整键/指示灯：选择五种扫描对比度之一。这些键上方的指示灯显示当前扫描对比度。

5—扫描对比度自动调整键/指示灯：RV2XXX 系列的机型不提供。为当前原稿自动选择最佳扫描对比度。每次按此键时，会交替打开和关闭此项功能。启动后，此键上方的指示灯亮起。

6—节约油墨键/指示灯：使速印机节省油墨。每次按此键时，会交替打开和关闭此项功能。启动后，此键上方的指示灯亮起。

7—图像处理选择键/指示灯：每次按此键时，会更改图像处理模式。选择文字模式时，文字模式灯亮起；选择照片模式时，照片模式灯亮起；选择图文(文字/照片)模式时，两个灯同时亮起。

8—强调铅笔键/指示灯：RV2XXX 系列的机型不提供。原稿以铅笔书写时选择此项。每次按此键时，会交替打开和关闭此项功能。启动后，此键上方的指示灯亮起。

9—网点屏幕选择键/指示灯：RV2XXX 系列的机型不提供。印刷时调整照片中的阴影。每次按此键时，选项会依次切换为粗网→细网→无阴影。根据所作选择，对应的指示灯会亮起。

10—两张并排键/指示灯：可供在一张纸上并排印刷。每次按此键时，会交替打开和关闭此项功能。启动后，此键上方的指示灯亮起。

11—阴影编辑键/指示灯：在将一本杂志或书本作为原稿进行印刷时使用此键。每次按此键时，会交替打开和关闭此项功能。启动后，此键上方的指示灯亮起。

12—电脑接口键/指示灯：连接计算机时，在连接与断开线路两种状态之间进行切换。连接线路后，此键上的指示灯亮起。

13—自选设定键/指示灯：更改初始设定时使用。启动后，此键上方的指示灯亮起。

14—均墨操作键/指示灯：设定均墨操作。每次按此键时，会交替打开和关闭此项功能。启动后，此键上方的指示灯亮起。

15—机密排版键/指示灯：复印保密文件。每次按此键时，会交替打开和关闭此项功能。启动后，此键上方的指示灯亮起。

对于 1～11 功能键，必须在开始制版过程之前操作，否则，这些设定会无效。

4.4 速印机的选购与使用

4.4.1 速印机的选购

选择一台合适的一体化速印机应注意以下几个方面：

(1) 明确有效印刷幅面，标准的一体化速印机的有效印刷面积可达 A3 幅面；同时，选择合适的印刷方式，可选择单张原件印刷方式及书刊印刷方式，并根据具体要求考虑是否购买一台可与电脑连接、直接印刷电脑中图像的一体机。

(2) 缩放比例，指速印机能对原稿进行的扩大或者缩小的比例。其相差数值越大说明速印机可扩缩的范围越大，性能相对也越好。

(3) 分辨率，即每英寸所打印的点数(或线数)。该值越大，表明速印机的印刷精度越高。

(4) 印刷速度，即每分钟打印的页数。同时还要考虑首页印刷时间和载纸量等。

表 4-1 列出了部分速印机的性能比较，可以作为选购时的参考。

表 4-1 部分速印机的性能比较

产品名称	理想 KS850C	荣大 RD-3108C	理光 DX4544C	佳文 CN-325	基士得耶 CP6302C
制版方式	高速自动数字制版，全自动热敏制版	热敏制版	数码制版	数码制版	全自动数码制版
印刷速度	60～90 ppm	35～115 ppm	80～120 ppm	55～120 ppm	80～130 ppm
首页印刷时间	60 s	35 s	< 24 s	44 s	
分辨率	200 dpi×300 dpi	400 dpi×300 dpi	400 dpi×400 dpi，400 dpi×600 dpi，600 dpi×600 dpi	300 dpi×400 dpi	制版：300 dpi × 400 dpi；扫描：600 dpi × 300 dpi
原稿类别	单页，书本	单页	单页，书本	单页	单页，书本
印刷颜色	彩色	彩色	浅、标准、深1、深2(4 级)	彩色	图像浓度：淡、正常、深1、深2(4 级)
原稿尺寸	最大：273 mm × 394 mm；最小：182 mm × 257 mm	297 mm×420 mm / 100 mm×148 mm	曝光玻璃：最大 300 mm×432 mm；送稿器：最大 297 mm × 864 mm，最小 148 mm × 210 mm	297 mm × 420 mm / 90 mm×140 mm	最大：297 mm × 432 mm(A3)；最小：105 mm × 128 mm

续表

产品名称	理想 KS850C	荣大 RD-3108C	理光 DX4544C	佳文 CN-325	基士得耶 CP6302C
用纸尺寸	最大： 273 mm × 394 mm； 最小： 182 mm × 257 mm	最大： 297 mm × 420 mm； 最小： 100 mm × 150 mm	325 mm×447 mm	最大： 297 mm×420 mm； 最小： 90 mm×140 mm	
最大印刷 面积	249 mm×352 mm	250 mm×355 mm	290 mm×410 mm	252 mm×355 mm	250 mm×355 mm
缩小比率	71%，82%，87%，94%	70%，81%，87%，94%	71%，82%，87%，93%	94%，87%，81%，70%	71%，82%，87%，93%
放大比率	116%，122%，141%，	122%，141%	115%，122%，141%	115%，122%，141%	115%，122%，141%
供纸器 容量	进纸台：280 页 (50 g/m^2) 接纸台：280 页	400 页	1000 页	进纸台：500 页	1000 页(80 克/m^2)
进纸方式	4 挡调节	全自动控制	全自动控制	全自动控制	全自动控制
电源电压	220～240 V	220 V	220～240 V	220 V	220～240 V
电源频率	50/60 Hz	50 Hz	50/60 Hz	50 Hz	50/60 Hz

4.4.2　速印机使用前的准备

1. 纸张选择

可以使用的印刷纸张的尺寸为 A6(明信片尺寸)～A3。大部分类型的纸都可使用。可使用的印刷纸张的重量为 46～210 g/m^2。不要使用下列类型的纸张，否则会导致卡纸和误送：

(1) 极薄的纸张(轻于 46 g/m^2 的纸)；

(2) 极厚或极重的纸张(重于 210 g/m^2 的纸)；

(3) 起皱、卷曲、折角或破损的纸张；

(4) 化学处理过的纸张或涂料纸(如热敏纸或复写纸等)；

印刷纸应存放在水平干燥的地方。如果把纸存放在极度潮湿处，将会导致卡纸，还会降低印刷质量。印刷纸拆封后，要把用剩的纸张包上并存放在防潮盒内。存纸盒内最好放入干燥剂。

2. 原稿选择

书本或单页的原稿，在扫描台玻璃上可以读到全部内容。用扫描台玻璃印刷时，原稿的尺寸可以是 50 mm × 90 mm(名片大小)～A3。装订的原稿最重不得超过 10 kg。在原稿两边的边缘处应留有 3 mm 的空白，进纸方向前端应有 5 mm 的空白，后端的空白不能少于2 mm。如果有必要把原稿调整到界内，请缩小原稿。

注意：

(1) 如果原稿有皱、卷或打折的情况，应把它放在扫描台玻璃上，铺平。

(2) 如果原稿被弄上修改液或胶水，应把它晒干后再放到扫描台玻璃上。

(3) 可以根据原稿的内容使用各种图像处理模式。模式的选择，可使用文字照片选择键来实现，具体的模式如下：

① 文字。对于原稿的内容只是文字及线条时使用本模式。

② 照片。对于原稿的内容有灰度变化的图像时使用本模式。

③ 图文。对于有灰度变化的图像原稿，若其鲜明度有变化，但文字及线条不会变得不清楚时，使用本模式。

3. 印刷准备工作

(1) 打开进纸台，如图 4-5 所示。

(2) 装入纸张。按印刷方向装入纸张，并将进纸台导板滑动到适合纸张两侧的位置。然后转动左、右进纸台导板，用锁定杆锁住导板，如图 4-6 所示。

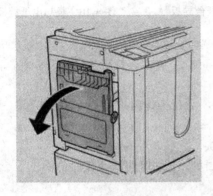
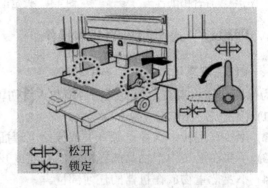

⇔：松开
⇒：锁定

图 4-5　打开进纸台　　　　　　　　　图 4-6　锁住导板

(3) 选择进纸压力。根据纸张特征设定进纸压力调节杆，如图 4-7 所示。

印刷期间添加或更换不同尺寸的纸张时，应按进纸台下降按钮降下进纸台。轻按一下该按钮不放，进纸台会降到底。如果按住该按钮不放，进纸台会降到释放该按钮时为止。进纸台中的纸张用尽或所有纸张均被取出后，进纸台会自动降到底。

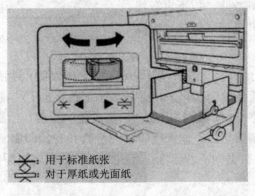

＊：用于标准纸张
＊：对于厚纸或光面纸

图 4-7　设定进纸压力调节杆

(4) 打开出纸台，如图 4-8 所示。

(5) 设定出纸台导板，如图 4-9 所示。竖起导板，握住靠下的部位，然后根据纸张宽度进行滑动。对于绘图纸之类的厚纸，将出纸台导板设成略宽于实际纸张宽度。

使用水平印刷位置调整轮移动进纸台时，请重新调整出纸台导板。如果未正确调整这些导板，可能会发生卡纸等问题。

(6) 竖起出纸挡板，如图 4-10 所示，然后根据纸张长度进行滑动调整。

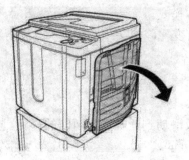
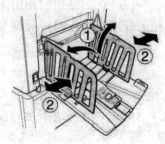
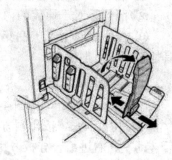

图 4-8　打开出纸台　　　　　图 4-9　设定出纸台导板　　　　图 4-10　竖起出纸挡板

4.4.3　理想数字式速印机的基本操作

1. 操作注意事项

为保证速印机寿命，避免机器故障和人身伤害，请在操作时遵守如下事项：

(1) 慢慢开/关机盖。

(2) 不要在运转中关掉电源开关或拔掉电源插头。

(3) 不要在运转中把物品放在机器的上面或开口处，否则会损坏机器。

(4) 不要把重物放在机器的任何部位。

(5) 不要让机器受到冲击。

(6) 不要在运转中打开机盖或移动机器。

(7) 不要触摸操作手册中指定的部件以外的机内部件(高精度制造的部件极易受损)。

(8) 切勿在运转中触摸进纸台及出纸台内外的开口处。

(9) 不要让宽松的衣服或长头发靠近转动部件，以免不小心卷进去。

(10) 如果怀疑有电气故障，拔下电源线。

(11) 在清扫机内部件之前，先关掉电源。

2. 基本流程

速印机的基本流程分为两个阶段：制作原稿的版纸(制版)，用版纸印刷复制件。一般速印机均能使这两个阶段流畅地衔接起来，并且显示面板上会有当前动作的显示。

(1) 印刷纸张文件或书本的流程。扫描台扫描放置的原稿，生成版纸并卷到印刷滚筒上；稍后进行试印；检查印刷结果后，输入要印刷的份数并开始印刷。

(2) 印刷计算机生成数据的流程。将计算机发送的数据转换为图像，生成版纸并卷到印刷滚筒上。

3. 设定所扫描的原稿

选择图像处理模式(文字、照片、图文)。

要制作高质量的版纸，根据原稿是仅仅包含文字、照片还是同时包含两者来选择适当的模式。按选择键选择图像处理模式(如图 4-11 所示)。每次按此键时，各指示灯依序亮起：(文字)→(照片)→(图文)。适合每种模式的原稿类型如表 4-2 所示。

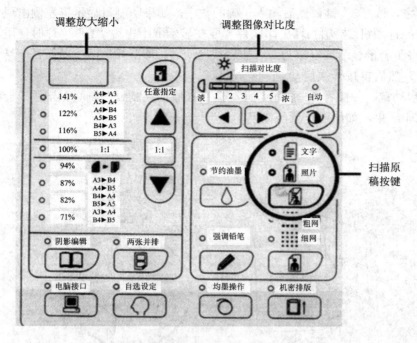

图 4-11　图像处理模式

表 4-2　适合每种模式的原稿类型

模　式	原　稿　类　型
文字	仅包含文字，如字处理文件的印刷件、报纸
照片	仅包含照片
图文	同时包含文字和照片

选择照片模式或图文模式后，印刷时可以使用网点屏幕处理图像。选择照片模式或图文模式后，无法将扫描对比度选择为"自动"，此时可手动调整。无法同时使用图像处理模式与强调铅笔模式。扫描用铅笔书写的原稿时，可以使用"强调铅笔"进行扫描；扫描加网照片，可以选择"粗网或细网"进行扫描。根据原稿情况选择不同的扫描方法制版、印刷，印刷效果会更好。

4. 基本操作步骤

印刷纸张文件或书本的基本操作如下：

(1) 将电源开关设定到启动以接通电源，如图 4-12 所示。电源开关位于本机右侧靠下的位置。

(2) 检查显示屏。检查显示屏是否显示初始状态，是否有出错信息显示。

(3) 放置原稿。打开扫描台盖，将原稿正面朝下放到扫描台玻璃上，并将原稿中央对齐玻璃左侧的标志。放好原稿后，慢慢关上扫描台盖。原稿放置完毕后，制版流程自动开始，控制面板上的制版指示灯亮起。

(4) 进行必要的设定。进行包括选择图像处理模式在内的各项设定。

(5) 使用印刷量键输入要印刷的份数。指定的数字会显示在印刷量显示屏上。如果输入了错误的数字，按"C"键，然后输入正确的数字。如果印刷量显示屏左侧出现"L"字样，则会从连接的打印机(选购件)输出印刷件。要在显示屏中出现"L"字样时使用本机制版，按"C"键将印刷量显示屏复原为零，然后按启动键，即开始制版。检查试印结果，输入要印刷的份数，然后再按一次启动键。

(6) 按启动键，如图 4-13 所示，此时会扫描原稿并制版。制版完毕后，会印刷一份样本。检查试印结果，如印刷位置与浓度。

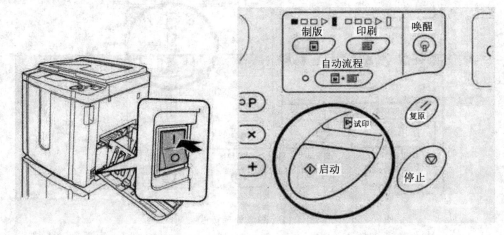

图 4-12　接通电源　　　　　　　　　　图 4-13　主要键的位置

(7) 再按一次启动键，此时会印刷指定的份数。

(8) 按//键，印刷完成后，将使这些设定恢复成初始设定。

(9) 取出印刷的纸张。抬起压纸器，拉开出纸台导板，然后取出纸张。

4.4.4　理想数字式速印机的调整功能的使用

1. 放大和缩小原稿

印刷时可以放大或缩小原稿，如图 4-11 所示。通过选择标准比率可以指定放大/缩小比率，也可以按照 1%的增量来指定。按标准比率放大与缩小，将标准尺寸的原稿放大或缩小为另一种标准尺寸或要增加原稿周围的页边距时，请选择标准比率。按▲/▼键指定放大/缩小比率，每次按此键时，所选比率的指示灯会亮起。要恢复100%，请按 1∶1 键。

2. 调整扫描对比度

扫描内容较浅或较深的原稿时，可根据原稿上文字和图像的浓度，调整扫描对比度。

选择"自动"时(如图 4-11 所示)，会预告所扫描原稿的浓度，然后自动设置最佳扫描对比度。手动调整有五种级别可供选择。对于包含较浅文字的原稿，请选择较高级别(4 或 5)；对于报纸等色彩丰富的原稿，请选择较低级别(1 或 2)。按自动键或◀/ ▶键调整扫描对比度。(◀键：每按一次，扫描对比度会降低。▶键：每按一次，扫描对比度会增加。)调整扫描对比度后，重新制版并试印几份，以检查印刷结果。对于文字模式，只能选择"自动"。选择照片或图文模式时，无法选择"自动"。自选设定模式可供更改扫描对比度的初始设定。

3. 调整印刷位置

使用垂直印刷位置调整键可以沿垂直方向调整印刷位置，使用水平印刷位置调整轮可以沿水平方向进行调整。调整范围：垂直方向为±15 mm；水平方向为±10 mm。调整印刷位置后，试印几份以检查新的印刷位置。

(1) 调整垂直位置(如图 4-14 所示)。按◄/► 键调整垂直位置。

◄键：每按一次会将印刷位置向下移动约 0.5 mm。

►键：每按一次会将印刷位置向上移动约 0.5 mm。

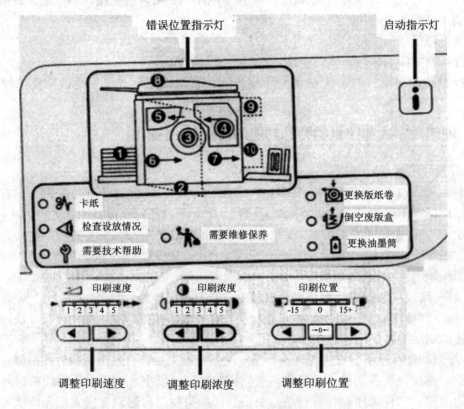

图 4-14　调整印刷位置、浓度、速度

(2) 调整水平位置。

① 按进纸台下降按钮，降下进纸台。

② 转动进纸台旁边的水平印刷位置调整轮，调整水平位置，如图 4-15 所示。

向上转动调整轮会向左移动印刷位置，向下转动调整轮会向右移动印刷位置。通过进纸台旁边的刻度标志，可以检查距中央的偏移量。刻度上的▲表示中央位置。如果调整了水平位置，也请调整出纸台导板，且在印刷结束后要复原到中央位置。

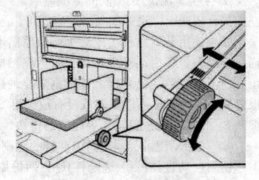

图 4-15　印刷位置调整轮

4. 更改印刷速度

印刷速度有五级可供选择(如图 4-14 所示)，从 60 张/分钟到 130 张/分钟。按 ◄/► 键选择印刷速度。每按此键一次，印刷速度即改变一级。

◄键：降低印刷速度。

►键：增加印刷速度。

5. 调整印刷浓度

印刷浓度有五种级别可供选择(如图 4-14 所示)。按 ◄/► 键调整印刷浓度。每按该键一次，印刷浓度即改变一级。

◄键：降低印刷浓度。

►键：增加印刷浓度。

选择节约油墨模式时，无法调整印刷浓度。自选设定模式可供更改印刷浓度的初始设定。

4.4.5　理想数字式速印机的特殊功能的使用(高级操作)

1. 并排印刷原稿

将两张相同或不同的原稿并排印刷在一张纸上，这一功能称为并排印刷。如有必要，各张原稿可以有不同的设定，如复制尺寸(缩小/放大)、扫描对比度及图像处理方式(文字/图像/图文)。放置自选尺寸的纸张时，无法执行两张并排印刷。此时请退出两张并排印刷模式，或放置常规尺寸的纸张。

(1) 印刷相同的原稿制版。

① 将一张原稿面朝下放在扫描台玻璃上，合上扫描台盖。

② 按下并排印刷键，启动并排印刷功能。若要取消并排印刷功能，再按一次此键。当使用并排印刷功能时，相应的指示灯亮。

③ 按启动键，原稿会被扫描两次，第一次扫描结束后，会发出待稿时间报警。在报警停止之前，再按一次启动键，然后将两次扫描制在一个版上。如果在机器待稿时间没有再按一次启动键，则样张印刷件有一边是空白的；如果使用自选设定模式则无待稿时间，只要按启动键一次，即可完成两张并排印刷。

(2) 并排印刷两张不同的原稿制版。一般对于两张不同的原稿，只需要简单地将它们放在扫描台玻璃上，进行制版、印刷即可。

如果使用装订原稿，或对于两张原稿进行不同的设定时，则将原稿面朝下分别放在扫描台玻璃上。按启动键进行第一张原稿扫描，扫描结束后会发出待稿时间报警。在报警停止之前，放置第二份原稿，并根据需要进行各项设置，然后再按一次启动键。在待稿时间报警期间，如果按下停止键或没有放上第二张原稿，速印机将印出半边空白的试样。

(3) 使用印刷量键输入要印刷的份数。

(4) 按启动键，会输出两份并排的印刷件。

使用自动进稿机组(选购件)进行两份原稿印刷时，可以在自动进稿机组中叠放两份原稿，这两份原稿会连续扫描进行两张并排印刷。

2. 自动分页成组(编程)

"编程"功能可以从单个原稿印刷为多组(编程 A),并从多张原稿复制预先指定编号的张数(编程 B)。

编程 A(单页模式)。从单张原稿印刷成为多组,每组包含多套。最多可建立 50 个组,每组最多有 99 套,每组最多可包含 9999 张印刷件。可设置本机以指定每套的印刷份数(张数),以及每组应建立的套数。

编程 B(多页模式)。对于单张原稿,可印刷多达 9999 份印刷件。每份原稿可复制出具有预置张数的印刷件(可多达 20 份原稿)。如何进行编程印刷,有两种方式可以使用"编程"印刷功能进行成套印刷:① 编程,然后印刷(而不保存设定);② 调出所保存的编程,然后印刷(当编程已经存储)。

分页机(选购)对于编程印刷很有用处。分页机在每一套或每一原稿之后释放一条胶带,从而自动分开各套或各组。因此不再需要手动取走堆放的纸张或在各套之间插入标记物。

(1) 设置编程 A 印刷(如图 4-16 所示)。

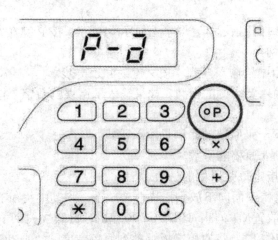

图 4-16 设置编程印刷

编程 A 从单张原稿印刷成为多组,每组包含多套。其操作步骤如下:

① 按下 P 键,打开指示灯。屏幕上出现"P-a"。按 P 键在"编程 A"、"编程 B"和"取消编程"模式间切换。

② 按 + 键,启动印刷量输入模式。按 × 键返回上一步。

③ 使用印刷量键输入要印刷的份数。给第一组输入份数。如果输入了错误的数字,按 C 键清除,然后输入正确的数字。

④ 按 + 键,此时会启动套数输入模式。

⑤ 使用印刷量键输入印刷套数。若要设定下一分组,请转到步骤⑤;若要完成设定并开始印刷,请转到步骤⑦。如果输入了错误的数字,按 C 键清除,然后输入正确的数字。如果不输入数字,则选择 1。

⑥ 按 + 键,随后本机会要求输入第二组的份数。

重复步骤③~⑥,为每组指定份数和套数。

⑦ 放置原稿。将原稿正面向下放到扫描台玻璃上,将其中央对齐玻璃左侧的标志。将

原稿放入自动进稿机组(选购件)时，将原稿导板调整到原稿宽度。如果在自动进稿机组(选购件)中放入了多份原稿，且将"自动流程"选择为"启动"，则会对每份原稿执行编程印刷。

⑧ 进行必要的设定。根据需要进行各项功能的设定：图像处理模式，铅笔，网点处理，扫描对比度，放大/缩小比率，自动流程。若要保存当前的编程设置，可参见"保存编程"。印刷完成后，不能保存设定。

⑨ 按启动键，此时会印刷一份试印件。检查印刷结果，如根据需要调整印刷位置和其他项目。

⑩ 再次按启动键，此时会从最后编程的组开始印刷。所有的组均印刷完毕后，会清除掉编程内容。但是，在"自动流程"设定为"启动"时，则不会清除。一套的印刷在每次完成之后，印刷均会停止。如果不使用分页机(选购件)，请从出纸台中取出印刷件或放上分隔纸。若要中断印刷，按停止键。再按一次启动键可以继续印刷。

(2) 设置编程 B 印刷(如图 4-16 所示)。编程 B 印刷可在多张原稿中预置印刷件的张数。其操作步骤如下：

① 按下 P 键两次，打开指示灯。屏幕上显示"P-b"。按 P 键在"编程 A"、"编程 B"和"取消编程"模式间切换。

② 按 + 键，启动印刷量输入模式。按 × 键返回上一步。

③ 使用印刷量键输入要印刷的份数。如果输入了错误的数字，按 C 键清除，然后输入正确的数字。

④ 按 + 键，启动下一张原稿的印刷量输入模式。

⑤ 使用印刷量键输入原稿的份数。

重复步骤②～③，指定每张原稿的份数。

⑥ 放置原稿。将原稿正面向下放到扫描台玻璃上，将其中央对齐玻璃左侧的标志。按从最后一页开始的顺序放置原稿(例：印刷 3 页原稿时，按照 3→2→1 的顺序放置)。将原稿放入自动进稿机组(选购件)时，将原稿导板调整到原稿宽度。"自动流程"设定为"启动"时，将自动继续对所有原稿印刷。

⑦ 进行必要的设定。根据需要进行各项功能的设定：图像处理模式，铅笔，网点处理，扫描对比度，放大/缩小比率，自动流程。若要保存当前的编程设置，可参见"保存编程"。印刷完成后，不能保存设定。

⑧ 按启动键，此时会印刷一份试印件。检查印刷结果，如根据需要调整印刷位置和其他项目。

⑨ 再次按启动键，此时会从最后编程的组开始印刷。每次均需按启动键才可印刷放置在扫描台玻璃上的原稿，印刷完成后更换原稿。在每次的原稿流程完成后，印刷均会停止。如果不使用分页机(选购件)，可从出纸台中取出印刷件或放上分隔纸。若要中断印刷，按停止键。再按一次启动键可以继续印刷。

3. 使用存储器

有的组合设定会经常使用，这时可使用存储器将其保存下来。存储器是个非常灵活的工具，总共可存储 6 种经常使用或复杂的印刷工作的组合设定，并在一个新的印刷工作需要时使用。

存储器可存储的设定与功能有：与处理有关的功能设定(如：处理方式、文字、照片、图文、缩放比、扫描对比度等)，与印刷有关的功能设定(如：是否自动印刷、印刷位置、印刷速度、印刷浓度等)，其他还有印刷张数、同稿并排、不同稿的并排、编程设定等等。上面任何一组合的设定及功能均可存储到存储器中，以便快速调用。

(1) 保存编程。

① 设定编程(如图 4-16 所示)。根据编程 A 或编程 B 的步骤输入份数。

② 按 * 键，保存编程设置。

③ 使用印刷量键输入编程编号，选择 1~6 的数字。选择已经保存的编程编号时，在最右端将显示"a"或"b"；选择未保存的编程编号时，将不会有任何显示。

由于选择了已保存的编号会覆盖掉原来的设置，因此在保存相同编号前确认屏幕中的设置。

④ 按 * 键，编程设置被保存，并将显示"编程 A"或"编程 B"。保存一个编程后，按 P 键，完成编程的保存。按启动键，可以使用保存的编程开始印刷。

(2) 调用编程。可以调出保存的编程进行印刷和修改设置(如图 4-16 所示)。其具体操作步骤如下：

① 按下 P 键，打开指示灯。如需取消编程模式，按 P 键两次。

② 按 * 键。

③ 使用印刷量键选择编程编号，将调出存储的编程。

④ 按启动键使用所选的编程方式开始印刷。

(3) 更改存储的编程。

① 调出需要修改的编程。按照"调用编程"中的第①步与第③步进行。

② 按 + 键，显示保存的份数或套数。连续按 + 键直至出现要修改的数值。

③ 按 C 键和印刷量键更改份数或套数。

④ 按 * 键，编程设置被修改。

⑤ 保存编程。若要覆盖调出的编程，再次按 * 键。如需要保存到新的编程编号，使用印刷量键输入并显示编程编号即可。由于选择了已保存的编号会覆盖掉原来的设置，因此在保存相同编号前应确认屏幕中的设置。

(4) 清除编程。

① 按下 P 键，打开指示灯。如需取消编程模式，按 P 键两次。

② 按 * 键。

③ 按印刷量键选择编程编号，显示使用设置清除编程编号。

④ 按 C 键，编程类型(a/b)在屏幕上闪烁。

⑤ 按启动键，选择的编程设置被清除。按 P 键取消编程模式。

4. 均墨操作和机密排版

(1) 均墨操作和机密排版如图 4-17 所示。在更换印刷滚筒或长时间不用本机时，均墨操作可以防止本机印刷的头几张印刷件墨迹太淡。通过在制版流程之前执行均墨操作，可以从一开始便确保取得一致的印刷质量。

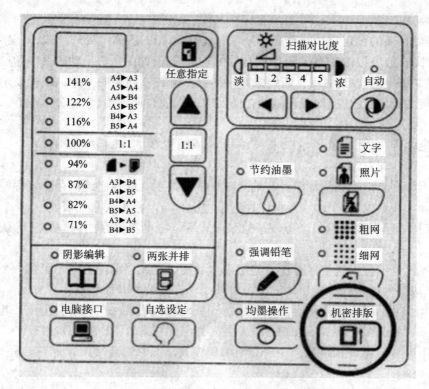

图 4-17　均墨操作和机密排版

按均墨操作键，打开其指示灯。指示灯亮起时，放置原稿，然后按启动键。执行均墨操作之后，开始制版流程。

要取消该模式，可再按一次均墨操作键关闭其指示灯。如果不执行制版操作，则不进行均墨设定。如果不设定本机达到的指定时间，则在下次执行制版操作时，该指示灯会自动亮起并自动执行均墨操作。此项功能就是所谓的自动均墨操作。自选设定模式可用来更改上述自动均墨时间的初始设定。

(2) 机密排版模式(文件保密)。印刷结束后，版纸仍留在印刷滚筒上，随时可以再印刷。要防止未经授权即复制机密文件，可在印刷后使用机密排版功能废弃版纸。其操作步骤如下：

① 确认印刷已结束。

② 按机密排版键，打开其指示灯。要清除该模式，请再按一次机密排版键关闭其指示灯。

③ 按启动键，此时会废弃当前版纸并更换一张空白纸。废弃并更换之后，便会清除机密排版模式。如果在机密排版指示灯亮起时执行机密排版模式处理，本机会同时执行机密排版处理与均墨操作。

5. 拆卸与安装印刷滚筒

更换彩色滚筒或处理卡纸问题时，应取下印刷滚筒，进行必要操作，然后再安装滚筒。务必水平放置拆下的印刷滚筒。务必水平地将替换的印刷滚筒放入滚筒盒。其操作步骤如下：

(1) 打开前盖。

(2) 检查印刷滚筒释放按钮的指示灯是否亮。若该指示灯熄灭，按印刷滚筒释放按钮，打开其指示灯。

(3) 拉出印刷滚筒(如图 4-18 所示)。握住印刷滚筒把手，拉印刷滚筒直到拉不动为止。

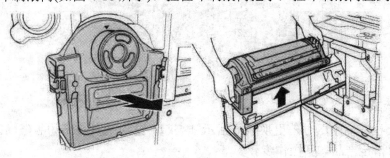

图 4-18　印刷滚筒的拉出和取出

(4) 取出印刷滚筒。用双手抬起印刷滚筒，从导板上取下它。不要接触印刷滚筒上的接头。

(5) 安装印刷滚筒。将▼标志对准导板上的▲标志，然后相对于导板水平放置印刷滚筒。

(6) 将机组返回原来的位置。将印刷滚筒放到正确的位置，然后关上前盖。

6. 更换与处置耗材

油墨筒将空时，更换油墨指示灯亮起。此时须更换新油墨筒。更换油墨筒之前，将本机打开。务必使用相同颜色油墨的油墨筒。如果希望更改油墨颜色，请更换整个印刷滚筒。其操作步骤如下：

(1) 打开前盖，如图 4-19 所示。

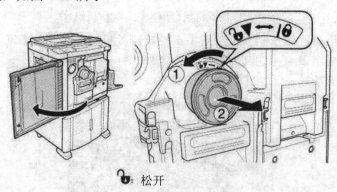

🔓 松开

图 4-19　打开前盖和旋转油墨筒

(2) 从支架中拉出空油墨筒。逆时针旋转油墨筒，然后将其拉出。

(3) 从新油墨筒上取下盖子。转动油墨筒的盖子以便将其取下。请勿触碰或撞击新油墨筒的出墨面。

(4) 插入新的油墨筒，如图 4-20 所示。将油墨筒上的箭头对准支架上的▼标志，推入油墨筒，直到推不动为止。

(5) 锁定油墨筒。顺时针旋转油墨筒将其锁定。

(6) 关闭前盖。油墨筒盖座可用于存放盖子。

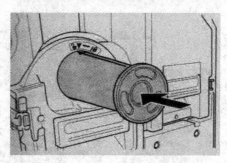

图 4-20　插入新的油墨筒

7. 更换版纸卷

整个版纸卷消耗殆尽时，更换版纸指示灯亮起。此时请更换新的版纸卷。版纸卷建议使用理想公司指定产品。其操作步骤如下：

(1) 打开前盖。

(2) 检查制版机组释放按钮的指示灯是否亮起(如图 4-21 所示)。如果该指示灯熄灭，按制版机组释放按钮，打开其指示灯。拉出印刷滚筒后，无法拉出制版机组。将印刷滚筒放到正确的位置，然后按制版机组释放按钮。

图 4-21　制版机组释放按钮和制版机组盖

(3) 拉出制版机组。握住制版机组把手，拉出制版机组，直到拉不动为止。

(4) 打开制版机组盖。握住制版机组盖锁定杆，打开制版机组盖。

(5) 打开版纸卷承轮，如图 4-22 所示。

图 4-22　打开版纸卷承轮

(6) 取下用尽的版纸卷。废弃用尽的版纸卷时，根据本地社区的处置规定办理。

(7) 安装新的版纸卷。从版纸卷上取下收缩包装(透明薄膜)，放好版纸卷，使其版纸芯上的标志位于左侧，如图 4-23 所示。取下收缩包装时，注意不要损坏有标志的部位。如果该部位发生弯曲，或穿孔线被剪掉，则版纸卷将不能使用。

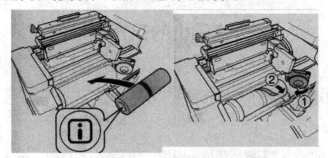

图 4-23 版纸芯上的标志和版纸卷承轮

(8) 关上版纸卷承轮。关上版纸卷承轮后，取下包装纸。

(9) 将版纸卷的版纸头插入版纸导翼下的入口。插入版纸头，直到插不进去为止。如果版纸松动，请向内旋转右侧凸缘进行收紧。如果无法妥善插入版纸头，请采取下述操作过程：

① 抬起版纸导翼。向内转动版纸导翼旁边的调整轮以抬起版纸导翼。

② 将版纸卷拉到箭头所指的刻度线。

③ 将版纸导翼降到原来的位置。

(10) 将机组返回原来的位置。关上制版机组盖，将制版机组返回原来的位置，然后关闭前盖。

8. 倒空废版盒

(1) 拉出废版盒。握住废版盒的把手，向左侧拉出废版盒。如果废版盒被锁定，将杆向右推可以解除锁定，如图 4-24 所示。

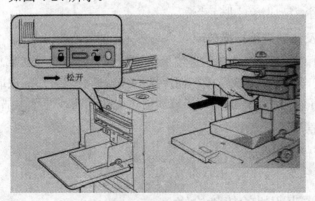

图 4-24 废版盒解除锁定和放到正确位置

(2) 废弃排出的版纸。如果版纸粘在废版盒内侧，请按把手上的操纵杆。

(3) 将废版盒放到正确的位置。插入废版盒，直到插不进去为止。如有必要，将杆向左推锁定废版盒，同时使用扣锁以加强安全。速印机的废版盒可以由扣锁或其他方法锁定，这样废版盒就无法拆卸，因此会防止废版纸泄漏到外部。(购买锁环能穿过孔的普通扣锁即可，宽度为 7 mm。)印刷结束后，版纸仍缠绕在"滚筒"上可以进行印刷的位置，因此即使已锁定废版盒，滚筒上的版纸也容易被盗。要防止其泄露到外部，请使用机密功能。

4.5　速印机的保养与维护

4.5.1　速印机的日常保养

1. 清洁热敏头

每次更换版纸卷时，均需清洁热敏印刷头。打开制版机组盖，用软布轻轻擦拭机组背面的热敏印刷头。要更有效地清洁，可在擦拭热敏头前先在软布或薄纸上沾少许酒精。因为热敏头非常精密，所以要避免硬物划碰。热敏印刷头易受静电影响(损坏)，在清洁之前，务必消除机身中累积的静电。

2. 清洁扫描台玻璃和扫描台盖

如果扫描台玻璃或扫描台盖脏污，印刷将会出现不良效果，可用软布或薄纸擦拭扫描台玻璃和盖。

3. 清洁压力辊

如果橡胶压力辊(它把印刷纸压在滚筒上)脏了，污点会出现在印刷件的背面，这时要用沾有酒精的软布彻底擦拭压力辊，或者用保密功能在装空白版纸的滚筒下过纸来清洁压力辊。

4. 清洁速印机外壳

定期用软布擦拭机器外壳，去掉灰尘。要去污迹，请使用合适的清洁剂。因机器外壳是塑料的，切勿使用酒精或溶液进行清洗。

5. 清洁可选件及自动进稿扫描玻璃

(1) 打开自动进稿机组。扣住自动进稿机组释放杆，打开自动进稿机组。

(2) 擦拭扫描玻璃。用软布或薄纸轻轻擦拭扫描玻璃。因为扫描玻璃非常脆弱，所以要避免硬物划碰。要有效地清洁，擦拭扫描玻璃前可先在软布或薄纸上沾少许酒精。

6. 清洁白色补偿辊

(1) 打开自动进稿机组。

(2) 将白色补偿辊继续转回，用软布或薄纸轻轻擦拭白色补偿辊。

4.5.2　理想数字式速印机的故障检修

1. 检查错误显示屏

本机发生错误，或耗材或其他部位尚未就绪时，检查错误显示屏，会显示错误位置及表示错误类型的号码，如图 4-25 所示。图中，*1：表示错误位置指示灯；*2：表示启动指示灯；*3：表示错误类型指示灯；*4 表示错误号码显示屏。对于有些错误，错误号码会显示在错误号码显示屏(印刷量显示屏)上，可根据错误号码分析故障原因。

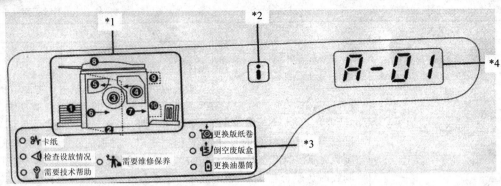

图 4-25　显示错误位置及表示错误类型

2. 速印机的故障检修

速印机的故障检修可根据故障检修提示或故障现象，查找故障原因，并进行处理，如表 4-3 所示。

表 4-3　故障现象、故障原因及处理方法

故障现象	故障原因	处 理 方 法
接电源开关后本机不启动	未提示休眠状态，即切断电源	检查控制面板上的指示灯，然后接通本机电源。将电源开关设定到接通状态时为打开，设定到停止状态时为关闭
	电源已经切断	检查电源线是否牢固插入插座；检查电源线是否牢固连接到本机；检查市售的电源断路器是否打开
即使前盖关上还显示"请关妥机盖"	前盖的右下部没有真正关严	紧紧关上前盖的右下部
进纸台无法关闭	进纸台导板没有伸展到最大限度；进纸台降到底部之前电源就已切断	接通电源，让进纸台降到底。将进纸台导板锁定杆设定到规定位置，将进纸台导板伸展到最大限度，然后关闭进纸台
印刷滚筒无法放到正确的位置	印刷滚筒在旋转后停在不恰当的位置	手工旋转滚筒后，请务必保标志 ▶ 与 ◀ 相合
	印刷滚筒未正确放入导板	将滚筒正确放入导板
即使安装了耗材(油墨、版纸卷)，错误指示仍不消失	未正确安装耗材(油墨、版纸卷)	插入油墨筒后，顺时针旋转将其锁定；或重新放置油墨筒
		安装版纸卷使标志朝向左侧，然后安装制版机组
	油墨筒不包含油墨信息	请勿取下贴在油墨筒出墨部位的标签，否则请安装新油墨筒
	版纸卷不包含版纸信息	请勿从版纸芯取下标志部件。否则请安装新的版纸卷
印刷件上没有图像	原稿放置时正面朝上	正面朝下放置原稿(对于自动进稿机组也同样适用)

续表一

故障现象	故障原因	处理方法
印刷件上部分信息丢失	版纸上存在异物	拉出印刷滚筒，检查版纸上是否存在任何物体。 如果版纸与滚筒之间存在异物，取下版纸。然后放好滚筒，重新执行制版操作
	进纸台上所放纸张的尺寸与制版时原稿的尺寸不一致。制版时进纸台导板未调整到纸张宽度	版纸是根据进纸台上所放纸张的尺寸，也就是根据进纸台导板的宽度与纸张长度制作的。如果进纸台所放纸张的尺寸小于原稿尺寸，则不会根据整件原稿制作版纸。在进纸台中放入尺寸与原稿相同的纸张，然后执行制版操作
在书本阴影编辑中，消除阴影的位置有偏移	进纸台上放置了自选尺寸的纸张	在书本阴影编辑中，不允许使用自选尺寸的纸张。 装入标准尺寸的纸张
	放置了自选尺寸的书本或杂志作为原稿	将书本或杂志放到扫描台玻璃上，使其装订部位处在进纸台上所放纸张尺寸的中央(或使用自选设定模式为书本阴影编辑指定的原稿尺寸的中央)
	原稿尺寸与使用自选设定模式给书本阴影编辑指定的原稿尺寸不同	检查在自选设定模式下给书本阴影编辑指定的原稿尺寸。 选择"0"时，将与原稿尺寸相同的标准尺寸的纸张放入进纸台。 选择"1"~"4"时，将书本阴影编辑中原稿尺寸设成与原稿尺寸相同
书本阴影编辑中的阴影消除处理，无法消除中缝阴影	要消除的中缝阴影太窄	使用自选设定模式，重新设定书本阴影编辑的中缝阴影宽度
印刷件上发现有竖直白线	热敏印刷头污渍	打开制版机组盖，清洁热敏印刷头
原稿中多余的背景出现在印刷件上	如果将报纸或彩纸用作原稿，背景可能会出现在印刷件上	将扫描对比度设为"自动"或降低对比度，然后重新执行制版操作
印刷件出现污渍	扫描台玻璃(或自动进稿机组扫描台玻璃)不干净	清洁扫描台玻璃(或自动进稿机组扫描台玻璃)
印刷件边缘有油污	制版时放入进纸台的纸张尺寸比原稿大	因为版纸是根据大于原稿尺寸制作的，所以原稿边缘被当作阴影处理。放入和原稿尺寸相同的纸张，然后重新执行制版操作。或按照正文介绍的办法贴上胶带解决此问题
	印刷卡片等厚纸时，纸角触到版纸并将其损坏了	另外制作一份版纸，用新版纸印刷。或拉出印刷滚筒，在版纸上被损坏的部位贴上玻璃胶带。但是，如果贴上了玻璃胶带，版纸可能无法正确送入废版盒
印刷件背面有油污	压辊已被油墨污染	取下印刷滚筒并清洁压辊。如果印刷位置在印刷纸张范围之外，则会导致压辊沾上油墨。 更改印刷纸张尺寸或移动印刷位置时，请留意这点

续表二

故障现象	故障原因	处理方法
印刷的图像很淡	如果本机长时间不用,印刷滚筒表面的油墨可能会变干,这会导致刚开始印刷时墨迹较淡或模糊不清	按均墨键,在正式印刷之前先试印几份
	原稿较淡时也会导致图像较淡	此时请增加扫描对比度,然后重新执行制版操作。 对于用铅笔书写的原稿,请选择强调铅笔模式
	如果安装本机或存放油墨筒的位置温度较低(低于15℃),油墨可能会无法顺畅流出	将本机保持在室温下一段时间后再使用
	设定了节约油墨模式	选择节约油墨模式后,印刷件的墨迹会比平常淡
印刷位置发生左、右偏移	左、右印刷位置未调整到中央	进纸台配备水平印刷位置调整轮。降低进纸台,调整位置,然后试印,检查位置
纸张粘到印刷滚筒表面(指示灯频繁闪烁)	原稿或印刷件顶部页边距太小	原稿页边距(出纸方向印刷件顶部)至少要有 5 mm,降低垂直印刷位置。如果不能执行此种调整,重新生成一份有足够页边距的原稿,然后再重新执行制版操作
	印刷纸张不当	使用建议用纸
	原稿顶部有实心黑色区	如果原稿顶部有实心黑色区,印刷件可能无法正确输出。将原稿换到相反的方向,然后重新开始制版流程
输出卷曲的印刷件	印刷纸张按水平纹理方向装入	按照垂直纹理方向装入纸张
印刷件在出纸台中对齐(卡纸指示灯频繁闪烁)	出纸台导板与出纸挡板位置不当	将出纸台导板与出纸挡板调整到适合纸张尺寸的位置。对于厚纸,必要时将它们稍微拉宽。 如果已调整进纸台的水平位置,请按相同方向移动出纸台导板
	出纸导翼位置不当	根据纸张尺寸与厚度调整出纸导翼
	纸传动器未正确设定	正确设定纸传动器
	压纸器未正确设定	正确设定压纸器
纸张越过出纸盒挡板	出纸盒挡板有问题	按如下步骤整理出纸盒: ① 折叠出纸盒导板/挡板。 ② 用双手提起出纸盒的两侧,然后将出纸盒轴移到 B。 在大部分情况下建议使用位置 A。 A:普通位置。 B:纸张通过纸盒时移到的位置

续表三

故障现象	故障原因	处理方法
纸张无法顺畅地从进纸台进纸(无法进纸)	进纸压力调节杆位置不当	对于厚纸或光面纸,请将进纸压力调节杆设定到合理位置
	搓纸板角度不当	如果以上调整未能解决此问题,请采用以下操作过程: 　按逆时针方向转动搓纸板角度调整轮,调整搓纸板的角度。 　执行调整操作之前,请务必从进纸台取出纸张,然后检查进纸台是否已降到底
纸张无法顺畅地从进纸台进纸(进纸摞起)	搓纸板角度不当	按顺时针方向转动搓纸板角度调整轮调整搓纸板角度。 　执行调整操作之前,请务必从进纸台取出纸张,然后检查进纸台是否已降到底
即使进纸压力调节杆已设定到合理位置,进纸部位仍频繁卡纸	搓纸板角度不当	参阅"纸张无法顺畅地从进纸台进纸(无法进纸)"中介绍的操作过程,调整搓纸板角度
印刷卡片背面脱落或前缘起皱	搓纸板角度不当	参阅"纸张无法顺畅地从进纸台进纸(无法进纸)"中介绍的操作过程调整搓纸板角度
即使未发生卡纸,卡纸指示灯也亮起	印刷滚筒二次旋转时,拾起的纸张被排出	检查印刷件,如果顶部页边距不足 5 mm,请稍微降低印刷位置
	因阳光照射到本机,传感器无法正常工作	用窗帘遮住阳光,或将本机搬到阳光无法照射处
本机为每份原稿重复一次制版流程	为收到文件数据的打印机驱动程序设置选择了"校对副本"或"校对"	取消当前的打印作业,不给打印机驱动程序设置选择"校对副本"或"校对",然后重新发送文件数据
启动键闪烁	收到的数据等待输出	按启动键输出数据。要删除等待输出的数据,请按电脑接口键
"----"出现在印刷量显示屏上,且本机不启动	机器在使用时被切断电源	按启动键

4.6　实　　训

一、实训目的

1. 了解速印机操作的全过程;
2. 掌握速印机的调整方法。

二、实训条件

速印机若干台。

三、实训过程

1. 启动速印机，掌握面板各种按键和指示灯的作用，进行份数、放大、缩小、对比度、速度、浓度调节等操作，印刷不同类型的原稿。

2. 进行并排印刷原稿、自动分页成组(编程)、使用存储器、更换与处置耗材、更换版纸卷、倒空废版盒等操作。

3. 进行均墨操作和机密排版、拆卸与安装印刷滚筒等操作，以及正常的保养维护操作。

思考与练习四

一、填空题

1. 一体化速印机主要有以下几个特点：① 印刷速度快而可调；② 原稿范围宽、缩放比例大；③ 图文自动(   )；④ 与(   )连接使用。

2. 目前几乎所有的一体化速印机都是采用数码热敏头制版。热敏制版也可以分为两类：(   )型和(   )型。

3. 速印机从功能上来划分，一般由以下几部分构成：原稿扫描、(   )、进纸、(   )、出纸、控制电路和控制面板等。

4. 速印机的基本流程分为两个阶段：制作原稿的(   )(制版)，用(   )印刷复制件。

5. 速印机使用垂直印刷位置调整键可以沿(   )方向调整印刷位置，使用(   )印刷位置调整轮可以沿水平方向进行调整。

二、选择题

1. 目前主流产品的一体化速印机首页印刷时间都可以控制在(   )秒之内。
A. 50   B. 80   C. 100   D. 30

2. 一体化速印机的原稿扫描部分：将需要印刷的原稿的图像经光电扫描后，得到(   )的图像信号。
A. 数字化   B. 二进制   C. 虚拟化   D. 模拟化

3. 可以根据原稿的内容使用各种图像处理模式。对于原稿的内容有灰度变化的图像使用(   )模式。
A. 照片   B. 文字   C. 图文   D. 动画

4. 两张相同或不同的原稿可以并排印刷在一张纸上，这一功能称为(   )印刷。
A. 双面   B. 重叠   C. 分栏   D. 并排

三、简答题

1. 理想数字式一体化速印机的主要功能有哪些？
2. 简述速印机并排印刷两张不同的原稿制版的操作方法。
3. 请叙述速印机编程 A(单页模式)的含义。
4. 速印机存储器可存储的功能设定有哪些？
5. 速印机如何清洁热敏头？
6. 速印机的印刷滚筒无法放到正确位置的主要原因是什么？

第 5 章

微 型 计 算 机

微型计算机具有体积小、功能强、价格低等特点，已进入社会各个领域、办公室及家庭，得到了广泛应用。在现代办公自动化系统中，微型计算机及微机网络有着不可替代的作用。本章着重介绍微机的类型及其主要组成部件和维护常识，微机网络的安装及维护。

5.1　微型计算机的类型

微型计算机按照结构划分，主要有台式微型机、笔记本电脑、服务器、一体机。不管哪种结构的微型计算机，其主要组成部件都是一样的。不同结构的计算机微处理器配置不同，内存和硬盘的容量配置不同，显示卡和显示器配置不同，形成了不同档次的台式微型机、笔记本电脑、服务器和一体机。

5.1.1　台式微型机

目前的台式微型机主要有商用型和家用型，二者的要求有所不同。

1. 稳定性和安全性

商用机型追求很高的稳定性，在同等的条件下其适应能力强于家用机。其平均无故障工作时间都超过 5000 小时，有些则高达 20 000 小时以上；在商业环境中的安全性也是商用机考虑的问题，多数商用机会在软件甚至硬件上进行数据的加密和保护，以防止人为破坏和丢失资料。家用机一般都在家庭环境使用，持续使用时间不会很长，工作环境也相对要比商用机好得多，所以家用机在长时间工作的稳定性方面不必像商用机要求的那么高。

2. 多媒体功能

商用机型的多媒体功能普遍不强，有些商用机在设计上针对性很强，只突出某方面应用功能的强化，并不要求面面俱到，这主要体现在显卡、声卡、音箱等多媒体设备的标准配置上，商用机一般很少配全。家用机的设计出于方便家庭用户使用的考虑，在多媒体方面做得很全，功能已经涵盖学习、娱乐、办公等各个方面，配件的选择也越来越全，实现的功能更加多样化。现在的家用机已经向家电化方向发展，有整合和替代家电的趋势。

3. 扩展性和外观

为应用于各种各样的商业办公环境，商用机在外观设计上采用严肃大方的设计理念，在机箱颜色上多选择白色或灰色。出于以后添加功能和外接办公设备的考虑，以及方便以后批量的维护和修理，商用机的机箱和主板都是标准的，外部端口齐全，升级和扩展的能力一般优于家用机。家用机是面对家庭用户销售的，所以在外观设计上突出美观和个性化，机箱样式多样而不统一，颜色丰富多彩，主板的选择都是根据机箱量身定做，主板多采用小板设计，预留的空间和插槽要比商用机少一些。现在的家用机功能设计得很全面，一般用户不用考虑以后升级和扩展的问题。

5.1.2 笔记本电脑

笔记本电脑如图 5-1 所示，主要有如下几种类型。

1. 轻薄便携型

通常来说，2 kg 以下的笔记本电脑被称为便携(轻薄)型笔记本电脑。该类产品将便携性放在最重要的位置，性能和功能甚至接口都可以牺牲，因此超低电压版的处理器、低功耗的芯片组、低规格的内存、低功耗的1.8 英寸硬盘、无风扇设计、极限轻薄等都随之而来。在测试中，此类产品性能一般，但电池寿命往往都比较出色，这要归功于低功耗元件的大量采用。便携型笔记本电脑分为内置光驱和全外挂两种，在重量方面全外挂型要更胜一筹。并且，由于没有内置光驱，所以在接口方面全外挂型的便携笔记本也会表现得更加优秀，唯一不够"完美"的就是会增加购买外置光驱的额外支出，而

图 5-1   笔记本电脑

内置光驱型的便携笔记本则省去了这项开销，但在接口方面的表现则不如全外挂型完美。当然，不同的用户会有不同的要求。

2. 商务应用型

商务笔记本电脑在应用领域内要求绝对稳定、安全，因此很多最新的技术都是在此类产品上率先采用，例如最先进的指纹识别技术、最强大的硬盘数据保护技术、最优秀的静音散热系统。商务笔记本由于面对特定的人群和用途，外观设计上比较单调，不会刻意追求时尚，主要是给人以稳重、大方的感觉。总的来讲，商务笔记本更注重机器的稳定、可靠，且不能太难于携带，具有完备的接口以及多种安全功能的设计。

3. 影音家庭型

影音家庭型笔记本电脑用于替代传统的娱乐家用台式机，具有大尺寸的屏幕设计，倾向于娱乐设计，通常采用 16∶9 的屏幕设计，并且屏幕亮度高、可视角度大。在音响设计方面，这类产品最少都集成有 2.1 声道音响系统，并将低音单元集成在笔记本电脑的底部实现低音炮的效果，有的机型还可以模拟 4.1 声道的环绕音效，甚至直接拥有 4.1 声道扬声器。因此该类产品一般都体积庞大，不便于携带。在功能设计上部分产品还带有 TV 功能，笔记本电脑接收电视画面是时下影音型笔记本电脑发展的一个趋势。通常这类产品都会在机器里内置电视接收装置，通过遥控器就可以实现电视画面的接收，另外有些产品还附带了视频编辑软件，用户可以实现定时录像、视频抓图等操作。

4. 娱乐游戏型

随着新技术的不断应用，笔记本电脑的性能得到质的提升，娱乐游戏型笔记本电脑在市场上悄然兴起。此类产品采用显示效果优秀的屏幕，16：9 的分辨率加上性能强悍的独立显卡，为游戏玩家量身打造，同时兼顾了娱乐影音的需要，整体性能超强。注重视觉效果与影音效果的娱乐游戏型笔记本电脑逐渐占领了市场的一片空间。

5. UMPC 掌上型

UMPC(Ultra-Mobile PC)即超移动个人电脑(如图 5-2 所示)，是英特尔与微软公司都极力推广的一种产品。UMPC 必须是一个完整的 PC 产品并且具备一切 PC 该有的功能，同时需要有非常好的无线连接技术，比如 WiFi 无线技术与 Bluetooth 技术，甚至配备 HSDPA/3G 高速数据连接功能。同时，UMPC 产品本身其尺寸以超轻、超薄为设计基础，便携性非常强，还有长时间的电池供电能力。另外一个重要的特点，即 UMPC 还能支持手写输出功能，并且在 Windows XP Tablet Edition 系统下可以使用 Touch Pack 面板。

图 5-2　超移动个人电脑

6. 平板手写型

平板手写型笔记本电脑又称为平板电脑(如图 5-3 所示)，其外观和普通笔记本电脑相似，但不是普通的笔记本电脑，它可以被看为笔记本电脑的浓缩版。其外形介于一般笔记本和掌上电脑之间，但其处理能力大于掌上电脑，它除了拥有一般笔记本电脑的所有功能外，还支持手写输入或者语音输入，移动性和便携性都更胜一筹。它的主要特点是其显示器可以随意旋转，一般采用小尺寸的液晶屏幕，并且都是带有触摸识别的液晶屏，可以用电磁感应笔手写输入。平板式电脑集移动商务、移动通信和

图 5-3　平板电脑

移动娱乐于一体，具有手写识别和无线网络通信功能。它主要有两种规格：一为专用手写板，可外接键盘、屏幕等，当作一般的 PC 使用；另一种为笔记型手写板，可像笔记本一样开合。平板式电脑自身内建了一些新的应用软件，用户只要在屏幕上书写，即可将文字或手绘图形输入计算机。它使用微软专用的 Table PC Windows XP 系统，这也是它和普通笔记本电脑的区别之一。

5.1.3　服务器

服务器(SERVER)发展到今天，适应各种不同功能、不同环境的服务器不断出现，分类标准也多种多样。

1. 按应用层次划分

按服务器的应用层次划分，有入门级服务器、工作组级服务器、部门级服务器和企业

级服务器四类。

(1) 入门级服务器。对于一个小部门的办公需要而言，服务器的主要作用是完成文件和打印服务，文件和打印服务是服务器的最基本应用之一，对硬件的要求较低，一般采用单颗或双颗 CPU 的入门级服务器即可。为了给打印机提供足够的打印缓冲区，需要较大的内存；为了应付频繁和大量的文件存取，要求有快速的硬盘子系统，而良好的管理性能则可以提高服务器的使用效率。

(2) 工作组级服务器。工作组级服务器一般支持 1～2 个处理器，可支持大容量的 ECC(一种内存技术，多用于服务器内存)内存，功能全面，可管理性强且易于维护，具备了小型服务器所必备的各种特性，如采用 SCSI(一种总线接口技术)总线的 I/O(输入/输出)系统，SMP 对称多处理器结构、可选装 RAID、热插拔硬盘、热插拔电源等，具有高可用性。该类服务器适用于为中小企业提供 Web、Mail 等服务，也能够用于学校等教育部门的数字校园网、多媒体教室的建设等。

通常情况下，如果应用不复杂，例如没有大型的数据库需要管理，那么采用工作组级服务器就可以满足要求。目前，国产服务器的质量已与国外著名品牌相差无几，特别是在中低端产品上，国产品牌的性价比具有更大的优势，中小企业可以考虑选择一些国内品牌的产品。

(3) 部门级服务器。部门级服务器通常可以支持 2～4 个处理器，具有较高的可靠性、可用性、可扩展性和可管理性。首先，集成了大量的监测及管理电路，具有全面的服务器管理能力，可监测如温度、电压、风扇、机箱等状态参数。其次，结合服务器管理软件，可以使管理人员及时了解服务器的工作状况。再次，大多数部门级服务器具有优良的系统扩展性，在业务量迅速增大时用户能够及时在线升级系统，可保护用户的投资。目前，部门级服务器是企业网络中分散的各基层数据采集单位与最高层数据中心保持顺利连通的必要环节，适合中型企业(如金融、邮电等行业)作为数据中心、Web 站点等应用。

(4) 企业级服务器。企业级服务器属于高档服务器，普遍可支持 4～8 个处理器，拥有独立的双 PCI 通道和内存扩展板设计，具有高内存带宽、大容量热插拔硬盘和热插拔电源，具有超强的数据处理能力。这类产品具有高度的容错能力、优异的扩展性能和系统性能、极长的系统连续运行时间，能在很大程度上保护用户的投资，可作为大型企业级网络的数据库服务器。

目前，企业级服务器主要适用于需要处理大量数据、高处理速度和对可靠性要求极高的大型企业和重要行业(如金融、证券、交通、邮电、通信等)，可提供 ERP(企业资源配置)、电子商务、OA(办公自动化)等服务。

2. 按服务器的处理器架构划分

按服务器的处理器架构(也就是服务器 CPU 所采用的指令系统)划分，有 CISC 架构服务器、RISC 架构服务器和 VLIW 架构服务器三种。

(1) CISC 架构服务器。CISC(Complex Instruction Set Computer)即复杂指令系统计算机。在 CISC 微处理器中，程序的各条指令是按顺序串行执行的，每条指令中的各个操作也是按顺序串行执行的。顺序执行的优点是控制简单，但计算机各部分的利用率不高，执行速度慢。CISC 架构的服务器主要以 IA-32 架构(Intel Architecture，英特尔架构)为主，多数为中低档服务器所采用。

如果企业的应用都是基于 Windows 和 Linux 操作系统，那么服务器的选择基本上就定位于 IA 架构(CISC 架构)的服务器。

(2) RISC 架构服务器。RISC(Reduced Instruction Set Computing)即精简指令集，它的指令系统相对简单，只要求硬件执行很有限且最常用的那部分指令，大部分复杂的操作则使用成熟的编译技术，由简单指令合成。目前在中高档服务器中普遍采用这一指令系统的 CPU，特别是高档服务器全都采用 RISC 指令系统的 CPU。在中高档服务器中采用 RISC 指令的 CPU 主要有 Compaq(康柏，即新惠普)公司的 Alpha、HP 公司的 PA-RISC、IBM 公司的 Power PC、MIPS 公司的 MIPS 和 SUN 公司的 Spare。

(3) VLIW 架构服务器。VLIW(Very Long Instruction Word)即超长指令集架构，采用了先进的 EPIC(清晰并行指令)设计，我们也把这种构架叫做"IA-64 架构"。它每时钟周期(例如 IA-64)可运行 20 条指令，而 CISC 通常只能运行 1～3 条指令，RISC 能运行 4 条指令，可见 VLIW 要比 CISC 和 RISC 强大得多。VLIW 的最大优点是简化了处理器的结构，删除了处理器内部许多复杂的控制电路，这些电路通常是超标量芯片(CISC 和 RISC)协调并行工作时必须使用的。VLIW 简单的结构，也能够使其芯片制造成本降低，价格低廉，能耗少，而且性能也要比超标量芯片高得多。目前基于这种指令架构的微处理器主要有 Intel 的 IA-64 和 AMD 的 x86-64 两种。

3. 按服务器的用途划分

按服务器的用途划分，有通用型服务器和专用型服务器两类。

(1) 通用型服务器。通用型服务器是并非为某种特殊服务专门设计的、可以提供各种服务功能的服务器。当前大多数服务器都是通用型服务器。这类服务器因为不是专为某一功能而设计，所以在设计时就要兼顾多方面的应用需要，服务器的结构就相对较为复杂，而且性能要求较高，当然在价格上也就更贵些。

(2) 专用型服务器。专用型(或称功能型)服务器是专门针对某一种或某几种功能设计的服务器，在某些方面与通用型服务器不同。例如，光盘镜像服务器主要是用来存放光盘镜像文件的，在服务器性能上也就需要相应的功能与之相适应，需要配备大容量、高速的硬盘以及光盘镜像软件；FTP 服务器主要用于在网上(包括 Intranet 和 Internet)进行文件传输，这就要求服务器在硬盘稳定性、存取速度、I/O(输入/输出)带宽方面具有明显优势；E-mail 服务器则主要是要求服务器配置高速宽带上网工具、硬盘容量要大等。这些功能型服务器的性能要求比较低，因为它只需要满足某些功能，所以结构比较简单，采用单 CPU 结构即可；在稳定性、扩展性等方面要求也不高，价格也便宜许多，相当于 2 台左右的高性能计算机价格。

4. 按服务器的机箱结构划分

按服务器的机箱结构来划分，可以把服务器划分为台式服务器、机架式服务器、机柜式服务器和刀片式服务器四类。

(1) 台式服务器。台式服务器也称为塔式服务器。有的台式服务器采用大小与普通立式计算机大致相当的机箱，有的采用大容量的机箱，就像个硕大的柜子。低档服务器由于功能较弱，整个服务器的内部结构比较简单，所以机箱不大，都采用台式机箱结构。目前这类服务器在整个服务器市场中占有着相当大的份额。

(2) 机架式服务器。机架式服务器的外形看上去并不像计算机(如图 5-4 所示),而像交换机,有 1U(1U=1.75 英寸)、2U、4U 等规格。机架式服务器安装在标准的 19 英寸机柜里。这种结构的多为功能型服务器。

图 5-4　机架式服务器

(3) 机柜式服务器。在一些高档的企业服务器中,由于内部结构复杂,内部设备较多,有的还具有许多不同的设备单元,或者几个服务器都放在一个机柜中,这种服务器就是机柜式服务器。

(4) 刀片式服务器。刀片式服务器是一种 HAHD(High Availability High Density,高可用高密度)低成本服务器平台,是专门为特殊应用行业和高密度计算机环境设计的,其中每一块"刀片"实际上就是一块系统母板,类似于一个个独立的服务器。在这种模式下,每一个母板都运行自己的系统,服务于指定的不同用户群,相互之间没有关联,不过可以使用系统软件将这些母板集合成一个服务器集群。在集群模式下,所有的母板可以连接起来提供高速的网络环境,共享资源,为相同的用户群服务。当前市场上的刀片式服务器有两大类:一类主要为电信行业设计,接口标准和尺寸规格符合 PICMG(PCI Industrial Computer Manufacturer's Group)1.x 或 2.x,未来还将推出符合 PICMG 3.x 的产品,采用相同标准的不同厂商的刀片和机柜在理论上可以互相兼容;另一类为通用计算设计,接口上可能采用了上述标准或厂商标准,但尺寸规格由厂商自定,注重性能价格比,目前属于这一类的产品居多。刀片式服务器目前最适合集群计算,提供互联网服务。

5.1.4　一体机电脑

一体机电脑(如图 5-5 所示)是由一台显示器、一个键盘和一个鼠标组成的。由于芯片、主板等都集成在显示器中,显示器就是电脑的主机,因此只要将键盘和鼠标连接到显示器上,机器就能使用。随着无线技术的进步,现在一些中高档一体机的键盘、鼠标与显示器可实现无线连接,机器上是完全不需要连线的。相比传统的台式电脑,一体机电脑的设计更符合城市居住环境和现代人的审美要求,而且现在很多一体机电脑已经集成有电视卡,可以代替电视。

图 5-5　一体机电脑

1．一体机电脑的优、缺点

一体机电脑具有较普通台式电脑更大的移动性，但是没有储电电源而且多数不能折叠，因而不具有笔记本电脑的便携性。一体机电脑较普通台式电脑而言，首先是占用空间减少，其次具有省电、静音等优点，再有就是工业设计方面余地较大，能够设计出格外漂亮的产品。就成本而言，由于一体机电脑不具备便携性，因此不用考虑特别节约空间的设计，成本可以降低。现在的一体机电脑已初步完善，性价比方面并不输给台式微型机和笔记本电脑。

2．一体机电脑的特点

1) 整合度高

一体机电脑把主机、音箱、摄像头、麦克风等整合到显示器后，只需外接键盘、鼠标、电源和网络线即可，较台式机省了不少线，且比台式机移动更方便。

2) 使用笔记本配件

一体机电脑主要用的是笔记本的配件(指的是内部芯片)，但有些用的是台式机硬盘，配件价格贵，不如台式机易装卸，维修较麻烦。

3) 屏幕大

一体机电脑的屏幕普遍较笔记本大很多，小的也有 18 英寸，大的则有 23 英寸。

4) 无电池和便携性差

一体机电脑用的是交流电，不像笔记本电脑那样可以随处携带，随时使用。一体机电脑不如笔记本电脑便携，无论是长距离还是短距离的移动，都不是很方便。

5) 价格便宜

随着一体机电脑的发展，其价格也降到了可接受的范围内。相同配置的情况下，一体机电脑远比笔记本电脑便宜，但略贵于台式微型机。

6) 散热差

一体机电脑的散热比台式微型机差，但优于笔记本电脑。

现在，一体机电脑还在不断完善中，一些适合于家用的成熟产品正在不断出现。

5.2　微型计算机的基本组成

一台微型计算机系统主要由硬件和软件两大部分组成。硬件部分主要有安装在机箱内的主板、CPU、内存条、外部存储器(光盘、硬盘和软盘驱动器)、显示适配卡和电源等，外部设备主要有键盘、鼠标、显示器和打印机等。微型计算机的主要组成如图 5-6 所示。

图 5-6　微型计算机的主要组成

5.2.1 主机部件

1. 主板

主板又名主机板、系统板、母板等，如图 5-7 所示，是 PC 的核心部件。

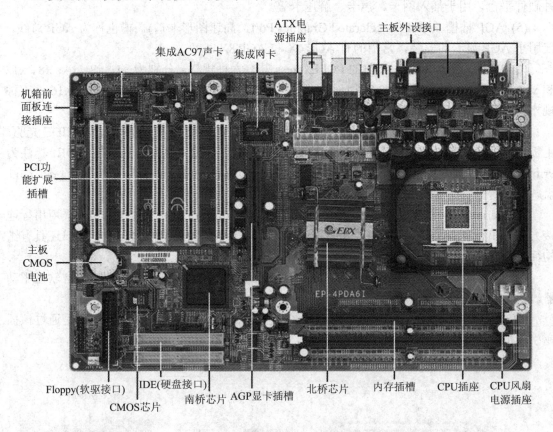

图 5-7 主板中各部件的名称

1) 主板中的各部件

(1) CPU 插座。主板上有 CPU 插座，用户可根据自己的需要选择安装 CPU。不同档次的 CPU 需要不同类型的 CPU 插座，主要有 Socket478、LGA775(触点式)、LGA1156、LGA1366、Socket AM3(938 针)、Socket AM2+(940 针)、Socket AM2(940 针)等主板。

(2) 内存条插槽。内存条插槽的作用是安装内存条。常见的内存条插槽是 DIMM(DDR 为 184 线，DDR2 和 DDR3 为 240 线)，插槽的线数是与内存条的引脚数一一对应的，线数越多插槽越长。

(3) 主板中的芯片。主板中的芯片主要有芯片组和 BIOS 芯片。芯片组之所以称为"组"，是因为主板芯片组一般是若干颗出现的，目前常见的是两颗。芯片组中的各个芯片分工不同，所谓的北桥和南桥就体现了芯片组中各芯片的分工。北桥芯片一般在 CPU 插槽和内存插槽附近，而且常常盖着散热片。北桥芯片主要负责管理 CPU、内存、AGP 这些高速的部分。南桥芯片一般在 PCI 插槽附近。主板上相对低速的部分，如 IDE 接口、ISA 插槽、USB 接口都是南桥芯片负责的对象。

BIOS(Basic Input Output System)即基本输入/输出系统，其本身就是一段程序，负责实现主板的一些基本功能和提供系统信息。

(4) PCI 插槽。PCI(Peripheral Component Interconnect，外部设备互连)插槽是一个先进的高性能局部总线，PCI 扩展插槽具有较高的数据传输速率及很强的负载能力，可适用于多种硬件平台，用于插入网卡、声卡、解压卡等。

(5) AGP 插槽。AGP(Accelerated Graphics Port，高速图形端口)插槽也称为 AGP 总线，仅用于 AGP 显卡的安装，常用的有 AGP 4X 和 AGP 8X。

(6) PCI-Express 插槽。当前的 PCI Express 共有六种规格，分别为 x1、x2、x4、x8、x12 和 x16。其中，x4、x8 和 x12 三种规格是专门针对服务器市场的，而 x1、x2 及 x16 这三种规格则是为普通计算机设计的。PCI-Express x16 用于 PCI-Express 显卡。

(7) EIDE 插座。EIDE 插座最重要的作用是连接 EIDE 硬盘(早期的硬盘)和 EIDE 光驱。主板上有两个 EIDE 设备插座，分别标注为 EIDE1 和 EIDE2，也有的主板将 EIDE1 标注为 Primary IDE，EIDE2 标注为 Secondary IDE。EIDE 插座总共可以连接四个 EIDE 设备，如硬盘、光驱等。

(8) Serial ATA 插座。Serial ATA 插座主要连接 Serial ATA 硬盘的信号线，采用串行连接方式，串行 ATA 总线使用嵌入式时钟信号，具备了更强的纠错能力，串行接口还具有结构简单、支持热插拔的优点。

(9) 软驱插座。软驱插座标注为 Floppy 或 FDC。一个软驱插座可以连接两台软盘驱动器。当前大部分主板都没有软驱插座。

(10) ATX 电源插座。ATX 电源插座是 24 芯或 20 芯双列插座，主板的电源是通过该插座引入的。

(11) 主板的外部接口。主板的外部接口如图 5-8 所示。

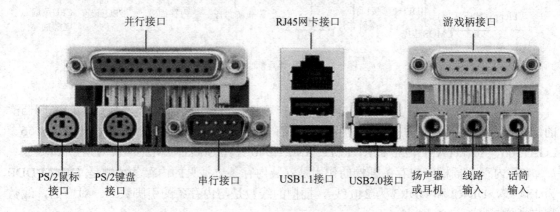

图 5-8　外部设备接口

① 串行接口：有串行接口 1 和串行接口 2，用于连接串行接口的外部设备。

② 并行接口：用于连接并行接口的针式打印机。

③ PS/2 接口：有两个 PS/2 接口，主板的 PS/2 接口用来连接鼠标和键盘。

④ USB 接口：USB 是一种连接计算机外围设备的 I/O 接口标准，目前使用 USB 接口的有鼠标、键盘、移动硬盘、扫描仪等。

⑤ 集成主板卡的功能接口：如网卡接口、声卡接口，有的还有显卡接口。

(12) 跳线开关。主板上一般都设有多组跳线开关，用于设置 CPU 的类型、使用的电压、总线的速率、清除 CMOS 内容等功能。

(13) 机箱面板指示灯及控制按键接针。ATX 主板的机箱面板指示灯及控制按键接针主要有系统电源指示灯接针、系统小喇叭接针、系统复位按钮接针、硬盘指示灯接针、系统电源按钮接针。

2) 主板的安装

(1) 在机箱的底部有许多固定孔，相应地在主板上通常也有 5～7 个固定孔。对于这些固定孔，有的机箱是使用塑料膨胀螺钉和铜质固定螺丝固定，有的机箱只用铜质固定螺丝固定。最好使用铜质固定螺丝，因为这样固定的主板相当稳固，不易松动。

主板的安装方向可以通过键盘和机箱背面的键盘插孔相对应的方法确定，首先必须确定主板和机箱底板对应固定孔的位置。

(2) 在确定了固定孔的位置后，将铜质固定螺丝的下面基座部分固定到机箱底板上。然后小心地将主板按固定孔的位置放在机箱底板上，在基座上仔细地放上绝缘垫片，最后拧上固定螺丝的上面部分。在安装主板时，要特别注意不要将主板和机箱的底部接触，以免造成短路。

2. CPU

CPU(Central Processing Unit，中央处理器或中央处理单元)，也称为 MPU(Micro Processing Unit，微处理器)，是一块进行算术运算和逻辑运算，对指令进行分析并产生各种操作和控制信号的芯片。世界上生产 PC 中 CPU 的厂商主要有 Intel、AMD、VIA、TRANSMETA、IDT、IBM 等。

CPU 的品种很多，主要有不同主频的 CPU，有不同接口(针脚)的 CPU，有不同用途的 CPU，有不同核心和 Cache 容量的 CPU，有不同前端总线频率的 CPU，有不同厂商生产的 CPU。

目前市场上流行的主要是 Intel 公司的 CPU，绝大部分是酷睿 i7、酷睿 i5、酷睿 i3、酷睿四核、酷睿双核、奔腾双核、赛扬双核。AMD 系列的 CPU 主要有羿龙Ⅱ六核、羿龙Ⅱ四核、羿龙Ⅱ双核、速龙Ⅱ四核、速龙Ⅱ三核、速龙Ⅱ双核。

CPU 必须安装在主板的 CPU 插座上，其上面还带有散热器(风扇)，如图 5-9 所示。

(a)　　　　　　　　　　(b)

图 5-9　Intel 酷睿 i5 CPU 的外观和风扇

CPU 的安装方法如下：

(1) 先将主板 CPU 插座旁的 ZIP 拉杆向外拉(针脚式的 CPU)，因为有一块凸起将拉杆卡在水平位置。然后，将拉杆上拉至垂直位置。

(2) 拉起拉杆后，按照插座的定位脚与 CPU 的定位脚相对应的方法将 CPU 放入插座内。CPU 的定位脚的位置非常明显，就是 CPU 的缺角(斜边)的位置或者有一个小白点。插入时稍用力压一下以保证 CPU 的引脚完全到位，然后将拉杆压下卡入凸起部分。

(3) 在 CPU 表面涂一层硅胶，再装上 CPU 的小风扇并接上小风扇的电源。

至此，CPU 就安装好了。

3. 内存条

内存条(如图 5-10 所示)用来暂存计算机所需的程序和数据，它与 CPU 之间频繁地交换数据。内存条主要有 DIMM 接口，DIMM 接口有 184 线和 240 线触点。目前常用的内存条是 DDR、DDR2 和 DDR3，DDR2 和 DDR3 内存条属于 DIMM 接口类型，有 240 个触点，使用 1.8 V 的电压，单个时钟周期内上升沿和下降沿都传输数据。DDR3 内存条拥有两倍于上一代 DDR2 内存条的预读取能力。目前，已有的标准 DDR2 内存分为 DDR2 400、DDR2 800 和 DDR2 1066 几种，工作频率(数据传输频率 FSB)分别为 400 MHz、800 MHz 和 1066 MHz。DDR3 内存分为 DDR3 1066、DDR3 1333、DDR3 1600、DDR3 1800 和 DDR3 2000 几种，工作频率(数据传输频率 FSB)分别为 1066 MHz、1333 MHz、1600 MHz、1800 MHz 和 2000 MHz。

图 5-10　DDR3 内存条

内存条的安装较简单，将内存条垂直放入内存插槽，稍微用力压下，两侧卡条自动扣上内存条两边的凹处，如果未压紧，可以用手指压紧。

4. 机箱与电源

1) 机箱

机箱是一台微机的外观，也是一台微机的主架。大多数配件都安装在机箱中，如主板、CPU、各种 I/O 卡及硬盘、光驱、电源等。

主机箱的正面可以看到光盘驱动器，用于插入光盘。主机箱的正面含有若干开关和指示灯，用于开机和显示其运行状态。

- 电源开关：用于接通或关闭电源。
- 硬盘指示灯：灯亮后表示硬盘正在进行读/写操作。
- 电源指示灯：灯亮后表示电源接通。
- Reset 开关：用于重新启动多媒体微型计算机，相当于关机后重新开机。

此外，机箱正面还有光盘驱动器指示灯和按钮。

主机箱的背面有许多接口，用于连接外部设备。

2) 电源

微机电源(如图 5-11 所示)也称为电源供应器
(Power Supply)，安装在机箱内部。它实际上就是将市
电 220 V 交流电转换成计算机主板及其他各部件所需
的直流电，为计算机提供±5 V、±12 V 以及 3.3 V 五种
不同的输出电压，主要为主板、CPU、键盘、鼠标、
显卡、硬盘、光驱等部件供电。

将 ATX 电源盒放入机箱的固定架上，在机箱背面
能看到电源盒的插口，拧上螺丝。将主板电源插头插
入主板上的接口中，注意将插头上的弹性塑料片和插
座的突起相对。其余插头中有多个较大的四针 D 型插

图 5-11　电源

头为硬盘和光驱电源插头，另外还有 CPU 风扇电源插头和 SATA 硬盘电源插头。

四针电源插头的一面为直角，另一面有倒角。观察硬盘等部件的后部，会找到一个四
针的插座，它与四针插头相对应，内框的一边为直角，另一边有倒角。由于插头、插针在
设计制造时考虑了方位的衔接(倒角)，一般不会插反。在连接时，将四针插头与硬盘、光驱
电源插座连接。

5.2.2　存储设备

1. 硬盘

硬盘存储器简称硬盘，是微机中广泛使用的外部存储设备，目前的硬盘信号线有 IDE
接口和 SATA 接口。整个硬盘固定在机箱内，绝大部分的常用数据都存储在硬盘上。硬盘的
外观如图 5-12 所示。一般硬盘的容量从 320 GB 到 2000 GB 不等。新购的硬盘必须进行分
区来创建逻辑盘，然后对各个逻辑盘进行高级格式化后方可使用。

图 5-12　硬盘的外观

硬盘的安装方法如下：

(1) 安装硬盘前请选择好硬盘的安装位置。为了方便，大多数卧式机箱竖直安装，立式

机箱水平安装，在安装硬盘时一定要轻拿轻放。

(2) 轻轻将硬盘放入固定槽，并用螺丝固定好。

(3) 固定好硬盘驱动器后，用 80 芯扁平电缆线连接硬盘，一端插入硬盘后部的插座，请注意方向。扁平电缆线的红线端应与硬盘插座的 1 号脚相对应。主板上通常有硬盘的接口插座，请认准 IDE1 标志，有的主板上标志为 Primary IDE。将扁平电缆线的另一端插入主板上的 IDE1 插座，电缆线的红线端应与插座的 1 号脚相对应。

(4) 硬盘电源使用较大的 D 型四针插头，将电源插头插入硬盘后部的电源插座。通常，电源线的红线端应靠近里面，与扁平电缆线的红线端相对应，若插反了则通常插不进去。

SATA 接口的硬盘连接比较简单，只要将 SATA 数据线和电源线插头与 SATA 接口的硬盘对应插座连接即可。

2. 光盘驱动器

光盘驱动器简称光驱，是读/写光盘片的设备，包括 CD 驱动器、DVD 驱动器，目前主要是 DVD-RW 驱动器。DVD-RW 驱动器能够兼容 CD 驱动器，并有对光盘读、写、擦的功能。

光盘驱动器的背板主要提供与主机的 E-IDE 接口、电源及声卡相连接的插座，以及设置光驱模式的跳线等。图 5-13 所示为 DVD-RW 光驱的背板。

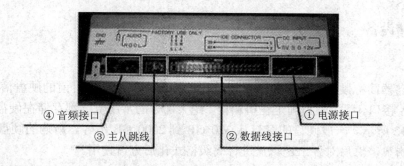

④ 音频接口　　　　　　　　　　　　　　① 电源接口

③ 主从跳线　　　　② 数据线接口

图 5-13　DVD-RW 光驱的背板

(1) 电源接口：与主机电源提供的一组四芯电源插头相接，为光驱提供所需的+5 V 和+12 V 直流电源。插接时注意电源线的红线对着光驱电源插座的"+5 V"标记。

(2) 数据线接口：与主机的 E-IDE 接口相接，一般采用 40 孔 40 线的数据电缆，一端插接在主板的 E-IDE 接口上，另一端插入光驱的数据线接口，用来与主机传输信号和数据。插接时注意数据电缆的红线对着光驱插座的"1"标记。

(3) 主从跳线：用来设置光驱为主盘、从盘、CSEL 盘三种模式之一。如果一根信号线连接两台 IDE 设备时要跳线，将一台 IDE 设备设置为主盘，另一台 IDE 设备设置为从盘。

(4) 音频接口：可与声卡的音频输入插座相接，连接时要注意其音频线的排列顺序。各种品牌声卡的音频线排列顺序不一定完全一致，如发现 DVD 驱动器与声卡插座的音频线的顺序不一致，则需调换其音频线的顺序，否则可能造成无声或单声道。

光驱的安装与硬盘安装类似。首先，取下机箱前面的挡板，放入光驱，调整光驱的位置，拧上固定螺丝。然后将 40 芯扁平电缆线的一端插入光驱后面的插座，注意扁平电缆线的红线端与插座的 1 号脚相对应。将另外一端接在主板的 IDE2 插座上，同样要注意电缆线的红线端与插座上的 1 号脚对应。最后，安装光驱的电源。将电源线的插头插入光驱后部的光驱电源插座。通常，电源线的红线端应靠近里面，与扁平电缆线的红线端相对应。

5.2.3　多媒体设备

1. 显示卡

显示卡(如图 5-14 所示)是主机与显示器通信的控制电路和接口，负责将主机发出的待显示的信息送给显示器。显示卡有集成在主板上的显示卡和独立显示卡两种。对于独立显示卡，用户可根据需要选择档次较高的显示卡。目前独立显示卡与主板的连接采用 PCI-E × 16 接口。

图 5-14　显示卡的外观

2. 显示器

显示器又称监视器(Monitor)，是微机系统中不可缺少的输出设备。显示器主要用来将电信号转换成可视的信息。通过显示器的屏幕，可以看到计算机内部存储的各种文字、图形、图像等信息。显示器主要有阴极射线管显示器(CRT 显示器)和液晶显示器(LCD 显示器)，目前常用的是 LCD 显示器，有 17 英寸至 30 英寸多种。

3. 声卡

声卡主要用于娱乐、学习、编辑声音等。有了声卡，微机就能够说话。利用微机听、看 CD 和 DVD 或是玩游戏都少不了声卡，它能发出各种美妙的音乐和逼真的模拟声。

声卡有集成在主板上的声卡和独立声卡两种，目前主要用的是集成在主板上的声卡，它能满足用户的需要，声卡的主要端口有如下几种：

(1) 线性输入端口，标记为“Line In”。Line In 端口将品质较好的声音、音乐信号输入，再通过计算机的控制将该信号录制成一个文件。通常该端口用于外接辅助音源，如影碟机、收音机、录像机及 VCD 回放卡的音频输出。

(2) 线性输出端口，标记为“Line Out”。它用于外接音响功放或带功放的音箱。

(3) 话筒输入端口，标记为“Mic In”。它用于连接麦克风(话筒)，可以将自己的歌声录下来，实现基本的“卡拉 OK 功能”。

(4) 扬声器输出端口，标记为“Speaker 或 SPK”。它用于连接外接音箱的音频线插头。

(5) MIDI 及游戏摇杆接口，标记为"MIDI"。该接口可以配接游戏摇杆、模拟方向盘，也可以连接电子乐器上的 MIDI 接口，实现 MIDI 音乐信号的直接传输。

4. 音箱

多媒体计算机自然少不了音箱，否则只有声卡而没有音箱，声音就无从发出。多媒体计算机应配备一对有源音箱或一台功放加一对无源音箱。目前微机所配的音箱大多是有源音箱。

音箱按声道数量分，有 2.0 式(双声道立体声)、2.1 式(双声道加一超重低音声道)、4.1 式(四声道加一超重低音声道)、5.1 式(五声道加一超重低音声道)等音箱。常用的是 2.1 式音箱。

连接音箱时，先将音频线单头插在声卡的"Speaker"孔上，然后将音频线的红、白莲花插头插在音箱的音频输入孔上，左、右声道插孔各插一个插头，通常红色插头接右声道插孔，白色插头插左声道插孔。最后把两个音箱连接起来，音箱的连接线接口是一对黑、红两色接线夹，黑色线接黑色接线夹，红色线接红色接线夹。另外，还要接上音箱的电源线插头，也别忘了接光驱的音频线，否则不能听到 CD 的声音。

5.2.4　键盘与鼠标

1. 键盘

键盘是最常用也是最主要的输入设备，通过键盘，可以将英文字母、汉字、数字、标点符号等输入到计算机中，从而向计算机发出命令、输入数据等。标准的键盘是 104/105 键的键盘。键盘通过主板上的 PS/2 接口或 USB 接口与主机连接。

2. 鼠标

鼠标有机械式和光电式两种。机械式鼠标的中心是一个控制球，控制球通过两个滚轴和扫描电路把鼠标所经过的距离传送给计算脉冲量的控制电路，然后把信息传送给计算机，与其驱动程序相结合，把鼠标的动作转换成应用程序所执行的动作。光电式鼠标利用光的反射来确定鼠标的移动，鼠标内部有红外光发射和接收装置。光电式鼠标的定位精度要比机械式鼠标高出许多。鼠标也通过主板上的 PS/2 接口或 USB 接口与主机连接。

3. 手写系统

手写系统中，手写板和手写笔必不可少，能代替键盘输入汉字。采用 USB 接口进行的手写板安装十分简单，按照说明书插上手写板，装上驱动程序，按部就班地安装即可。电磁式感应手写板是现在市场上的主流产品，该产品有良好的性能，使用者可以用它进行流畅的书写，手感也很好，对绘图很有用。

5.3　微机设置与硬盘分区

5.3.1　CMOS 设置

CMOS 是计算机主板上的一块可读/写的 RAM 芯片，用来保存当前系统的硬件配置和用户对某些参数的设定。CMOS 由主板的电池供电，即使关机，信息也不会丢失。对 CMOS 中各项参数的设定要通过专门的程序 BIOS 进行。在开机时按下特定组合键(快捷键)可以进入 CMOS 设置，其快捷键如表 5-1 所示。

表 5-1　进入 BIOS 设置程序的快捷键

BIOS 型号	进入 BIOS 设置程序的按键	有无屏幕提示
AMI	\<Del>键或\<Esc>键	有
AWARD	\<Del>键或\<Ctrl>＋\<Alt>＋\<Esc>组合键	有

常见的 AWARD BIOS 设置的主界面如图 5-15 所示。

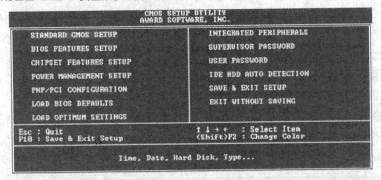

图 5-15　AWARD BIOS 设置的主界面

1. AWARD BIOS 设置的主界面

AWARD BIOS 设置主界面提供了十类功能设置和两种退出方式，分别为：

- STANDARD CMOS SETUP(标准 CMOS 设置)；
- BIOS FEATURES SETUP(BIOS 特性设置)；
- CHIPSET FEATURES SETUP(芯片组特性设置)；
- POWER MANAGEMENT SETUP(电源管理设置)；
- PNP/PCI CONFIGURATION(即插即用和 PCI 设置)；
- LOAD BIOS DEFAULTS(装载 BIOS 默认值)；
- LOAD PERFORMANCE DEFAULTS(装载最佳默认值)；
- INTEGRATED PERIPHERALS(外部设备设定)；
- SUPERVISOR PASSWORD(管理口令设置)；
- USER PASSWORD(用户口令设置)；
- IDE HDD AUTO DETECTION(IDE 硬盘自动检测)；
- SAVE & EXIT SETUP(保存设置值后退出设置程序)；
- EXIT WITHOUT SAVING(不保存设置值而退出设置程序)。

2. AWARD BIOS 设置和修改

设置和修改 AWARD BIOS 各参数的方法是：用↑、↓、→、←方向键将光标移动至所要设置或修改的项上，再用 Page Up、Page Down、＋、－键或直接输入数字进行修改。有的系统的 BIOS 设置是先按回车键，然后用↑、↓方向键选择参数内容，最后按回车键。参数设置完成后按 Esc 键返回主界面，完成 BIOS 设置后应保存设置并退出。

在主界面中，请按照如下提示进行操作：

Esc：Quit(退出)　　　　　　　　　　↑ ↓ → ←：Select Item(选择项目)

F10：Save &Exit Setup(存盘退出)　　　(Shift)F2：Change Color(改变颜色)

3. 最基本的 BIOS 设置

1) 设置出厂设定值

在 AWARD BIOS 设置的主界面中，选择"LOAD PERFORMANCE DEFAULTS"项(有的 BIOS 设置主界面中是"LOAD SETUP DEFAULTS"，即"调入出厂设定值"，又称最佳预设值，是在一般情况下的优化设置。用上、下箭头将光标移到这一项，然后按回车键，这时屏幕提示"是否默认值"。输入"Y"，则全部参数设置都为最佳预设默认值了。

如果在这种设置下，微机有异常现象，还可以用另外一项"LOAD BIOS DEFAULTS"来恢复 BIOS 默认值，又称安全预设值。这种设置下一般不会出现设置问题，但有可能使微机性能得不到最充分的发挥。

2) 设置日期、时间、硬盘参数、软驱类型、显示卡类型

在 AWARD BIOS 设置的主界面中选择"STANDARD CMOS SETUP"项，即标准 CMOS 设置，用上、下箭头将光标移到这一项，然后按回车键，屏幕上出现标准 CMOS 参数设置界面，如图 5-16 所示。

```
                    STANDARD CMOS SETUP
                    AWARD SOFTWARE, INC.

   Date <mm:dd:yy> : Mon  Apr 15 2002
   Time <hh:mm:ss> : 10 : 58 : 28

   HARD DISKS        TYPE  SIZE  CYLS HEAD PERCOMP LANDZ SECTOR  MODE

   Primary Master  : User  6449M  784  255       0 13175    63  LBA
   Primary Slave   : None     0M    0    0       0     0     0  -------
   Secondary Master: None     0M    0    0       0     0     0  -------
   Secondary Slave : None     0M    0    0       0     0     0  -------

   Drive A : 1.44M, 3.5 in.
   Drive B : None                        ┌────────────────────────────┐
   Floppy 3 Mode Support : Disabled      │  Base Memory:        640K  │
                                         │  Extended Memory:  64512K  │
   Video : EGA/VGA                       │  Other Memory:       384K  │
   Halt On : No Errors                   ├────────────────────────────┤
                                         │  Total Memory:     65536K  │
                                         └────────────────────────────┘
   ESC : Quit            ↑ ↓ → ← : Select Item     PU/PD/+/- : Modify
   F1  : Help          <Shift>F2 : Change Color
```

图 5-16　标准 CMOS 设置界面

标准 CMOS 参数设置主要有：

(1) 日期设置。"Date"(日期)设置中只有 3 个选项是可设置的，分别为月、日、年，最前面的星期会随着后面的设置自动改变。可用 Page Up、Page Down 或＋、－键进行设置，也可以直接输入数字。

(2) 时间设置。"Time"(时间)的设置项分别为时、分、秒，与设置日期的方式一样，可用 Page Up、Page Down 或＋、－键进行设置，也可以直接输入数字。

(3) 硬盘驱动器参数设置。"Primary Master"和"Primary Slave"分别表示 IDE1 接口上的主盘和从盘，"Secondary Master"和"Secondary Slave"分别表示 IDE2 接口上的主盘和从盘。

一般情况下，可将各硬盘的模式设置为"AUTO"，或通过自动检测连接硬盘，自动将检测到的硬盘参数写到此处，不需详细设置。

(4) 软盘驱动器设置。"Drive A"和"Drive B"选项分别用于设置所安装的软盘驱动 A

和 B 的类型。目前的微机一般不需要软盘驱动器，因此这项可以不设置。

(5) 显示卡类型设置。"Video"项用来设置显示卡的类型，一般主板的显示卡类型都默认为彩色显示卡，即"VGA/EGA"。

(6) 系统暂停设置。此设置项是针对 BIOS 内部的 POST(Power On Self Test，开机自我测试)自检而设定的。当自检过程中发现错误时，会根据此设置值决定下一步如何执行。建议将这项设置成"All Error"，也就是检测到任何错误时，系统会暂停并显示错误信息。

参数设置完成后，按 Esc 键返回主界面。

3) IDE 硬盘自动检测

在 AWARD BIOS 设置的主界面中选择"IDE HDD AUTO DETECTION"项，即 IDE 硬盘自动检测。用上、下箭头将光标移到这一项，然后按回车键，出现选择硬盘模式屏幕，有 NORMAL、LARGE 和 LBA 三种模式。现在的硬盘都大于 528 MB，因此只能选择 LBA 模式。实际操作时，在"Select Primary Master Option(N-Skip)："后输入"Y"，即选 LBA 模式，按回车键即可。

此时，主硬盘参数设置好了。微机自动将检测到的硬盘参数写到标准 CMOS 设置的硬盘驱动器参数中，如图 5-17 所示。如果只有一个硬盘，就按 Esc 键，取消检测，返回主界面。可在 BIOS 主界面中选择"STANDARD CMOS SETUP"项，即标准 CMOS 设置，查看写入的硬盘参数。如果有多个硬盘，可同样继续操作。检测完毕，微机自动将检测到的硬盘参数写到标准 CMOS 设置中的硬盘驱动器参数中。最后按 Esc 键，返回主界面。

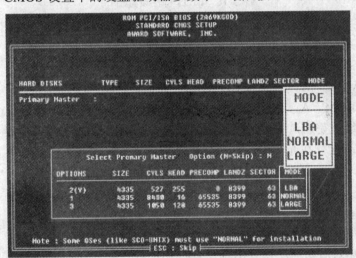

图 5-17 IDE 硬盘自动检测窗口

有的较新版本的 BIOS 主界面中无"IDE HDD AUTO DETECTION"项，此时只要在 BIOS 主界面的"INTERGRATED PERIPHERALS"(外部设备设定)项中，将"IDE Prefetch Mode"或"IDE HDD Block Mode"(IDE 探测模式)设置为"Enable"(开启)，并将各硬盘的 PIO 和 UDMA 参数设置为"AUTO"即可，系统会自动检测。

4) 设置启动顺序

正确设置硬盘、显示卡等参数后，微机就可以正常工作了。但通常我们还需考虑微机启动顺序问题，尤其是刚组装完的微机，常常需要用光驱来启动微机，以便对硬盘进行分区、格式化和安装系统软件等操作。另外，如果某一天硬盘启动失败，也需用光盘启动，进行维护。因此，设置启动顺序是非常重要的。

在 AWARD BIOS 设置的主界面中，选择"BIOS FEATURES SETUP"项，即 BIOS 特性设置(有的 BIOS 中是"ADVANCED BIOS FEATURES"，又称高级 BIOS 设置)，用上、下箭头将光标移到这一项，然后按回车键，出现高级 BIOS 设置的菜单，从中找到"Boot Sequence 项，如图 5-18 所示。

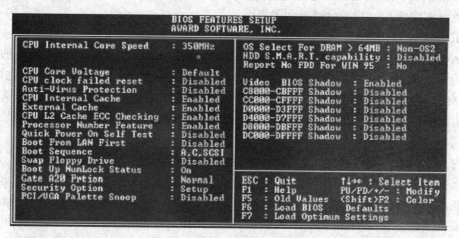

图 5-18　BIOS 特性设置窗口

通常按 Page Up、Page Down 或十、一键选择参数。一般有以下四种启动顺序：

(1) A，C：系统按软驱、硬盘顺序查找系统盘。

(2) C，A：系统按硬盘、软驱顺序查找系统盘。

(3) CD-ROM，C，A：系统按 CD-ROM、硬盘、软驱顺序查找系统盘。

(4) C，CD-ROM，A：系统按硬盘、CD-ROM、软驱顺序查找系统盘。

如果微机刚组装完成，安装的硬盘上还没有安装操作系统，从 C 盘是无法启动计算机的。即使插了系统光盘在光驱中，如果微机不去读光盘，也没有用，此时需将光盘作为第一启动顺序启动系统。有时硬盘需要杀毒，也应从光盘启动。当操作系统安装完后，就可改从 C 盘启动，这样可以加快启动速度。用光盘启动计算机系统时，光盘需有启动功能，才能从光盘启动。

参数设置完成后，按 Esc 键返回主界面。

在有的系统中，启动顺序设置出现在 BIOS 设置程序的高级 BIOS 设置中，启动顺序选项分别为 First Boot device、Second Boot device、Third Boot device、Other Boot device 几种(即第一设备、第二设备、第三设备、其他启动设备)，可分别选择设置。

5) 设置密码

在 BIOS 设置的主界面中，一般有两个设置密码的地方，一个是"SUPERVISOR PASSWORD"，即超级用户密码(系统管理员密码)，另一个是"USER PASSWORD"，即一般用户密码。选择一种加密方法后按回车键，可设置相应密码。

一般用户密码用于设置开机密码，开机时出现密码输入提示，输入正确密码即可进入工作状态，否则无法进入。系统管理员密码用于防止他人擅自进入 BIOS 设置，输入、修改

BIOS 参数。当按 Del 键进入 BIOS 设置时，出现密码输入提示，输入正确密码即可进入 BIOS 设置，否则无法进入。使用开机密码时，系统管理员密码也可进入工作状态，它具有双重权限。

设置系统管理员密码和一般用户密码须输入两遍密码。具体操作为：将光标移到所需的密码设置选项处，按回车键，首先出现第一个密码输入框，输入密码，然后按回车键，参见图 5-19(a)。接着，系统出现重新输入密码的确认输入框，再输一遍密码后按回车键即可，参见图 5-19(b)。如果想取消已经设置的密码，可在提示输入密码时直接按回车键。

Enter Password: ********	Confirm Password: ********
(a) 输入密码	(b) 确认密码

图 5-19　设置密码

使用密码时，还需对 BIOS 设置主界面菜单的 "BIOS FEATURES SETUP" 项(即 BIOS 特性设置或高级 BIOS 设置)中的 "Security Option" 选项进行设置。如设置为 "System"，则开机时提示用户输入密码；如设置为 "Setup"，则仅进入 BIOS 设置时提示用户输入密码。

BIOS 设置中，除了以上最基本的设置外，通常还有一些参数的设置会影响计算机的运行，要根据运行的具体情况设置其他参数。

6) 保存并退出 BIOS 设置

完成所需的设置后，要将所设置的信息进行保存。在 BIOS 设置的主界面中选择 "SAVE & EXIT SETUP" 项，即保存并退出。如不想将所设置的信息保存，则选择 "EXIT WITHOUT SAVE" 项，即不保存并退出。

如选择保存并退出，将出现确认项："SAVE TO CMOS and EXIT(Y/N)N"，按 Y 键，然后按回车键即可。

5.3.2　硬盘分区

硬盘和软盘都是外部存储器，但新软盘只要做一次格式化就可以使用了(有的出厂时已做过格式化)，而新购置的硬盘一般要经过分区和高级格式化后才能存储信息。

1. 什么情况下进行分区

在以下几种情况下应对硬盘进行分区：

(1) 新买的硬盘必须先分区，然后进行高级格式化。

(2) 更换操作系统软件或在硬盘中增加新的操作系统。

(3) 改变现行的分区方式，根据自己的需要和习惯改变分区的数量或每个分区的容量。如将 Windows 7 和 Office 2010 同放在启动硬盘上，两者均需较大容量的硬盘空间，原空间不足时就需重新分区。

(4) 因某种原因(如病毒)或误操作使硬盘分区信息被破坏时需重新分区。

(5) 现在的硬盘容量都比较大，若作为一个硬盘来使用，会造成硬盘空间的浪费，而且所有的数据都在一个盘中，给文件的管理也带来了较大的麻烦。因此，需将一个大的硬盘分成几个逻辑硬盘。

硬盘分区后，DOS 将给 DOS 分区和扩展分区分配一个独立的盘符，如 DOS 分区为 C

盘，对扩展 DOS 分区再划分逻辑盘，逻辑盘从 D 盘开始编制盘符，如 D、E、F、G…

2. 硬盘分区

对硬盘分区后将丢失盘上原有的数据，必要时应先进行备份，然后进行分区。

可对硬盘进行分区的工具软件有 DM(Disk Manager)、ADM、PQMagic 和 FDISK 等，其中使用最方便的是 FDISK。用 DM 分区速度快，对大容量硬盘提供强有力的支持，具有很好的硬盘适应性以及其他高级综合能力，堪称最强大、最通用的硬盘分区工具。下面通过图文的形式介绍用 Windows XP 安装盘分区格式化硬盘的使用方法。

刚刚买回的新硬盘，要经过分区、格式化后才可以使用。用 Windows XP 安装光盘所带的分区格式化工具来对硬盘进行分区，其功能要比 FDISK 强大许多，同时是交互式的图形界面。Windows XP 安装光盘所带的分区工作操作简单，安装光盘中的格式化命令仍然可以用 Format 命令，但其功能强大，可以通过加参数来直接把硬盘格式化为 FAT32/NTFS 格式。

1) 对硬盘进行分区

(1) 开机后按 Del 键进入 BIOS 设置，设置第一启动顺序为 DVD-ROM，然后插入 Windows XP 安装光盘，按照提示，即进入了 Windows XP 安装界面，如图 5-20 所示。

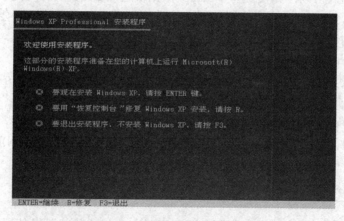

图 5-20　Windows XP 安装界面

(2) 按下回车键，如果该硬盘以前没有分过区，就会出现图 5-21 所示的磁盘分区界面。

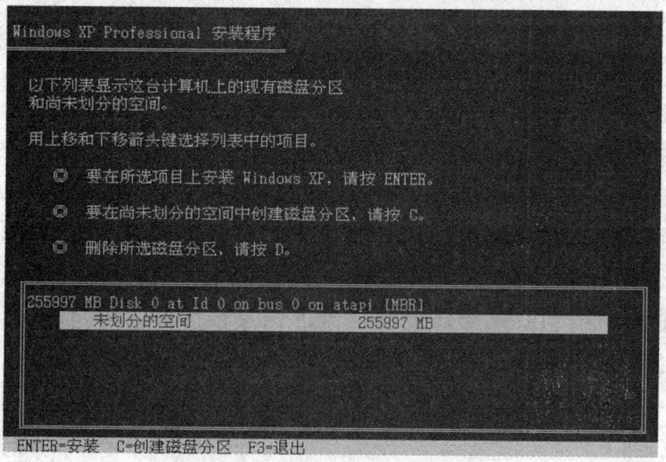

图 5-21　磁盘分区界面

(3) 按下键盘上的"C"键，出现图 5-22 所示的创建新磁盘分区界面。

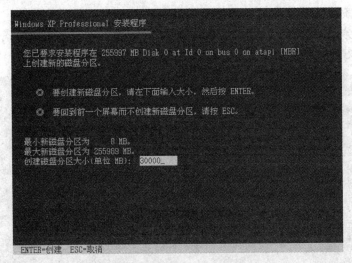

图 5-22　创建新磁盘分区界面

(4) 在创建磁盘分区大小中先删除原有数字，然后填入分区大小(如 30000)，再按回车键，C 盘就建立了。接着我们再根据提示为硬盘建立其他的分区，不过最后需留下 10 M 的空间不作划分。

(5) 分区完成后，按 Esc 键退出。

2) 删除原有的分区

如果对原来的分区不是很满意，可以删除原来的分区。在如图 5-23 所示的删除原有分区界面中，移动光标到想要删除的分区上，按下 D 键，再按 L 键，分区就删除了。

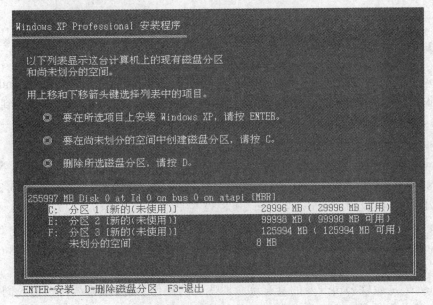

图 5-23　删除原有分区界面

3) 对分区进行格式化

一个已分区的硬盘是无法存储文件的，必须事先在其上设置目录区、文件分配表区等，这种处理叫高级格式化，也就是在一张磁盘上写上系统规定的信息和格式，这样在磁盘上存放数据时，系统将首先读取这些规定的信息并进行校对，然后才将用户的数据存放到指定的地方。硬盘分区后的所有逻辑盘都要进行高级格式化，磁盘高级格式化有两种格式，即 FAT32 和 NTFS，可根据需要选择，如图 5-24 所示。

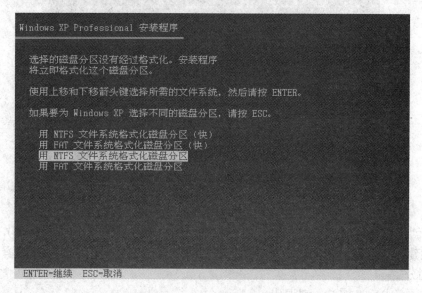

图 5-24　磁盘高级格式化界面

5.4　Windows 与办公软件

5.4.1　Windows 操作系统

　　Windows 即窗口的意思。随着电脑硬件和软件系统的不断升级，微软的 Windows 操作系统也在不断升级，从 16 位、32 位到 64 位操作系统。从最初的 Windows 1.0 到大家熟知的 Windows 95/NT/97/98/2000/Me/XP/Server/Vista/7 各种版本的持续更新，微软一直在致力于 Windows 操作系统的开发和完善。

　　Windows 32 位操作系统包括 Windows NT 3.1、Windows NT 3.5、Windows NT 3.51、Windows NT 4.0、Windows 2000、Windows XP 32 位版、Windows Server 2003 32 位版、Windows Vista 32 位版、Windows Server 2008 32 位版和 Windows 7 32 位版。

　　Windows 64 位操作系统包括 Windows XP 64 位版、Windows Server 2003 64 位版、Windows Server 2003 R2 64 位版、Windows Vista 64 位版、Windows Server 2008 64 位版、Windows 7 64 位版和 Windows Server 2008 R2。

　　Windows 7 是微软公司开发的具有革命性变化的操作系统。该系统旨在使人们日常的电脑操作更加简单和快捷，为人们提供高效易行的工作环境。Windows 7 的桌面和开始菜单如图 5-25 所示。

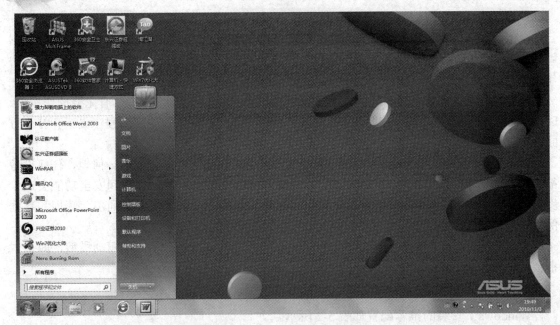

图 5-25　Windows 7 的桌面和开始菜单

1. Windows 7 的主要版本

(1) Windows 7 简易版——简单易用。Windows 7 简易版保留了 Windows 为大家所熟知的特点和兼容性，并吸收了在可靠性和响应速度方面的最新技术。

(2) Windows 7 家庭普通版——使您的日常操作变得更快、更简单。使用 Windows 7 家庭普通版，可以更快、更方便地访问最频繁使用的程序和文档。

(3) Windows 7 家庭高级版——可在电脑上享有最佳的娱乐体验。使用 Windows 7 家庭高级版，可以轻松地欣赏和共享喜爱的电视节目照片、视频和音乐。

(4) Windows 7 专业版——提供办公和家用所需的一切功能。Windows 7 专业版具备需要的各种商务功能，并拥有家庭高级版卓越的媒体和娱乐功能。

(5) Windows 7 旗舰版——集各版本功能之大全。Windows 7 旗舰版具备 Windows 7 家庭高级版的所有娱乐功能和专业版的所有商务功能，同时增加了安全功能以及在多语言环境下工作的灵活性。

2. Windows 7 系统的特色

Windows 7 的设计主要围绕五个重点：针对笔记本电脑的特有设计；基于应用服务的设计；用户的个性化；视听娱乐的优化；用户易用性的新引擎。

(1) 更易用。Windows 7 有许多方便用户的设计，如快速最大化、窗口半屏显示、跳转列表(Jump List)、系统故障快速修复等，这些新功能使 Windows 7 成为最易用的 Windows。

(2) 更快速。Windows 7 大幅缩减了 Windows 的启动时间。据实测，在 2008 年的中低端配置下运行，系统加载时间一般不超过 20 秒，这与 Windows Vista 的 40 余秒相比，是一个很大的进步。

(3) 更简单。Windows 7 将会使信息的搜索和使用更加简单，包括本地、网络和互联网搜索功能，直观的用户体验将更加高级。

(4) 更安全。Windows 7 包括改进了的安全和功能合法性，还会把数据保护和管理扩展到外围设备。Windows 7 改进了基于角色的计算方案和用户账户管理，在数据保护和坚固协作的固有冲突之间搭建沟通桥梁，同时也会开启企业级的数据保护和权限许可。

(5) 节约成本。Windows 7 可以帮助企业优化它们的桌面基础设施，具有无缝操作系统、应用程序和数据移植功能，并简化 PC 供应和升级，进一步朝完整的应用程序更新和补丁方面努力。

(6) 更好的连接。Windows 7 进一步增强了移动工作能力，无论何时、何地、任何设备都能访问数据和应用程序，开启坚固的特别协作体验，无线连接、管理和安全功能会进一步扩展。性能和当前功能以及新兴移动硬件得到了优化，拓展了多设备同步、管理和数据保护功能。

(7) 兼容性更好。微软已经宣称 Windows 7 将使用与 Vista 相同的驱动模型，即基本不会出现类似 Windows XP 至 Vista 的兼容问题。

3. Windows 7 安装的推荐配置

Windows 7 安装的推荐配置如表 5-2 所示。

表 5-2　Windows 7 安装的推荐配置

设备名称	基本要求	备　注
CPU	2.0 GHz 及以上	Windows 7 包括 32 位及 64 位两种版本，如果希望安装 64 位版本，则需要 64 位运算的 CPU 的支持
内存	1G DDR 及以上	最好还是 2 G DDR2 以上，最好用 4 GB，32 位操作系统只能识别大约 3.25 GB 的内存，但是通过破解补丁可以使 32 位系统识别并利用 4 G 内存
硬盘	40 GB 以上可用空间	因为软件等数据可能还要用几 GB
显卡	显卡支持 DirectX 9 WDDM 1.1 或更高版本(显存大于 128 MB)	显卡支持 DirectX 9 就可以开启 Windows Aero 特效
其他设备	DVD-R/RW 驱动器或者 U 盘等其他存储介质	安装即用
	互联网连接/电话	需要在线激活，如果不激活，最多只能使用 30 天

4. Windows 鼠标的基本操作

使用鼠标可以非常方便地操作 Windows 系统的各个窗口及窗口中的各个对象。其中大部分操作也可以使用键盘来实现，但使用鼠标操作要方便得多。鼠标在屏幕上控制的是一个指针，当鼠标在桌面上移动时，指针随着鼠标的移动而移动。

Windows 操作系统自动识别鼠标，默认设置下，它在屏幕上处于标准选择状态。最基本的鼠标操作有以下 5 种。

(1) 指向：移动鼠标，将指针移到一个对象上。

(2) 单击：指向屏幕上的一个对象，然后快速按下鼠标的左键并释放。通过单击，可以选择屏幕上的一个对象。

(3) 右击：指向屏幕上的一个对象，然后快速按下鼠标的右键并释放。通过右击，屏幕上将弹出一个快捷菜单。

(4) 双击：指向屏幕上的一个对象，然后快速地按下鼠标左键两次。双击操作可以在屏幕上打开一个对话框或运行一个文件等。

(5) 拖动：指向屏幕上的一个对象，然后在按住鼠标左键的同时移动鼠标。拖动操作可以选择、移动和复制文件或对象等。

5. Windows 资源管理器的操作

Windows 资源管理器窗口如图 5-26 所示。

图 5-26　资源管理器窗口

1) 文件夹区的操作

(1) 文件夹的展开和折叠。在文件夹框处单击文件夹图标，左边的文件夹(其下有子文件夹)可展开下层的子文件夹。单击文件夹图标，左边的文件夹(其下层的子文件夹已展开)可折叠下层的子文件夹。

(2) 文件夹的打开。单击文件夹名或文件夹图标，使之成为打开的文件夹，此时在资源管理器窗口的右半区，将显示该文件夹下所有的子文件夹和文件。

2) 文件区对象的选择操作

资源管理器的右半部分称为文件区。文件区的对象指的是文件和文件夹，对象的选择操作就是对文件和文件夹的选择操作。

(1) 单个对象的选择。单击文件名或子文件夹，则已被选择的对象显示为蓝底白字。

(2) 多个连续对象的选择。单击要选择的第一个对象，然后按住 Shift 键的同时单击要选择的最后一个对象，则两者之间的对象都被选中了。

(3) 多个不连续对象的选择。先选择一个对象，再按住 Ctrl 键，依次单击其余要选择的对象。

　　(4) 全部对象的选择。选择文件夹，然后选择"编辑"菜单中的"全部选定"项(或按组合键 Ctrl + A)，此时该文件夹下的所有对象就全部被选中了。

　　(5) 反向选择。先选择不想选择的对象，然后选择"编辑"菜单中的"反向选择"项。

　　(6) 放弃选择。单击空白处。

　　3) 文件和文件夹的操作

　　文件和文件夹的操作各有 6 项：建立、重命名、移动、复制、删除和属性更改。

　　(1) 文件的建立：先选择需建文件处，再选择"文件"菜单中的"新建"项，然后选择新文件的类型，并输入文件名，最后按回车键。(新文件内容的输入：双击新文件名→输入内容→退出时选择保存。)

　　(2) 文件夹的建立：先选择需建文件夹处，再选择"文件"菜单中的"新建"项，然后选择文件夹，并输入文件夹名，最后按回车键。

　　(3) 文件或文件夹的移动：单击并按住需移动的文件或文件夹，将其拖拽至目标文件夹或新建文件夹中松开鼠标即可。

　　(4) 文件或文件夹的复制：选择文件或文件夹，然后选择"编辑"菜单中的"复制"项，再选择目标文件夹或新建文件夹，单击"粘贴"项即可将其复制过来。

　　(5) 文件或文件夹的删除：选择文件或文件夹，单击鼠标右键，选择删除项即可。

　　(6) 文件或文件夹的属性：选择文件或文件夹，单击鼠标右键，选择"属性"，在"属性"对话框中进行属性的选择(有只读、隐藏和存档三项可选)。

　　(7) 文件或文件夹的发送：选择文件或文件夹，单击鼠标右键，选择"发送到"，然后选择目的处。(文件或文件夹的发送对同一磁盘是移动操作，对不同磁盘是复制操作。)

5.4.2　办公软件

　　Office(全称为 Microsoft Office)是一套由微软公司开发的办公软件，是为 Microsoft Windows 和 Apple Macintosh 操作系统而开发。与办公室应用程序一样，它包括联合的服务器和基于互联网的服务。

　　Microsoft Office 经历了 Office 3.0～4.3、Office 97、Office 2000、Office XP、Office 2003、Office 2007、Office 2008、Office 2010 这些版本。

　　每一代的 Microsoft Office 都有一个以上的版本，每个版本都可根据使用者的实际需要，选择不同的组件。Microsoft Office 的常用组件有：

　　(1) Word，是文字处理软件。它被认为是 Office 的主要程序。

　　(2) Excel，是电子数据表程序(进行数字和预算运算的软件程序)。

　　(3) Outlook，是个人信息管理程序和电子邮件通信软件。它包括一个电子邮件客户端、日历、任务管理者和地址本。

　　(4) Access，是由微软发布的关联式数据库管理系统。它结合了 Microsoft Jet Database Engine 和图形用户界面两项特点。Access 能够存取 Access/Jet、Microsoft SQL Server、Oracle，或者任何 ODBC 兼容数据库内的资料。

　　(5) PowerPoint，使用户可以快速创建极具感染力的动态演示文稿，同时集成工作流和方法，以轻松共享信息。Microsoft Office 常用组件界面如图 5-27 所示。

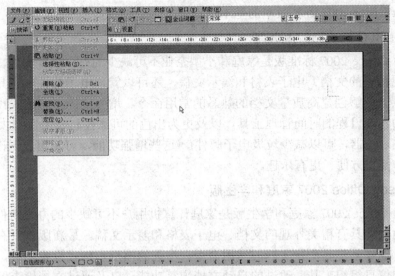

(a) Word 界面

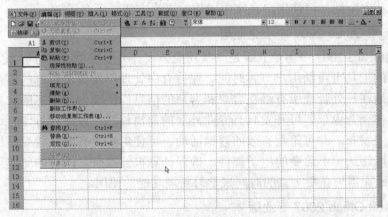

(b) Excel 界面

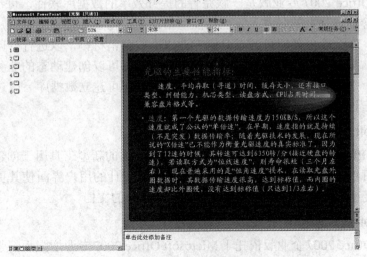

(c) PowerPoint 界面

图 5-27 Microsoft Office 常用组件界面

Microsoft Office 2007 各种版本的基本特点如下。

1. Microsoft Office 2007 标准版

Microsoft Office 2007 标准版是家庭和小型企业不可缺少的办公软件套件，可快速、轻松地创建外观精美的文档、电子表格和演示文稿，还可以管理电子邮件。它具有精简的用户界面，提供了能够创建高质量文档的熟悉的常用命令、增强的图形和格式设置功能，并提供了可帮助管理日程的时间管理工具，以及更为出色的可靠性和安全性(比如经过改进的垃圾电子邮件过滤器，可以减少垃圾电子邮件)。这些增强功能，可使用户无论在家还是在公司执行操作都更方便、更有乐趣。

2. Microsoft Office 2007 家庭和学生版

Microsoft Office 2007 家庭和学生版是家庭计算机用户不可缺少的办公软件套件，能够快速、轻松地创建具有精美外观的文档、电子表格和演示文稿。最新版本具有精简的用户界面，提供了能够创建高质量文档的常用命令、增强的图形和格式设置功能，再加上功能强大的笔记和信息组织工具，改进的自动文档恢复功能，以及通过文档检查器工具提供的更高的可靠性和安全性，可使用户在家中操作时更为方便、更有乐趣。

3. Microsoft Office 2007 中小企业版

Microsoft Office 2007 中小企业版是一款功能强大且易于使用的进行联系人管理的软件套件，它提供的工具可帮助用户节省时间、保持有序管理以及提供更好的客户服务。通过它，可以方便地在一处管理所有潜在客户和客户的信息；快速创建动态的文档、电子表格和演示文稿；在企业内部即可开发具有专业外观的营销材料，以进行打印、通过电子邮件发送和在网站上发布，并可策划有效的营销活动。可使用户更有效地管理日历、任务和电子邮件，还可以筛选掉不需要的电子邮件，确保计算机的安全。改进的菜单可以自动显示适当的工具，而无需再花费大量的时间来学习新增功能的使用。

4. Microsoft Office 2007 专业版

Microsoft Office 2007 专业版是一款完善的提升效率的数据库软件，可帮助用户节省时间并保持有序管理。强大的联系人管理功能可帮助用户在一处管理所有客户和潜在客户的信息。通过它，在企业内部即可开发具有专业水准的营销材料，以进行打印、通过电子邮件发送和在网站上发布，并可以策划有效的营销活动；可以创建动态的业务文档、电子表格和演示文稿，并且无需有经验者或技术人员的帮助即可建立数据库。改进的菜单可在需要时提供适当工具，有助于快速了解新增的功能。

5. Microsoft Office 2007 专业增强版

Microsoft Office 2007 专业增强版提供了一系列强大的新型工具用于创建、管理、分析和共享信息，可以帮助用户有效提高工作效率。全新设计的用户界面使其更加易于使用，新增的图形功能使您可以迅速创建出美观和感染力极强的文档。

6. Microsoft Office 2007 企业版

Microsoft Office 2007 企业版依托于 Microsoft Office 2007 专业增强版的强大功能构建而成，它为工作组和组织提供了最完善的工具集，用以收集和合并任何类型的信息，快速找到所需的内容，并跨越地理界限和组织界限与其他人轻松地共享关键信息，不管是联机工作还是脱机工作都一样。它包含 Microsoft Office Groove 2007 和 Microsoft Office OneNote 2007。Office Groove 2007 为工作组提供了一个功能更为丰富且更为安全的协作环境，不受地理位置限制，且所需的 IT 支持最少；Office OneNote 2007 提供了适用于所有电子内容类型的全面信息管理功能，可帮助信息工作者和项目工作组更快、更好地取得业绩。

5.5 计算机联网

5.5.1 联网设备

当前计算机的使用离不开网络，最常用的网络设备包括用于拨号上网的 ADSL Modem、网卡和连接局域网的无线路由器和交换机。

1. 网卡

网卡又叫网络适配器或网络接口卡(Network Interface Card，NIC)，如图 5-28 所示。它插在计算机主板的扩展槽中，通过其尾部的接口与网络线缆相连。目前大部分的网卡集成到了主板上。 在局域网中，计算机只有通过网卡才能与网络进行通信。

网卡的主要工作原理为，整理计算机上发往网络上的数据，将数据分解为适当大小的数据包之后向网络上发送出去。对于网卡而言，每块网卡都有一个唯一的网络节点地址，它是网卡生产厂家在生产时烧入 ROM 中的，且保证绝对不会重复。

网卡都是以太网网卡。按其传输速度来分，有

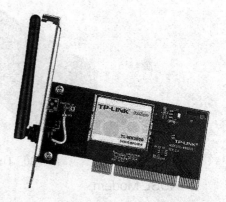

图 5-28 无线网卡外形

10M 网卡、10/100M 自适应网卡以及千兆(1000M)网卡。目前我们常使用的是 10M 网卡和 10/100M 自适应网卡。

如果按主板上的总线类型来分，网卡又可分为 ISA、PCI、PCI-E 等接口类型。目前市场上的主流网卡是 PCI 接口的网卡。

按其连线的插口类型来分，网卡又可分为 RJ45 水晶口、BNC 细缆口、光纤接口三类及综合了这几种插口类型于一体的 2 合 1、3 合 1 网卡。目前市场上的主流网卡是 RJ45 水晶口的。

按网卡与计算机连接位置来分，有插在计算机内的内插网卡和外置式网卡。另外还有有线网卡和无线网卡(如图 5-29、图 5-30 所示)。

除了以上的网卡类型外，市面上还经常可见的有服务器专用网卡、笔记本专用网卡、USB 接口网卡等等。

近几年来，无线局域网开始应用。要建立无线局域网，就需要为每台工作站装一个无线网卡。无线网卡实际上就是在一般的网卡上配置一个天线，这样就可把计算机传送的电信号数据转变为电磁波数据，从而在空间中传送。

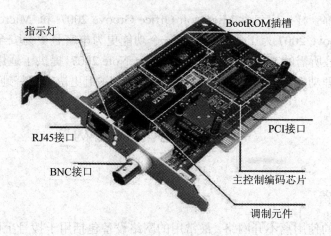

图 5-29　BNC+RJ45 接口的网卡

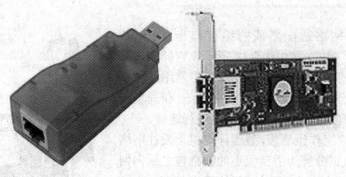

图 5-30　USB 外置式网卡和光纤接口网卡

2. ADSL Modem

ADSL Modem 是使用电话网作为传输的媒介。当安置了 ADSL Modem 时，利用现代分频和编码调制技术，在这段电话线上将产生 3 个信息通道：高速下传通道、双工通道和普通的电话通道。这 3 个通道可以同时工作，也就是说它能够在现有的电话线上获得最大的数据传输能力，在一条电话线上既可以上网，还可以打电话或发送传真。

ADSL 的工作流程为：电话线传来的信号首先通过滤波分离器(也叫信号分离器)，如果是语音信号就传到电话机上，如果是数字信号则被传到 ADSL Modem，数据经过转换，然后就传入计算机中，我们就接收到了 Internet 上的信息。

根据接口类型的不同，ADSL Modem 可以分为以太网接口、PCI 接口和 USB 接口 3 种类型。PCI 接口和 USB 接口类型适用于家庭用户，性价比较高，小巧、方便、实用；而以太网接口的 ADSL Modem 更适用于企业和办公室的局域网。USB 接口的 ADSL Modem 只有电源接口、RJ11 电话线接口和 USB 接口。

根据 ADSL Modem 的安装位置，又分为外置式和内置式两种。上面所说的 USB 接口的和以太网接口的 ADSL Modem 是外置式的，而 PCI 接口的则属于内置式的。

以太网接口的 ADSL Modem 最为常见，属于外置式的。这种 Modem 的性能是最好的，功能也最齐全。普通型的适用于家庭用户，而带有桥接和路由功能的则适用于企业和办公场所的局域网。图 5-31 所示的是一款家用型的以太网接口 ADSL Modem。该 ADSL Modem

内置了滤波分离器，所以插口上有两个 RJ11(电话线)接口，一个为"Line"的电话入户线接口，另一个则是连接电话的"Phone"接口。至于 RJ45(网线)接口，则用于与计算机网卡上的网线连接。

图 5-31　家用型的以太网接口 ADSL Modem

以太网接口的 ADSL Modem 需要计算机上有一块 10 Mb/s 的网卡配合工作。

3. 交换机

交换机(如图 5-32 所示)通过对信息进行重新生成，并经过内部处理后转发至指定端口，具备自动寻址能力和交换能力。交换机的作用和连接方法基本与集线器相同，但功能较强、速度快。

图 5-32　快速以太网交换机外观

在计算机网络系统中，交换机是针对共享工作模式的集线器的弱点而推出的。交换机的所有端口都挂接在其背部总线上，当控制电路收到数据包以后，处理端口会查找内存中的地址对照表，以确定目的 MAC(网卡的硬件地址)的 NIC(网卡)挂接在哪个端口上，通过内部交换矩阵迅速将数据包传送到目的端口。若目的 MAC 不存在，交换机就广播到所有的端口，接收端回应后，交换机会"学习"新的地址，并把它添加入内部地址表中。

4. 无线路由器

目前，家庭上网或小型办公室上网均离不开无线路由器(如图 5-33 所示)，家用无线路由器接口如图 5-34 所示，该路由器能实现无线上网和有线上网。

图 5-33　家用无线路由器

图 5-34　家用无线路由器接口

无线路由器的主要特点如下：

(1) 启动快。通电后无需等待，立刻就能上网。

(2) 设置简单。所有设置通过 Web 浏览器即可完成。

(3) 经济实用。内建有 4 端口交换机和 108 Mb/s 无线接入点(常用型)。

(4) 功能齐全。支持国内常见的各种宽带连接，支持各种网络应用，如个人建网站、网络游戏等。

(5) 免维护。固化的操作系统，不会感染病毒。

(6) 具备安全性能。支持 64 位、128 位 WEP 及 WPA(访问保护)协议，WPA-PSK(公用密钥)、802.1x 保证网络安全。

(7) 有智能天线。可以让多个信号在频带上交叠而不互相干扰，能更可靠地获得信号。

(8) 传输距离远。室内 100 m，室外 400 m。

(9) 其他功能。支持动态域名解析、DHCP、MAC 地址克隆、VPN、UPNP、远程管理、LOG 日志查看、家长控制功能、过滤不良网页、设定时间等。

5.5.2　对等网络的组建

在计算机网络中，若每台计算机的地位均平等，都允许使用其他计算机内部的资源，这种网就称为对等局域网(Peer To Peer LAN，简称对等网)。对等网非常适合于小型的、任务轻的局域网，例如在普通办公室、家庭、游戏厅、学生宿舍内建立的小型局域网。通常采用 Windows XP 操作系统或 Windows 7 操作系统组建对等网。

1. 硬件连接

硬件连接方法如下：

(1) 网卡的安装。像安装其他任何硬件适配卡一样，打开机箱，将网卡插入主板的一个空闲的 PCI 插槽中，固定好即可。

如果有集成在主板上的网卡，则不需要安装网卡。

(2) 双绞线的制作。剪裁适当长度的双绞线，用剥线钳剥去其端头 1 cm 左右的外皮(注意内芯的绝缘层不要剥除)，一般内芯的外皮上有颜色的配对，按两端 RJ45 接头中插线的颜色顺序排列好(要完全一致)，然后将线头插入 RJ45 接头，用钳子压紧，并确定没有松动，这样一个接头就完成了。按照上述方法将双绞线的各端都连接好。

(3) 交换机的安装与连接。把接好接头的双绞线的一端插入计算机的网卡上，另外一端插入交换机的接口中(接口的次序不限)，接上电源。

最后，每一台计算机都用一根双绞线与交换机连接，这种网络的布线方式称为"星状拓扑"，如图 5-35 所示。

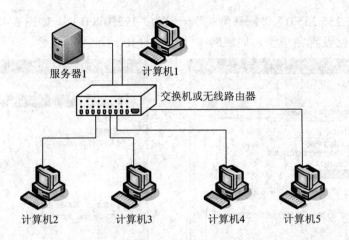

图 5-35　星状拓扑连接图

2. 软件设置

如果计算机已经安装了 Windows XP，可直接启动计算机。开机时系统会提示发现新设备，并加载网卡设备驱动程序，这时 Windows XP 自带的驱动程序将自动进行安装，然后可对网络属性进行相关设置。

(1) 在"开始"中的"网上邻居"上点击右键，选择属性，或者进入控制面板，选择"网络连接"，双击"本地连接"，如图 5-36 所示，打开"本地连接属性"窗口。

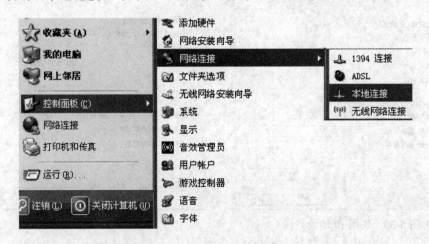

图 5-36　选择本地连接

(2) 如图 5-37 所示，在默认的本地连接属性中，安装了"Microsoft 网络客户端"、"Microsoft 网络文件和打印机共享"、"QoS 数据包计划程序"、"Internet 协议(TCP/IP)" 4 个项目，这 4 个项目能基本保障 Windows XP 网络的运行。

(3) 双击"Internet 协议(TCP/IP)"，进入"Internet 协议(TCP/IP)属性"窗口，就可以在这里设置 IP 地址了，如图 5-38 所示。

(4) 勾选"使用下面的 IP 地址"，这时下面的"IP 地址"、"子网掩码"、"默认网关"处于激活状态，如图 5-39 所示，在它们后面的框里可以输入数字。

(5) 在"IP 地址"栏里输入"192.168.0.5"，将光标移入"子网掩码"栏的第一位，系统自动填入"255.255.255.0","默认网关"一般为"192.168.0.1",如图 5-40 所示。点击"确定"后，IP 地址就设置完毕了，局域网中计算机的 IP 地址不能重叠。

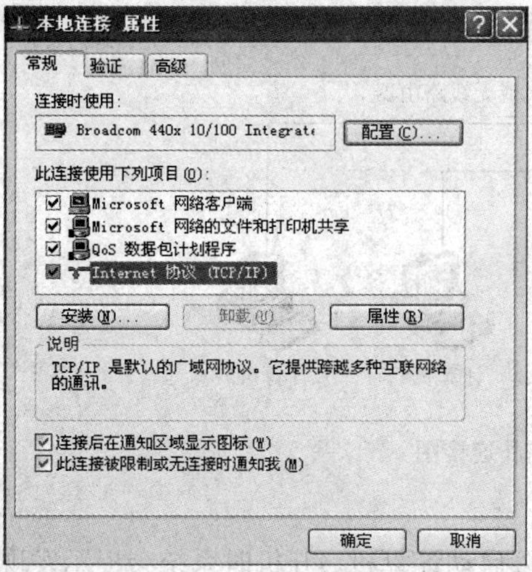

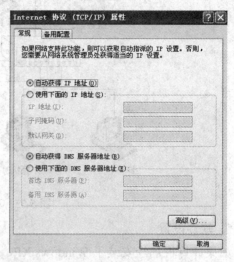

图 5-37　安装了 4 个项目界面　　　　图 5-38　"Internet 协议(TCP/IP)属性"窗口

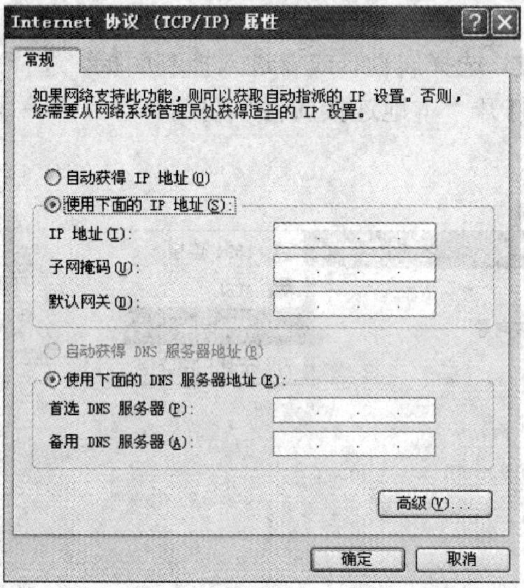

图 5-39　使用 IP 地址界面 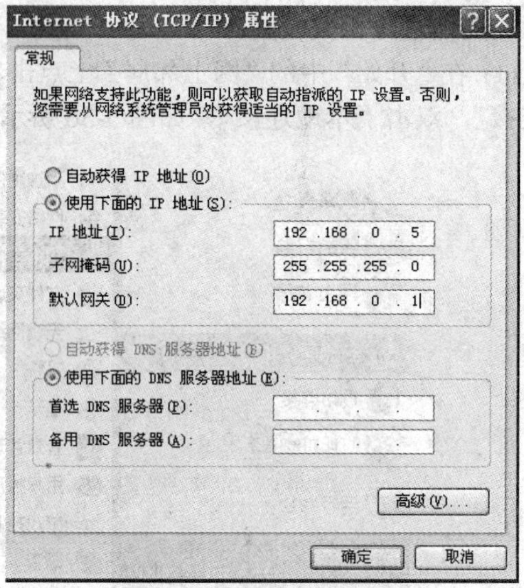　　　　　　图 5-40　IP 地址设置界面

5.5.3　Internet 上网方法

1. 利用电话线上网

利用电话线上网，目前有三种选择：第一种是用传统的调制解调器，第二种是用 ISDN(一线通)，第三种是用 ADSL(非对称数字用户线路)。ISDN(Integrated Services Digital Network，综合业务数字网)一线多能，使用一对电话线、一个入网接口就能获得包括电话、文字、图像、数据等在内的各种综合业务，节省了投资，提高了网络资源的利用率。ADSL(非对称数字用户线路)利用现有的电话线上网，主要需要 ADSL Modem、无线路由器和网卡硬件设备，进行必要的设置就能进行 Internet 上网。下面主要介绍 ADSL 上网方法。

1) ADSL Modem 的硬件安装

ADSL 的硬件安装比以前使用的 Modem 稍微复杂一些。现在假设已备有以下设备：一块 10M/100M 自适应网卡，一个 ADSL 调制解调器，一个信号分离器；两根两端做好 RJ11 头的电话线和一根两端做好 RJ45 头的双绞线。有的滤波分离器被内置在 ADSL Modem 中，而有的是独立的设备。常见的 ADSL 滤波器从左到右的连线依次是：标志为"Line"的接口接电话入户线；输出语音信号的标志为"Phone"的接口连接电话机；标志为"Modem"的接口连接 ADSL Modem 的数据信号输出线。

下面以天邑 HASB-100A 为例讲述 ADSL Modem 共享连接使用方法。天邑 HASB-100A 采用 CONEXANT(科胜讯)的芯片，Web 界面管理。因为有多台计算机，所以采用无线路由器加 ADSL Modem 模式上网，用 PPPoE 拨号，这样可以实现开机即上网，并且多台计算机都可随时独立访问网络，能实现有线上网和无线上网，如图 5-41 所示。

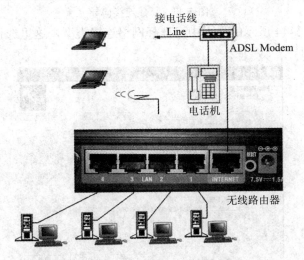

图 5-41 ADSL Modem 直接连接到无线路由器

(1) 在 Windows XP 下不需要安装其他的拨号软件，利用其自带的拨号程序就可以进行 ADSL 拨号。在"开始"菜单中找到"新建连接向导"，如图 5-42 所示。

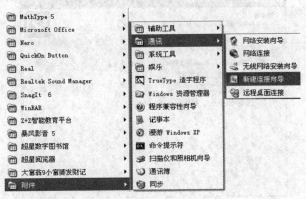

图 5-42 新建连接向导

(2) 在出现的界面中列有连接向导能帮助完成的设置，如图 5-43 所示，点击"下一步"按钮。

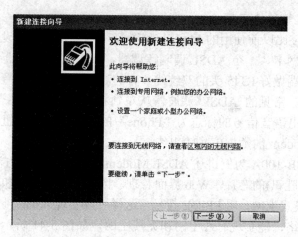

图 5-43　新建连接向导

(3) 在出现的图 5-44 所示的界面中可选择网络连接类型，这里选择"连接到 Internet"，点击"下一步"按钮。

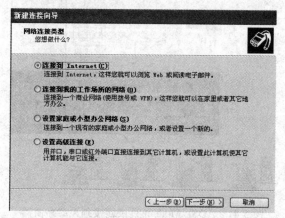

图 5-44　网络连接类型

(4) 在出现的图 5-45 所示界面中选择"手动设置我的连接"，点击"下一步"按钮。

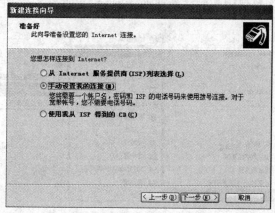

图 5-45　选择连接 Internet 连接方式

(5) 在出现的图 5-46 所示界面中选择"要求用户名和密码的宽带连接来连接"，也就是 ADSL 的 PPPoE 连接方式，点击"下一步"按钮。

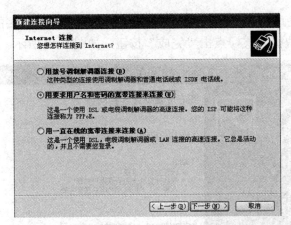

图 5-46　Internet 连接

(6) 在出现的图 5-47 所示界面中输入本次连接的名称，如 "ADSL"，点击 "下一步" 按钮。

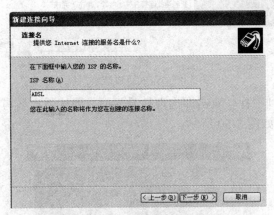

图 5-47　连接名

(7) 在出现的图 5-48 所示界面中，在用户名设置窗口中填入正确的用户名与密码，密码要输入两次，确认无误后点击 "下一步" 按钮。

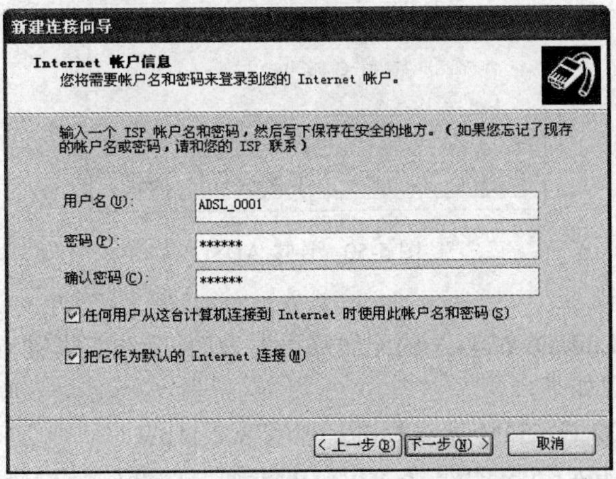

图 5-48　Internet 帐户信息

（8）出现程序完成画面，勾选"在我的桌面上添加一个到此连接的快捷方式"，以便在桌面上创建此连接的快捷方式，点击"完成"按钮，如图 5-49 所示。

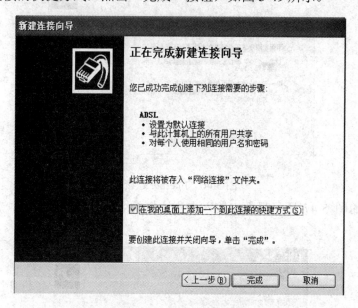

图 5-49　完成新建连接向导

（9）在桌面上会看到图标，双击即出现拨号界面，确认用户名与密码正确后，点击"连接"按钮，开始拨号，如图 5-50 所示。

图 5-50　连接 ADSL

2）无线路由器的设置

下面以型号为 D-Link DI-624+A 的无线路由器为例，介绍其设置方法。D-Link DI-624+A 无线路由器的主要参数如下：

① 标准：符合 802.11g 54M 无线标准，兼容 802.11b；

② 传输速率：2 Mb/s，5.5 Mb/s，6 Mb/s，9 Mb/s，11 Mb/s，12 Mb/s，18 Mb/s，22 Mb/s，24 Mb/s，36 Mb/s，48 Mb/s，54 Mb/s；

③ WAN 接口：1 个 10/100 M 自适应接口；

④ LAN 接口：4 个 10/100 M 自适应接口。

(1) 双击 Internet 浏览器，在地址栏输入 http: //192.168.0.1，按回车键，出现 DI-624+A 登录对话框，输入用户名 admin，密码为空，回车，如图 5-51 所示。

图 5-51　登录对话框

(2) 单击"确定"按钮，进入 DI-624+A 的主设置界面，如图 5-52 所示。

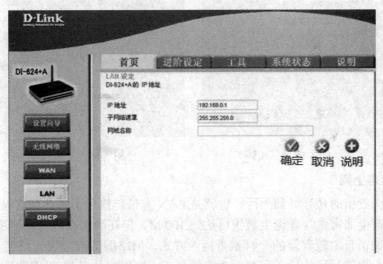

图 5-52　主设置界面

(3) 单击设置向导下的"设定联机精灵"，出现设置向导步骤，如图 5-53 所示。

(4) 单击"下一步"按钮，设置新密码，如图 5-54 所示，单击"下一步"按钮。

(5) 设定新时区，单击"下一步"按钮。选择网络连接类型，单击"下一步"按钮。如果选择 PPPoE 的联机方式，请输入 ADSL 帐号、密码，如图 5-55 所示，单击"下一步"按钮。

(6) 无线设置，选择安全方式 WEP，WEP 密码选择"64 Bit"，如图 5-56 所示。单击"下一步"按钮，设置完成。

重新激活后完成快速安装。

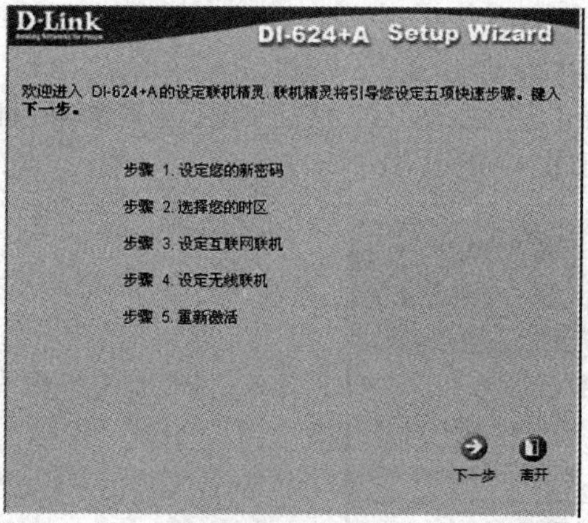

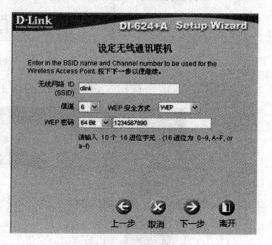

图 5-53　设置向导步骤 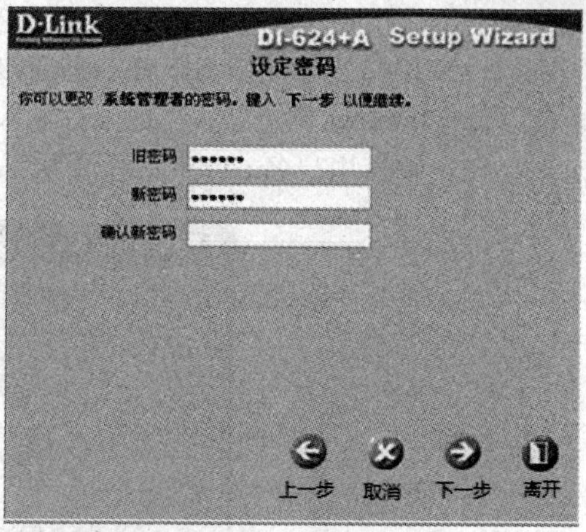　　　　　　　　　　图 5-54　设置新密码

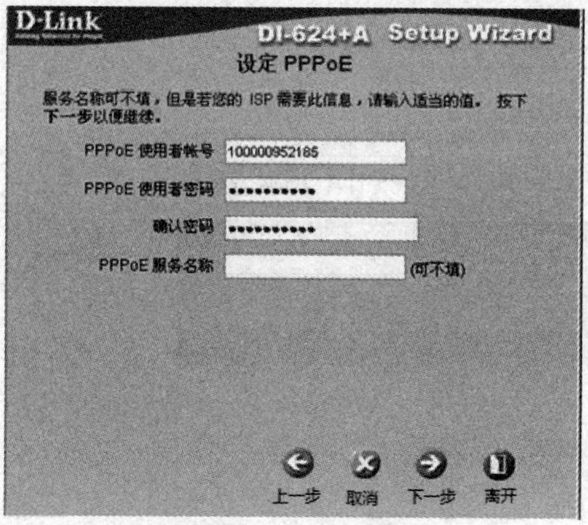

图 5-55　输入 ADSL 帐号、密码　　　　　　图 5-56　选择安全方式

2. 小区宽带上网

小区宽带一般指的是光纤到小区，也就是 LAN 宽带。整个小区共享这根光纤，在用户不多的时候，速度非常快。理论上最快可达到 100 M。但在晚上高峰时，速度就会慢很多。

这是大中城市目前较普及的一种宽带接入方式，网络服务商采用光纤接入到楼(FTTB)或小区(FTTZ)，再通过网线接入用户，为整幢楼或小区提供共享带宽(通常是 10 Mb/s)。目前国内有多家公司提供此类宽带接入方式，如网通、长城宽带、联通和电信等。

这种宽带接入通常可以由小区出面申请安装，网络服务商也受理个人服务。用户可询问所居住小区物业管理部门或直接询问当地网络服务商是否已开通本小区宽带。这种接入方式对用户设备要求最低，只需一台带 10/100 Mb/s 自适应网卡的计算机。如果家庭有多台电脑，宽带接入时可先接入无线路由器，再由无线路由器用双绞线连接到台式电脑或用无线的办法连接到手提电脑。

LAN 宽带的速度是比较高的，不但下行速率高，上行速率也高。相比于 ADSL 非对称接入，还是有一定的带宽优势的。

5.5.4 Internet 的主要功能和网络维护

1. Internet 服务功能

Internet 服务功能也称 Internet 应用或 Internet 资源，主要有环球网服务(WWW)、电子邮件(E-mail)、文件传输(FPT)、远程登录(Telnet)、电子目录服务(Archie)、搜寻服务(Gopher)、网络新闻(Usenet)等。

1) 环球网服务(WWW)

WWW 采用客户机/服务器模式，包括文字、图像、声音等数据的多媒体信息以超文本的形式存放在 WWW 服务器(Web 服务器)上。用户在 WWW 客户机(Web 浏览器)上，与服务器建立连接，从服务器上取得主页，并以直观的形式显示出来。显示时，超链接以加亮或加下划线的方式显示，用户用鼠标点击这些超链接，浏览器根据超链接的指示到服务器上取得并显示新的信息页。现在，每天都有数以千万计的人访问 Internet 上的信息页，也有数以千计的 Web 服务器被建立。

2) 电子邮件(E-mail)

E-mail(Electronic mail)是 Internet 上使用最广泛的一种服务，它是以电子手段发送信件、传递便条的通信方式。既不需要信封、信纸、邮票，也不需要邮递员，用户就可以把信件传送到世界的各个地方。

3) 搜寻服务(Gopher)

Internet 包罗的信息非常丰富，涉及人们生活、工作和学习等各个方面，应有尽有，且还有相当一部分大型数据库是免费提供的。用户可在 Internet 中查找到最新的科学文献和资料，可在 Internet 中获得休闲、娱乐和家庭技艺等方面的最新动态，也可在 Internet 中享受到大量免费的软件。

2. 网络的日常维护

在双绞线构成的网络结构中，最容易出现的问题约有下列几种：网卡设置错误、网线压接不好、RJ45 接头接触不良、网卡硬件故障或其他相关外设损坏。

(1) 网卡设置错误。这是最常发生的问题(几乎 90%以上)，如安装了错误的驱动程序、IRQ 或 I/O 端口地址设错了、 操作系统不支持该网卡或卡上的某些功能(例如 Windows NT 4.0 不支持 PnP)等，都属于这一类错误。

如果怀疑有设置问题，建议先用网卡附带的软件来检测当前设置，再检查系统设置是否与其相符，只要硬件设置与系统设置都正确(而且要一致)，应该就能排除安装错误造成的问题。

(2) RJ45 接头的问题。RJ45 接头也极易发生问题，例如，双绞线的头没顶到 RJ45 接头顶端、双绞线未按照标准脚位压入接头，甚至接头规格不符或者内部的绞线折断等。

5.6 微机系统的日常维护

随着微机系统在办公领域中应用的日益广泛，人们在日常工作中对微机的依赖也越来越强。为了使微机能保持正常的工作，以提高工作效率、减少由于微机故障带来的损失，用户有必要掌握一定的微机及其外设的日常维护常识。

5.6.1　主机的日常维护

主机是微机系统的主体，包括机箱及电源、主板、CPU、内存条等部件，其日常维护方法如下。

1. 机箱及电源的维护

无论是立式机箱还是卧式机箱，在放置时，如果沿墙面摆放，应注意机箱背面与墙面至少应有 20 cm 的空隙，以保证机箱内的电源箱散热风扇的正常散热。对于卧式机箱，最好不要将显示器放在机箱上，否则容易引起机箱变形，而机箱内由于许多板卡是固定在机壳上的，可导致板卡与主板的接触不良，引起故障。

机箱内的电源箱本身就是一个稳压电源，它能将 220 V、50 Hz 左右的交流电转换成计算机的工作电压(±5 V，±12 V)，但由于其稳压和抗干扰能力有限，一旦出现交流供电不稳，就容易产生浪涌电压和浪涌电流，影响主机各部件的正常工作，丢失数据，甚至会损坏主板、CPU、内存等器件。另外，当微机正在处理数据时突然断电，将会前功尽弃。因此，为了保证计算机系统更好地工作，最好为微机系统配置一台 UPS(Uninterrupter Power System，不间断电源系统)，它被称为电脑的"保护神"，能为计算机系统提供稳压、稳频、不间断的高质量电源。

2. CPU 的维护

目前大多数 CPU 由于工作频率都较高，工作时的温度也很高，所以都配有相应的散热风扇。散热不好，易出现程序运行出错、死机等现象，甚至会烧坏 CPU。因此，如果经常出现程序运行出错和死机现象，应打开机箱查看 CPU 的风扇是否旋转或旋转速度是否变慢。如果风扇不转或旋转速度不够(通常是由于 CPU 工作温度较高，而风扇质量又不太好引起的)，则应及时更换风扇，以保证 CPU 的正常散热。更换风扇时，应选择质量好、功率较大的风扇，然后将风扇的正极接到+12 V 电源线(黄线)上，将风扇负极接到−12 V 电源线(蓝线)上，以加大 CPU 的散热力度，确保 CPU 良好散热。

3. 内存条的维护

由于内存条在工作时也会发热，尤其是当主板上安装的内存条数比较多(如 4 条甚至 8 条)时，内存条上的温度就会很高，从而造成机器运行程序出错或死机，因此应考虑在机箱上增加散热风扇(有些机箱上留有多余的风扇孔)。另外，如果开机后屏幕无任何反应，则应考虑内存条接触是否良好。如发现内存条的"金手指"上有氧化层，则可用橡皮擦(注意不能用细纱布，手指不要接触到"金手指")擦除其表面的氧化层。

4. 其他方面的维护常识

1) 防止静电的危害

安装或取出机箱内的任何板卡、内存条、CPU 等时，应首先关机，然后用手接触一下机箱的铁质外壳，以释放人体上的静电(因为一般人身上集聚的静电至少有千伏以上，这对电子设备有很大的危害)。另外，插卡时不要触摸卡上的"金手指"，而应拿卡的边缘。

2) 保持微机的凉爽

微机主板上有许多高速运行的部件(如 CPU、内存等)，还有一些板卡和硬盘。当系统运行时，它们都会产生热量，使机箱内温度变得很高。尽管电源箱的风扇也有一定的散热效果，但当板卡数量较多或安装两个以上硬盘时，就应考虑增加风扇或使用较大的机箱。另外，机箱应放置在通风的环境中，有条件的可安装空调。

3) 清洁板卡引脚

无论何时，插入一块板卡到主板上，都应用橡皮擦擦除板卡"金手指"上的氧化层或脏物，不要用手或细纱布擦拭"金手指"。

4) 与其他部件的连接

在安装或拆卸其他部件(如鼠标、键盘、显示器、打印机等)时，一定要先断电，然后才能进行安装或拆卸，以免损坏相应部件的接口。

5) 保持系统的清洁

灰尘对计算机系统的危害较大(可以说是计算机的"天敌")，应定期进行检查和清扫。在清扫时应注意不要让灰尘污染硬盘的电路板、软驱的磁头和光驱的光头组件。在机器关机后，应立即用机罩或防尘布将机器盖上，以防止灰尘的污染。

6) 梅雨季节的维护

在梅雨季节，为了防止系统受潮，应保证每天至少有 4 小时的通电时间，以利用机器工作时发出的热量在机器内部造就一个相对干燥的"小气侯"，保证微机处于最佳环境。

7) 高温夏季的维护

夏季气温高，对电脑的影响较大，因此应增加对电脑的散热措施，如使用电风扇散热，安装空调等。另外，还要注意防雷击。电脑关机后应将电源插头从插座上拔下来，有雷雨时禁止使用电脑。

5.6.2　硬盘的日常维护

硬盘是计算机系统最常用的外部存储设备，它包括硬盘驱动器、信号线、电源插头和主板硬盘的信号线插座。除了掌握它们的使用方法和注意事项外，还应了解它们的日常维护常识，以保证它们的正常工作。

(1) 记录 CMOS 中有关硬盘的参数设置。当硬盘出现故障时，首先检查硬盘的 CMOS 参数设置是否正确，如果不正确应及时恢复。

(2) 注意硬盘的工作环境。硬盘正常工作的环境温度是−10～40℃，特别是夏天，微机在无空调的房间工作时，主机箱内的温度往往会超过 40℃，因此要采取措施给机箱散热。在潮湿的梅雨季节，要注意使环境干燥或经常给系统加电，以便蒸发掉机箱内的水汽，避免硬盘受潮。另外，尽可能使硬盘不要靠近强磁场，如音箱、喇叭、电机、电台等，以免硬盘磁化而使数据受到破坏。

(3) 开机时，硬盘不旋转或旋转不正常。开机时，如发现硬盘不旋转，则应重点检查电源插头是否接触良好；如硬盘旋转不正常(时转时不转)，则应用万用表检查电源箱的+12 V电源(黄线)供电是否正常。

(4) 连接电缆接触不良。如果开机后检查硬盘的 CMOS 设置正确，且硬盘旋转也正常，则应检查硬盘的连接电缆是否接触不良(可用一根已知工作良好的电缆线重新连接硬盘的方法来检查)。

(5) 硬盘不能启动。如果硬盘的 CMOS 设置正确且硬盘旋转也正常，连接电缆接触良好，则硬盘不能启动的原因可能是 DOS 或 Windows 的系统文件(IO.SYS、MSDOS.SYS、COMMAND.COM)丢失或被病毒感染破坏。这时可先关机，过一段时间后再开机，用无毒的光盘或 U 盘启动系统，对硬盘进行杀毒。如还不能启动，再用系统光盘(与硬盘原来的 DOS 版本相同) 启动机器，然后执行命令 SYS C:将系统文件传给硬盘，并将 COMMAND.COM 文件拷贝到硬盘的根目录下。若还不能启动，则可进行 FORMAT，即格式化硬盘。

(6) 系统不识别硬盘。如果在杀毒或执行 SYS C：时，系统提示"Invalid drive specification"，指定非法驱动器，则说明硬盘的分区表已经丢失，此时可对硬盘进行分区，即执行 FDISK 命令，然后再用 FORMAT C:/S 命令格式化硬盘，恢复系统。

(7) 不要使用来路不明的 U 盘或光盘。大多数来路不明的 U 盘或光盘都带有病毒，一旦使用，病毒就会传给硬盘。病毒发作后，轻则破坏文件和数据，重则损坏机器硬件。

(8) 硬盘的根目录要清晰整洁。硬盘的根目录一般只存放系统文件和个别文件，而大多数应用软件或其他文件系统，应分别建立相应的子目录，在子目录上拷贝相应文件。

(9) 保护 0 柱面。硬盘的 0 柱面存放着系统的引导程序、引导记录、文件分配表、分区表、目录区等重要信息，若这些信息遭到损坏，将导致系统无法使用，因此当开机系统正在启动，HDD 指示灯闪亮，磁头正处于 0 柱面上读取信息时，千万不能抖动工作台，更不能搬动机器或拍打机箱，以免磁头划伤 0 柱面。

5.6.3　光盘驱动器的日常维护

良好的使用和维护习惯对光驱的性能和寿命有很重要的影响，甚至比如何购买光驱更重要。

(1) 要使用高品质的光盘。对此虽然人人皆知，但还是有很多人贪图便宜而去购买低品质的光盘。低品质光盘由于在生产、运输及销售过程中不可能像高品质光盘那样有严格的保管、保护措施，因而有轻度损伤。轻度损伤的 CD、VCD 和 DVD，在 CD 机、VCD 机和 DVD 机上一般是可以播放的，但是放在 DVD-ROM 驱动器上就不一定了。因为光驱作为数据机，要求之一就是保证信号的完整性，如果在读取过程中突然失去信号，光驱会反复寻找读不出的那部分信号，而不像 CD 机、VCD 机或 DVD 机那样会自动跳过去。这时光驱的循迹伺服机构会反复寻找信号轨迹，同时激光器的自动功率控制电路也在不断增大激光的发射功率，CPU 被挂起，呈死机状态。若寻找约 30 秒甚至 1 分钟以上仍不能读出信号，光驱才停止寻找并给出寻找失败提示，这种状态对激光器件的寿命影响很大。

多数专家都认为应尽量少用光驱放 VCD，因为光驱寿命有限，而 VCD 特别是租来的，因转手多人，状况很差，易伤光驱。如果太看重 VCD 这一功能的话，可用专门的低倍速光驱播放。

在判断光盘是否变形时，可将光盘(有字的一面向下)放在平整的桌面上，看光盘的周边是否上翘；然后按压光盘中间，看光盘中间是否上鼓。光盘中间上鼓的情况比较多，如果这两种情况都没有，就可以判断光盘没有变形，再加上没有划痕，一般就没有问题了。

(2) Windows XP 会自动对放进光驱的光盘进行一系列的识别和预读。当放进 CD 盘时，Windows XP 能自动识别并播放它，有些软件还能自动识别 VCD 盘并播放。有些光盘上带有 AUTORUN 命令，类似于硬盘的 AUTOEXEC.BAT，当放进光驱时，Windows XP 会自动执行相应的命令，这种功能会给人一种新鲜感，不过有时会让人感到不需要。尤其糟糕的是，如果不小心放了一张坏盘进入光驱，这时 Windows XP 也会去识别，但信号却若有若无，Windows XP 什么也不做，只是拼命地读盘，鼠标不能动了，键盘更是不响应了。

关闭这一功能很简单，用鼠标单击屏幕左下方的"开始"按钮，再单击"设置"，选择"控制面板"，出现控制面板窗口；双击其中的"系统"图标，出现系统控制窗口；单击其中的"设备管理器"，双击 CD-ROM 项或"属性"，出现一个关于光驱描述的窗口；单击该窗口中的"设置"，然后在其中的第三个选项"自动插入通告"前的框内点击一下，去掉此项设置，最后单击"确定"按钮即完成操作。这样就禁止了 Windows XP 在光盘放进光驱时对其的识别和预读。若想恢复，可采取同样的步骤。

(3) 光驱工作时需要一个平稳的环境。因为它不防震，也不能在倾斜的时候工作。

(4) 光驱的日常保养对延长其使用寿命很重要。日常保养的具体方法是：① 准备好工具(一套维修钟表用的螺丝刀，一把大的十字螺丝刀，一把柔软的毛刷(以上五金商店有售)；一张白纸，一支笔和一支记号笔(以上文具店有售)；一个洗耳球，几张镜头清洁纸，一瓶镜头清洁液(以上照相商店有售))。不要用酒精(乙醇)，因为它会损坏激光透镜上的增透膜。② 先关闭计算机的电源，并拔掉电源插头，打开机箱，小心地取出光驱(请用纸笔记录下音频信号线和数据线的插法，螺钉的安装位置和规格以及拆卸步骤，以免安装时出错)，打开光驱的外壳，找到激光头，用镜头清洁纸沾上少许镜头清洁液(用量要少，以手挤不出液体为好)，从激光透镜的中心开始，像画圈一样一圈圈地向外擦。要注意的是，若镜头清洁液用量过多，会在镜头上留下渍迹，影响清洁效果。若镜头上只是一些浮尘，可以只用洗耳球来清除灰尘。电路板上和激光头以外部位的灰尘用洗耳球和毛刷清除，一些细小和不规则的地方用洗耳球吹掉里面的灰尘。不要用毛刷清洁激光头，否则会划伤它。注意清除导轨和齿轮上的灰尘，可用镜头清洁纸将太脏的部位擦干净。

这样的保养工作可以半年到一年左右进行一次，若是在灰尘较多的环境(如卧室、街道边)中使用，可以三个月到半年左右清洁一次。光驱经过这样的保养后一般即可恢复正常使用。如果改善不大的话，那就需要进行调整了。

光驱中可调整的部分是激光输出功率和伺服精度。许多资料都介绍了调整激光输出功率的方法，但是并非所有的问题都是由于激光功率不够造成的，因为光驱光盘上的数据密度很大，光驱能否正确地读数据取决于它发出的激光能否正确地定位和接收，这就要靠光驱的伺服系统了。在光驱的电路板上一般都用可变电阻来控制伺服精度，但是光驱往往会由于运输时的震动或使用过程中的老化而造成伺服系统的误差，这时就需要调整伺服精度了。这种调整在工厂里是通过专用的调试光碟和仪器来进行的，在业余条件下调整时需小心，否则有可能造成光驱完全不能读盘。

(5) 光盘的正确使用。用好光驱与正确使用光盘是分不开的。在光盘使用中应该注意以下事项：

① 不要将光盘夹于插页之间存放，因为在取光盘时，不光滑的纸页会对光盘造成轻微

的划伤。光盘用完后最好装在光盘保护盒中。在保护盒中，光盘不会移动，而且盘面与盒体之间有一定空隙，不会因为移动而引起划伤。

② 不要将不清洁的光盘放入 DVD-ROM 驱动器，因为光盘上的灰尘会影响光驱的正常读取，而光驱中堆积的灰尘会影响驱动器的寿命。在光驱和光盘的使用中，保持清洁是非常重要的。

③ 不要在光盘上贴标签，因为光盘上的标签会使光盘在高速旋转时失去平衡，在驱动器中翘起或变形。另一方面，粘胶剂也可能会渗透光盘保护膜而损坏光盘表面。

④ 不要在光盘工作时强行按 Eject 钮弹出光盘，因为此时光盘正处于高速旋转状态，经常中途取出有可能损坏盘片。

⑤ 避免光盘受阳光直射，以防光盘变形及加速保存数据的光盘反射层受到毁坏。

⑥ 不要用标识笔在光盘表面书写，因为标识笔的墨水可能渗透盘片的保护漆膜而造成盘片的损坏。

⑦ 不要触摸光盘的表面，那是激光必读的地方。

⑧ 光盘的保护不仅仅是无字的那面(工作面)，其实有字的那面(反射面)更应保护。若反射面损坏而透光的话，这个光盘也就损坏了。现在市面上有一种透明保护贴纸，可以贴在光盘的反射面上保护光盘，同时也不影响观察光碟上的印刷内容，是保护光盘的好方法。

⑨ 取、放光盘时，不要触摸光盘的数据存放面。清洗光盘时只能用潮湿、干净的棉布擦洗，擦洗后要等完全晾干后才能使用。千万不能用有机溶剂(如酒精、香蕉水等)擦洗光盘，以免破坏光盘的保护层。

5.6.4　鼠标和键盘的日常维护

鼠标和键盘是目前微机上最常用的输入设备，也是实现人机对话的重要手段，因此，正确维护好鼠标和键盘是用户日常操作中要注意的问题。

1. 鼠标的日常维护

(1) 保持工作面的平整和清洁。对于机械式鼠标，要经常保持其工作台面的平整和清洁；对于光电式鼠标，要经常清洁其反光板上的灰尘。

(2) 鼠标指针移动不灵活时，对于机械式鼠标，要清洗其鼠标球；对于光电式鼠标，要清洗其发光管和光敏管。

(3) 鼠标底部开关的设置。大多数鼠标底部有一个 PC 和 MS 开关，当开关拨至 PC 时表示三键操作，而拨至 MS 时表示两键操作。这个开关的设置必须与相应的应用软件驱动设置相匹配。一般情况下，将开关拨至 MS 位置。

(4) 鼠标双击失灵通常是由于鼠标的双击速度设置过快造成的，这时可在 Windows 下选择"控制面板"中的"鼠标"项，将鼠标的双击速度调到中间位置。

(5) 鼠标左按键失灵通常是由于鼠标左按键使用频率高，再加上有些用户在使用过程中用力过大造成的，这时可拆下鼠标的左按键的微动开关，然后焊上中间按键的微动开关(这个开关在大多数情况下用不上)。

(6) 如果出现屏幕有鼠标指针，但移动鼠标时鼠标指针不动的情况，则要考虑鼠标线是否断线。使用鼠标时，鼠标线会经常出现扭折现象，特别是鼠标线的根部。这时可拆开鼠标，用万用表测量鼠标线的 4 芯线是否都通。如果不通，则剪掉鼠标线根部的线，然后再按原来的接法焊好。

2. 键盘的日常维护

(1) 键盘是根据系统设计要求配置的，一般来说，不同机型的键盘不要随意更换。目前市面上出售的键盘基本上都是按标准生产的，可以说是通用的。必须注意的是，更换键盘时，一定要在关闭计算机电源的情况下进行。

(2) 键盘上所有键的功能都可以由程序设计者来改变，因此每个键的功能不一定都与键帽上的名称相符。使用时，一定要根据所用软件的规定，弄清各键的功能。

(3) 在操作键盘时，按键动作要适当，不可用力过大，且手与键面基本保持垂直状态，以防键的机械部件受损而失效。

(4) 保持键盘清洁。一旦键盘有脏迹或油污，应及时清洗。可用柔软的湿布沾少量洗涤剂进行擦除，然后再用干净的布擦干。不可用酒精来清洗键盘。清洗工作应在断电的情况下进行。

(5) 拆卸键盘时，应先关掉电源，再拔下与主机连接的电缆插头(注意：拔电缆插头时应拿着电缆的圆插头拔，而不能扯着电缆线拔，以防插头内部焊点脱焊)。

(6) 按键时产生连动，一般是由于灰尘积累过多所致，应先关机，然后打开键盘，清除灰尘。

(7) 按键时出现多个相同字符，是由于 CMOS 设置中的键盘输入速率过快，而按键时松手过慢造成的，可重新进入 CMOS 设置，修改键盘输入速率。

(8) 按键后键帽不弹起，通常是机械式键盘相应键的内部弹簧失效或弹力不够造成的，应先关机，然后拔出相应键的键帽，取出内部弹簧进行更换，或想办法增加弹簧的弹力，再重新装好即可。

5.6.5 显示器的日常维护

显示器是微机系统的必备外设，是用户监视系统工作的重要手段。系统的许多故障虽然表现在显示器上，但就显示器而言，只要用户注意日常的正确使用方法，掌握一定的维护常识，其产生故障的概率小于其他外设；即便出现故障，其故障源也多在显示卡及其插件上。

1. 显示器的日常维护

(1) 由于显示器是一个静电吸尘设备，所以很容易吸尘。在对显示器除尘时，必须拔下电源线和信号电缆线。定期用湿布从屏幕中心螺旋式地向外擦拭，去除屏幕上的灰尘。经常清除机壳上的灰尘和污垢，保持外观清洁和美观。每一至两年对显示器内部进行除尘，以免由于灰尘打火而引起其他损坏。清除机内灰尘时，可用软毛刷、皮老虎等工具。

(2) 搬运显示器时，应先关机，然后将电源线和信号电缆拔下(拔信号电缆时，应先松开与显示卡的固定螺杆，然后拿着接口插件拔，千万不能扯着电缆硬拔，以免使插件接口的内部连线焊点脱焊)。长途搬运时，应将显示器放回原来的包装箱内，以免显示屏受到损坏。

(3) 不要将盛有水的容器放在显示器上，以免水流入机内，引起短路，损坏元件。

(4) 插拔电源线和信号电缆时，一定要先关机，否则会损坏接口电路元件。

(5) 在显示器工作时，不要在显示器上搭盖任何东西；显示器与墙面应有至少 20 cm 的空间，以免影响显示器的散热。关机后，应立即用防尘罩罩住显示器，以防灰尘等的侵入。

(6) 显示器的亮度和对比度不宜调得太大，因为一方面会加速显像管的老化，另一方面所产生的强辐射对用户的眼睛和身体也不利。

(7) 在 Windows 环境下，应设置屏幕保护功能，以免显示器由于长时间不工作而使屏幕局部老化，同时还可降低功耗，延长显示器的使用寿命。

(8) 在 CMOS 设置中，应设置相应的显示器节能项，以便进一步降低显示器的功耗，延长其使用寿命。

2. 显示器常见故障检修

(1) 开机后，显示器的电源指示灯亮，但主机喇叭有一长二短的叫声，且屏幕左上角有一亮条，这说明显示卡与主板接触不良。先关机，打开机箱并拆下显示卡，用橡皮擦擦掉显示卡"金手指"上的氧化层，再插回到主板的扩展槽上并固定好，连接显示器的电缆，然后开机即可。

(2) 开机后，显示器电源指示灯不亮。先关机，打开显示器外壳，检查保险管是否烧断，如果烧断，可用同规格的进行替换；替换后，如果再次烧断，则应重点检查电源部分的整流滤波电路和电源开关管。如果保险管未断，则应重点检查电源开关管的启动电阻和开关管本身。

(3) 开机后，显示器电源指示灯不亮，且有"吱吱"声。出现这种故障，说明显示器内部元器件有短路现象，造成电源负载过重。先关机，打开显示器外壳，重点检查行输出管及其周边电路，如果行输出管损坏，应用同型号的管子替换。

(4) 显示器显示正常，但亮度不够，而且调节亮度旋钮(或按钮)不起作用。这种故障的原因有两种：一是亮度控制电路或亮度调节电位器有问题；二是显示器使用时间过长，造成显像管老化，在此情况下，可调高行输出变压器上的阳极电压，以增强字符的亮度。

(5) 显示器有显示，但色彩偏色。出现这种情况有两种原因：一是显示器失调，可通过调节显示器的视放电路中的色彩电位器来解决；二是显示器信号电缆插头上的三根颜色线出现脱焊，拆下电缆插头，焊好相应的脱焊点即可。

5.7　实　训

一、实训目的

1. 掌握台式计算机各种部件的安装；
2. 了解台式计算机各种接口、插座的名称、作用；
3. 学会常用办公软件的使用方法；
4. 掌握计算机联网的基本方法。

二、实训条件

台式计算机、笔记本电脑、交换机等若干台，以及一些办公软件。

三、实训过程

1. 参观各种类型的计算机，如台式计算机、笔记本电脑、服务器和一体机。

2. 进行台式计算机部件的拆卸和安装。

3. 对计算机进行联网(对等网)，并进行联网设置；对用办公软件处理的文档设置共享并进行读取。

思考与练习五

一、填空题

1. 微型计算机按照结构划分，主要有台式微型机、笔记本电脑、(　　　)、(　　　)等。

2. 服务器按应用层次划分，有入门级服务器、(　　　)服务器、部门级服务器和(　　　)服务器四类。

3. 按服务器的机箱结构来划分，可以把服务器划分为台式服务器、(　　　)、机柜式服务器和(　　　)四类。

4. 目前市场上流行的主要是 Intel 公司的 CPU，绝大部分是酷睿 i7、(　　　)、(　　　)、酷睿四核、酷睿双核、奔腾双核、赛扬双核。

5. 硬盘存储器简称硬盘，是微机中广泛使用的外部存储设备，目前硬盘信号线有(　　　)接口和(　　　)接口。

6. 键盘通过主板上的(　　　)接口或(　　　)接口与主机连接。

7. 网卡都是以太网网卡。网卡按其传输速度的不同，可分为 10M 网卡、(　　　)自适应网卡以及(　　　)网卡。

8. 根据接口类型的不同，ADSL Modem 可以分为以太网接口、(　　　)接口和(　　　)接口三种类型。

二、选择题

1. 常用的 CPU 插座主要有 Socket478 主板、LGA775(触点式)主板、LGA1156 主板、(　　　)、Socket AM3(938 针)主板、Socket AM2+(940 针)主板、Socket AM2(940 针)主板等。

A. LGA1066 主板　　　　B. LGA1366 主板　　　　C. Socket478　　　　D. Socket944

2. 主板的(　　　)芯片主要负责管理 CPU、内存、AGP 这些高速的部分。

A. 南桥　　　　　　　　B. 北桥　　　　　　　　C. I/O　　　　　　　　D. BIOS

3. 内存条用来暂存计算机所需的程序和数据，它与 CPU 之间频繁地交换数据。内存条主要有 DIMM 接口。DIMM 接口有 184 线和(　　　)触点。

A. 200 线　　　　　　　B. 220 线　　　　　　　C. 240 线　　　　　　　D. 330 线

4. CMOS 是计算机主板上的一块可读/写的(　　　)芯片，用来保存当前系统的硬件配置和用户对某些参数的设定。CMOS 由主板的电池供电，即使关机，信息也不会丢失。

A. RAM　　　　　　　　B. ROM　　　　　　　　C. CMOS　　　　　　　D. FLASH ROM

5. Windows 即窗口的意思。随着电脑硬件和软件系统的不断升级，微软的 Windows 操作系统也在不断升级，从 16 位、32 位到(　　　)操作系统。

A. 34 位　　　　　　　B. 42 位　　　　　　　C. 48 位　　　　　　D. 64 位

三、简答题

1. 硬盘在什么情况下应进行分区？
2. CPU 如何安装？
3. 光驱如何安装？
4. Microsoft Office 的常用组件有哪些？
5. Internet 的主要服务功能是什么？

第6章

针式打印机

6.1 针式打印机的分类和选购

6.1.1 针式打印机的分类

(1) 按照打印头的撞针排列方式与数量来分,有9针打印机、24针打印机和行式针打(几百根针)打印机。现在大多为24针打印机,其呈双列交错排列,汉字打印效果满足基本要求。行式针打的超高速打印机,其打印头占满整个打印宽度,密密麻麻的几百根针呈长方阵排列,因为是整行一起打印,故打印速度非常快。

(2) 按照打印的宽度来分,有窄行打印机和宽行打印机。窄行针式打印机可以打印80列的连续纸及A4纸等,适合家用,目前十分普及。宽行针式打印机可打印132列的宽行连续打印纸,并且能够横打A3纸,适用于打印报表。

(3) 按照色彩来分,有单色打印机和彩色打印机。单色打印机打印出的颜色取决于其色带,但同时只可能打印一种颜色,多为黑色,也有红色色带。彩色针式打印机利用黄、红、蓝、黑四色色带,在打印时由打印头上下翻动、交替击打不同颜色,并对同一地方重复混色击打以产生彩色打印效果,但对彩色图像的打印效果欠佳,常用于打印彩色文本。

(4) 按照汉字字库来分,有不带汉字字库打印机和自带汉字字库打印机。用打印机自带的固化在ROM中的字库进行打印,速度快、字库不占硬盘,但字体、字形和大小的选择余地很小。随着硬盘容量的扩大和微机处理汉字速度的提高,以及人们对字体等要求的提高,一般采用装在硬盘中的汉字字库进行打印。

(5) 按照接口来分,目前针式打印机常见的有并口(也称为IEEE 1284, Centronics)打印机、串口(也称为RS-232接口)打印机和USB接口打印机。

此外,还有票据打印机、热敏打印技术和热转印打印技术。

大部分的票据打印机是根据针式打印机的原理制造的。票据打印机主要采用的是针式打印技术。针式打印技术的优点是可以用无碳复写纸打印双联和多联的票据,如果使用好的色带,字迹褪色很慢;缺点是打印速度慢、噪声大,打印效果差,维护成本较高。很多场合都需要复写,特别是财务领域,如打印增值税发票、快递单等等,经常采用票据打印机。

热敏打印技术:热敏打印技术的优点是打印速度快、打印效果好、维护成本低;缺点是如果使用一般的热敏打印纸,字迹褪色较快,但如果使用长效热敏纸,字迹也可以保存很长时间,10～15年的热敏纸目前也比较常见了。热敏打印技术在很多场合正逐渐替代针式打印机。

　　热转印打印技术：热转印打印技术的特点综合了针式打印机和热敏打印技术的优点，速度较快，而且效果比较好，但是由于其机构的复杂性，不仅打印机较贵，而且维护成本也较高，目前主要用于打印火车票。

6.1.2　针式打印机的选购

1. 针式打印机的特点

(1) 耗材(如色带)价格比较低廉，对纸的质量要求较低。

(2) 可以用 132 列的宽行纸，并且可以连续走纸，适合于打印较宽的表格等。

(3) 可以利用压感纸或复写纸，一次打印多份。票据打印机大部分是针式打印机。

(4) 可以打印蜡纸，然后进行油印。

(5) 噪声大、速度慢、精度低，不适合打印图形，尤其不适合打印彩色图像。

2. 典型产品

　　针式打印机(如图 6-1 所示)具有结构简单、使用灵活、技术成熟和速度适中的优点，同时还具有高速跳行能力、多份拷贝和大幅面打印的独特功能，所以目前国内使用的打印机中占较大份额的仍是针式打印机。国内市场的针式打印机主要是 EPSON、STAR、NEC、四通、南京富士等公司的产品。部分针式打印机的主要性能参数如表 6-1 所示。

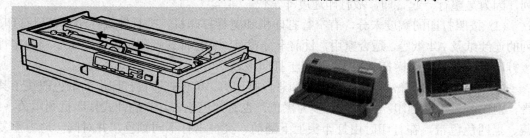

图 6-1　针式打印机

表 6-1　部分针式打印机主要性能参数比较

产品名称	爱普生 LQ-300K+II	松下 KX-P1131	四通 OKI5860SP	STAR AR970	实达 MP-330K
针数	24 针	24 针	24 针	9 针	9 针
最高分辨率	360 dpi	600 dpi		240 dpi	360 dpi
打印速度	150 字/秒	300 字/秒	130 字/秒	180 字/秒	220 字/秒
打印宽度	单页纸：100～257 mm 连续纸：101.6～254 mm	297 mm	单页纸：65～304.8 mm， 连续纸：76.2～304.8 mm	单页纸：139.7～304.8 mm； 连续纸：101.6～304.8 mm	57～76 mm
纸张类别	单页纸、单页拷贝纸、连续纸、卷纸	单页纸、单页拷贝纸、连续纸等	单页纸、压感纸卡片等	单页纸、连续纸等	卷筒纸或压感卷筒纸

续表

产品名称	爱普生 LQ-300K+II	松下 KX-P1131	四通 OKI5860SP	STAR AR970	实达 MP-330K
纸张厚度	0.065～0.52 mm	<0.35 mm	2.7 mm(中缝部 4.2 mm)	<0.5 mm	单层：0.06～0.085 mm；多层总厚度小于 0.2 mm
供纸方式	摩擦式/推动式拖纸器	摩擦式/推动式拖纸器	平推式摩擦走纸，后拖拉走纸	滚轴摩擦式及齿孔推动式送纸	
字体	宋体、黑体，EPSON OCR-B，可缩放字体 4 种，条码字体 8 种	草体 3 种,信函质量字体 7 种，向量字体 6 种		英文：罗马、OCR-A，OCR-B；汉字：宋体	GB 18030 汉字编码字符集，95 个 ASCII 字符
接口类型	IEEE 1284 双向并行接口，串行接口，USB 接口	Centronics 并行接口，RS-232 串行接口	标准 1284-1994 双向并行接口，串行接口	Centronics 并行接口	并行接口，串行 RS-232C 接口，USB 接口
内存	64 KB	39 KB	64 KB	14.7 KB	
色带类型	黑色色带	黑色色带		STAR 通用色带盒 (LZ24HD)	黑色色带
色带寿命	200 万字符	600 万字符	800 万字符	200 万字符	300 万草体字符
打印针寿命	2 亿次	2 亿次	3 亿次	3 亿次	3 亿次
工作噪音	49 dB	55 dB	56 dB	<55 dB	
电源	AC 220～240 V	AC 220～240 V	AC 220～240 V	AC 187～253 V	AC 220～240 V
电源频率	50～60 Hz	50～60 Hz	50～60 Hz	50～60 Hz	50～60 Hz

3. 针式打印机的选购

选购针式打印机时应注意以下事项：

(1) 打印速度，这是选购的关键。如果主要是打印汉字，则应该看它的汉字打印速度。

(2) 多层拷贝的拷贝份数。

(3) 打印区域。

(4) 打印针寿命。目前产品的打印针寿命能够达到 2 亿次击打/针。

(5) 检查是否有保修卡，资料是否完整，这样才能保证使用和维护的方便。

6.2 针式打印机的结构和基本工作原理

6.2.1 针式打印机的结构

针式打印机是由单片机、精密机械和电气构成的机—电一体化智能设备。它可以概括地划分为打印机械装置和电路两大部分，其组成框图如图 6-2 所示。

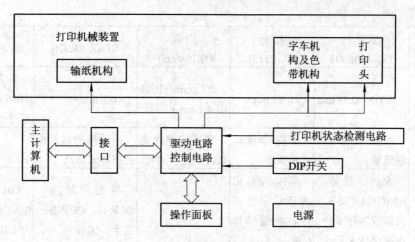

图 6-2　针式打印机的组成框图

1. 打印机械装置

(1) 打印头。打印头(印字机构)是成字部件，装载在字车上，用于印字，是打印机中的关键部件。打印机的打印速度、打印质量和可靠性在很大程度上取决于打印头的性能和质量。

(2) 字车机构。字车机构是打印机用来实现打印一个点阵字符/汉字及一行字符/汉字的机构。字车机构中装有字车，采用字车电机作为动力源。在传动系统的拖动下，字车将沿导轨作左右往复直线间歇运动，从而使字车上的打印头能沿字行方向、自左至右或自右至左完成一个点阵字符/汉字以及一行字符/汉字的打印。

字车机构的传动方式大体上可以归纳为两类：挠性传动和刚性传动。挠性传动采用同步齿形带传动或钢丝绳传动。目前国内市场上的针式打印机基本上采用的是挠性传动的同步齿形带传动。字车电机普遍采用步进电机。

(3) 输纸机构。输纸机构是驱动打印纸沿纵向移动以实现换行的机构。它采用输纸电机作为动力源，在传动系统的拖动下，使打印纸沿纵向前、后移动，以实现打印机的全页打印。

(4) 色带机构。色带及驱动色带不断地作单向循环移动的装置称为色带机构。色带的作用是使针击打的点痕在打印纸上显现出来。为了保证色带均匀使用，在打印过程中色带必须不断地周而复始地循环移动，以改变色带撞击的位置。否则，色带极易疲劳损坏、降低寿命，甚至很快失效。

色带是在带基上涂黑色或蓝色油墨染料制成的，可分为两类：薄膜色带和编织色带。

2. 控制电路

打印机的控制电路本身是一个完整的微型计算机，一般由微处理器(通称 CPU)、读写存储器(RAM)、只读存储器(ROM)、地址译码器和输入/输出(I/O)电路等组成。另外还有打印头控制电路、字车电机控制电路和输纸电机控制电路等。微处理器是控制电路的核心，由于当前微电子技术的高速发展，单片计算机(简称单片机)已将微型计算机的主要部分如微处理器、存储器、输入/输出电路、定时/计数器、串行接口和中断系统等集成在一个芯片上，所以许多打印机都用高性能的单片机替代微处理器及其外围电路。

3. 检测电路

(1) 字车初始位置(Home Position)检测电路。字车所停止的位置即打印字符(汉字)的起始位置。为了使字车每次都能回到初始位置，在打印机机架左端设置有一个初始位置检测传感器。

(2) 纸尽(PE)检测电路。无论哪种打印机都设置有纸尽检测电路，用于检测打印机是否装上打印纸。若没有装上打印纸或打印过程中纸用尽，则打印机停止打印。

(3) 机盖状态检测电路。打印机设置有机盖状态检测电路，一般采用簧片开关作为传感器。机盖盖好时开关闭合；反之开关弹开，由检测电路发出信号通知 CPU，令打印机不能启动。

(4) 输纸调整杆位置检测电路。打印机设置有输纸调整杆位置检测电路，其传感器都采用簧片开关，用开关的打开或关闭两种状态设置输纸方式。例如 AR-3200 打印机，当输纸调整杆在摩擦输纸方式时，开关闭合；在链轮输纸方式时，开关打开。

(5) 压纸杆位置检测电路。打印机都有一种可选件——自动送纸器(ASF)。打印机上装与未装自动送纸器，由压纸杆位置检测电路检测，所用传感器亦为簧片开关。开关闭合时为自动送纸方式，无论是连续纸或单页纸，纸都会自动卷入打印机；开关断开时为手动或导纸器送纸方式。

(6) 打印辊间隙检测电路。针式打印机设置有打印辊间隙检测电路，用以检测打印头调节杆的位置，亦用簧片开关作为传感器。当打印头调节杆拨在第 1~3 挡时，开关闭合，发出低电平信号给 CPU，打印方式为正常方式；当打印头调整杆拨在第 4~8 挡时，开关断开，发出高电平信号给 CPU，打印方式变为拷贝方式。

(7) 打印头温度检测电路。打印机在长时间连续打印过程中，打印头表面温度可达到100℃以上，其内部线圈温度更高，为了防止破坏打印头内部结构，打印机都设置有打印头测试检测电路。检测温度的传感器普遍采用具有负温度系数的热敏电阻，安装在打印头内部。

4. 电源电路

电源电路主要是将交流输入电压转换成打印机正常工作时所需要的直流电压。

6.2.2　针式打印机的基本工作原理

打印机在联机状态下，通过接口接收主机发送的打印控制命令、字符打印命令或图形打印命令，再通过打印机的 CPU 处理后，从字库中寻找到与该字符或图形相对应的图像编码首列地址(正向打印时)或末列地址(反向打印时)，然后按顺序一列一列地找出字符或图形的编码，送往打印头控制与驱动电路，激励打印头出针打印。

6.3　针式打印机的安装和使用

6.3.1　针式打印机的安装

下面以爱普生 DLQ-3250K 针式打印机为例说明安装过程。

1. 安装色带盒

(1) 关闭打印机，拔下其电源插头。

(2) 抓住打印机盖的后边将其抬起，然后上提并将其取下。

(3) 用手将打印头移到打印机中间。

(4) 如果旧色带盒仍装在打印机上，抓住色带盒的小把手向上提起，拿出旧色带盒，如图 6-3 所示。

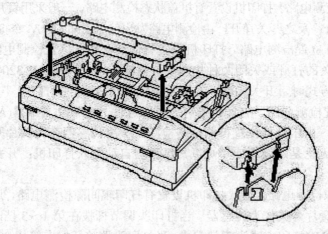

图 6-3　拿出旧色带盒

(5) 从包装中取出新色带盒，然后按箭头方向转动色带张紧旋钮使色带绷紧。

(6) 抓住色带盒的把手将色带盒装入，然后按其两端使塑料栓卡入槽中。

(7) 将色带导入打印机头和色带导片之间，转动色带张紧旋钮帮助色带就位。

(8) 左右滑动打印头以确保其移动自如，还要检查色带是否扭曲或褶皱。

(9) 若需装上紧纸器，就将紧纸器下放到打印机的栓钉上，然后下压紧纸器的两端直到其锁定到位。

(10) 将打印机盖放回原位。先将前边的锁舌插入打印机的槽中，然后放打印机盖直到其锁定到位。

2. 接口电缆连接

使用标准并行接口电缆连接打印机和计算机，如图 6-4 所示。使用 25 芯 D 型插头连接计算机，另一端 36 芯 Centronics 插头与打印机相连。如需连接串行接口，可选用接口转换器 SPC-8K。

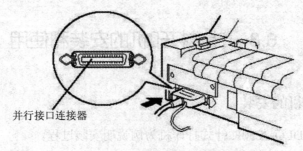

并行接口连接器

图 6-4　电缆与打印机接口的连接

请按以下步骤连接接口电缆：

(1) 关掉打印机及计算机电源。

(2) 将接口电缆连到打印机上，确定插头插紧。

(3) 用接口两边的扣杆把电缆插头扣紧至听到接口卡紧的声响。

(4) 将接口电缆另一端连到计算机上。

3. 安装打印纸

1) 穿孔打印机

(1) 把一叠穿孔打印纸放置在打印机后面，至少低于打印机一页纸的高度。

(2) 切断打印机的电源。

(3) 把送纸调杆向前拨，以选择链式送纸。

(4) 取下导纸板并放在一边。

(5) 取下打印机后盖。

(6) 打开纸夹，对齐两边纸孔并对准链齿装上打印纸。

(7) 沿着横杆调节链轮距离，用位于每个链轮背后的锁杆去释放或锁住当前位置。当锁杆压下时，链轮可动；当锁杆朝上时，则链轮锁住。

(8) 合上纸夹，再次检查打印纸孔是否对准链齿。如果没有对准，在走纸时会出现打印纸撕开或卡住等故障。

(9) 盖上打印机后盖，并装上导纸板(以水平位置)，以使打印纸和打印过的纸分离。

(10) 打开打印机前端电源开关，打印机会发出鸣响，指示没有装入打印纸，缺纸灯亮起。

(11) 按"装纸/出纸/退纸"按钮，打印纸会自动装入至打印初始位置。

(12) 如果要设置打印不同位置，按"联机"钮进入脱机状态，然后使用微量送纸功能设置打印纸位置。

2) 单页纸

(1) 将导纸板下部突出的两边插进打印机后盖相应位置。

(2) 调节导纸边框与所选纸张大小相吻合，记住打印机开始打印时在左边有一定的距离。

(3) 打开电源，打印机发出鸣响，警告缺纸，缺纸灯亮。

(4) 确定送纸调杆拨至打印机后方。若穿孔打印纸已经装在打印机上，应在脱机状态下按住"装纸/出纸/退纸"按钮退纸，然后把送纸调杆后拨。

(5) 把要打印的一面朝着打印机后方插进导纸板框内，直至纸不能再向前进为止。

(6) 按"装纸/出纸/退纸"按钮一次，压纸杆自动离开滚筒，纸张随即被送至打印头可打印的位置准备打印。

(7) 如果要置纸在不同位置，可按"联机"按钮至脱机，然后用微量走纸功能置纸。

4. 自检

按以下步骤对打印机进行自检：

(1) 确保已经装纸且打印机已关闭。关闭打印机后，一定要等至少 5 秒钟才能再打开，否则会损坏打印机。

(2) 要使用草体(Draft)进行自检，就在打开打印机电源的同时按下"换行/换页"键。要使用打印机的信函质量字体进行自检，就在打开打印机电源的同时按下"进纸/退纸"键。

(3) 几秒钟之后，打印机自动装纸并开始打印自检(打印机会打印出一串字符)。要想临时停止自检，则按"暂停"键，再按"暂停"键则恢复自检。

(4) 结束自检，则按"暂停"键停止打印并按"进纸/退纸"键退出打印好的页，然后关闭打印机。

5. 安装驱动程序

启动 Windows 98\2000，系统可能会出现"找到新的硬件设备"窗口，提示插入光盘。将驱动程序光盘放入光驱中，机器自动运行并安装驱动程序。

6.3.2　针式打印机的使用

1. 针式打印机的控制面板

针式打印机的控制面板如图 6-5 所示。

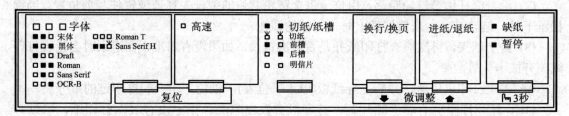

图 6-5　控制面板

2. 操作键的功能

正常模式下，控制面板上各操作键的功能如表 6-2 所示。

表 6-2　正常模式下控制面板上各操作键的功能

操作键	功　　能
暂停	临时停止打印，再按时恢复打印；按 3 秒钟打开微调整功能
进纸/退纸	装入或退出纸；微调整功能打开时，执行向前微调整
换行/换页	短暂按一下，换行；按住几秒钟，换页；微调整功能打开时，执行向后微调整
切纸/纸槽	将连续纸进到切纸位置；选择前槽、后槽、名信片模式
字体	选择字体
高速	打开或关闭高速打印
复位(字体+高速)	将打印机复位

按住操作键的同时打开打印机电源可执行如表 6-3 所示的功能。

表 6-3　按住操作键的同时打开打印机电源可执行的功能

操作键	功　　能
换行/换页	汉字自检
字体	缺省设置
进纸/退纸+换行/换页	数据转储
换行/换页+进纸/退纸+暂停	清除 EEPROM 中存储的内容
切纸/纸槽+进纸/退纸	更换色带，计数清除 EEPROM
暂停	双向调整
其他	无效

在缺省设置模式下可实现的功能如表 6-4 所示。

表 6-4　在缺省设置模式下可实现的功能

操作键	功　　能
字体	选择菜单
切纸/纸槽	改变设置
其他	无效

3. 选择内置字体

按以下步骤可在打印机控制面板上设置一种内置字体：

(1) 确保打印机不是正在打印。如果它正在打印，按"暂停"键停止打印。

(2) 要选择一种字体，就按字体键，直到三个字体灯按表 6-5 所示的亮灭顺序指示出所需的字体。

表 6-5　三个字体灯状态与字体的关系

字体灯			字　　体
■	■	□	宋体
■	□	■	黑体
■	□	□	Draft
□	■	■	Roman
□	■	□	Sans Serif
□	□	■	OCR-B
□	□	□	Roman T
■	■	闪	Sans Serif H

注：□=亮，■=灭，闪=闪烁。

6.4　针式打印机的维护

1. 打印机的日常维护

(1) 用户应经常进行打印机表面的清洁维护，保持打印机外观的清洁。如果打印机上有脏迹，可用潮湿的柔软布条进行擦拭，或可蘸少量洗衣粉擦除，然后再用干净的湿布擦一遍。注意要在关掉电源的情况下进行，不可使用酒精擦洗。

(2) 认真阅读打印机操作使用手册，正确设置开关、使用操作面板并正确装纸，避免乱操作带来的故障。

(3) 打印机必须在干净、无尘、无酸碱腐蚀气体的环境中工作，避免日光直晒、过潮、过热。打印机工作台面必须平稳无振动。打印机无论运行与否，其上不可放置任何物品，以免异物掉入机内产生机械和电气故障；不使用时最好加布罩。

(4) 根据使用环境和负荷情况，定期(每隔一到三个月)清除打印机内部的纸屑和灰尘。

(5) 每次打印前，必须检查一下打印机进纸和出纸是否畅通，打印机内部是否有异物落入，打印机色带是否在正确位置。

(6) 打印机供电、接地应该正确。与主机连接及插拔电缆时，一定要先关闭主机和打印机电源，以防烧坏接口元件；闲置不用时，也要定期加电。

(7) 打印机在加电状况下，应尽量避免人为转动打印字辊。如果一定要调整行距、打印纸位置等，应先按打印机操作面板的"联机/脱机"开关，使打印机脱机后，用换行/换页、退纸/进纸等功能键来完成。

调整好后，再按一下"联机/脱机"开关，恢复联机打印状态。

(8) 不用或尽量少用蜡纸打印，因为蜡纸上的石蜡会与打印辊上的橡胶起化学反应，使橡胶胀大变形；同时若石蜡进入打印头的打印针导向孔内，会使打印针运动阻力增加，易断针。若一定要用蜡纸打印，可将蜡纸下面的一层棉纸去掉，垫一张质量较好的纸(如复印纸等)，以减少打印横向运动的摩擦阻力，且一定要将打印机设置于低速、单向打印状态，以减少断针危险。打印机打印结束后，要及时用酒精清洗橡胶打印辊。

(9) 日常使用中要注意机械运动部件、部位的润滑，定期用柔软的布擦去油污垢，然后加油。一般用钟表油或缝纫机油，特别对于打印头滑动部件，更要经常保持其清洁、润滑，这样既能使机械磨损减轻，又能减轻摩擦声音，否则容易产生卡位或咬死等故障。加油时要注意位置，不要加到不该加油的地方，使其沾染灰尘，给平时保养增加麻烦。当开机后发现打印头、输纸机构等机械部位运行困难时，必须立即断电检查，以免故障扩大，损坏电路和机械部分。

(10) 要尽量使用高质量色带，不宜使用过湿、油墨过浓的色带。在启用新色带前应认真进行检查，如有无起毛，接头是否良好等；色带使用时间不宜过长，表面起毛或有破损则不宜再用；旧色带也不宜加油墨后重用，因起毛后的色带若不及时更换则极易挂针，损坏打印头。另外，要经常观察色带的运转是否顺畅、自然，如不正常，应查明原因并及时处理。

(11) 打印头是打印机的关键部件，由于打印头的打印针是用很细的钢丝做成的，经热处理加工后，硬度高，脆性大，极容易发生断裂，因此打印针头部均装有导向装置，以保证打印针正确打印。

当打印针的导向孔被灰尘和油污堵塞时，打印针由于进出受阻，而速度减慢，就容易折断。所以，要经常清洗打印头，尤其是使用油墨多、质量差的色带和打印蜡纸以后，要及时进行清洗。

2. 打印头的清洗方法

容易装卸打印头的打印机主要有 EPSON 系列(如 LQ1600K)、NEC P7、Brother 系列等，下面以 EPSON LQ1600K 打印机为例进行说明。LQ1600K 打印机的打印头可以很方便地从打印头座上卸下来清洗，具体方法如下：

(1) 将打印头从打印头座上取下，并将扁平电缆与打印头脱离。

(2) 将打印头前端出针处朝下浸入无水酒精，注意出针处至少浸入无水酒精 2 cm，视具体污染程度浸泡 2 小时左右。

(3) 用医用注射器吸入无水酒精对准出针口上端及下端注射多次，将污染物清除。

(4) 将打印头与扁平电缆连接好，但打印头先不装到打印头座上，继续按照第(2)步将其头朝下浸入无水酒精中，打开打印机电源并使打印机自检，驱动打印针运动 2 分钟左右即可。这时要注意浸入打印头后，打印头针部还应距容器底部有 10 mm 左右的距离，以防打印针撞击容器底部造成断针。

另外，打印机在作自检操作时，应手持打印机打印头和浸泡的容器随打印头座移动并拉动扁平电缆一起动作，这样可以防止将打印头电缆拉坏。打印头空打出针时不得碰到其他任何物体，以免引起断针。若污垢较重，应反复清洗数次，直至将固化在针与针之间的污垢全部清洗干净。以上操作最好两个人配合进行。

(5) 待打印头上的无水酒精挥发后，在导针孔处加入少量高级机油，以减少出针时的阻力。将打印头装回打印头座，连接好扁平电缆即可工作。

6.5 实　训

一、实训目的

1. 了解各类型的针式打印机；
2. 掌握某种针式打印机的使用方法。

二、实训条件

不同类型的针式打印机若干台。

三、实训过程

1. 进行针式打印机与微型计算机的连接，并安装色带及驱动程序。
2. 进行打印机的自检操作和联机打印。
3. 进行打印头清洗操作和正常的各种维护操作。

思考与练习六

一、填空题

1. 针式打印机按照打印的宽度分，有窄行打印机和(　　)打印机。窄行针打可以打印(　　)列的连续纸及 A4 纸等，适于家用，目前十分普及。

2. 针式打印机按照汉字字库分，有(　　)汉字字库打印机和(　　)汉字字库打印机。

3. 针式打印机的字车机构中装有(　　)，采用字车电机作为动力源。在传动系统的拖动下，字车将沿导轨作(　　)往复直线间歇运动。

4. 字车机构的传动方式大体上可以归纳为两类：(　　)传动和(　　)传动。

5. 针式打印机中色带是在带基上涂黑色或蓝色油墨染料制成的，可分为两类：(　　)色带和(　　)色带。

二、选择题

1. 目前针式打印机的针大部分是(　　)根。

A. 24　　　　　　　B. 20　　　　　　　C. 32　　　　　　　D. 28

2. 针式打印机按照接口分，目前常见的有并口(或称为 IEEE 1284，Centronics)、串口(或称为 RS-232 接口)和(　　)接口。

A. RJ45　　　　　　B. PS2　　　　　　C. PCI　　　　　　D. USB

3. 目前针式打印机产品的打印针寿命能够达到(　　)次击打/针。

A. 0.5 亿　　　　　　B. 1 亿　　　　　　C. 2 亿　　　　　　D. 4 亿

三、简答题

1. 针式打印机的主要特点是什么？

2. 针式打印机的基本工作原理是什么？

3. 简述针式打印机自检操作的过程。

4. 针式打印机如何安装穿孔纸？

第7章

喷墨打印机

7.1 喷墨打印机的分类和特点

7.1.1 喷墨打印机的分类

(1) 按所用墨水的性质分，有水性喷墨打印机和油性喷墨打印机。水性喷墨打印机所用的墨水是水性的，因此喷墨口不容易被堵塞，打印效果较好。油性喷墨打印机所用的墨水是油性的，沾水也不会扩散开，但其喷墨口容易堵塞。

(2) 按所用墨盒的类型，根据所采用颜色的数量、墨盒的数量以及是否采用独立的墨盒来分，有黑、青、洋红、黄四色墨盒，黑、青、洋红、黄、淡青、淡洋红六色墨盒，以及在六色基础上增加了红色和蓝色并配以亮光墨的八色墨盒。

(3) 按主要用途分，有普通型喷墨打印机、数码照片型喷墨打印机和便携式喷墨打印机。普通型喷墨打印机是目前最为常见的打印机，其用途广泛，可以用来打印文稿、图形图像，也可以使用照片纸打印照片。数码照片型喷墨打印机具有数码读卡器，在内置软件的支持下可以直接连接数码照相机或数码存储卡，可以在没有计算机支持的情况下直接进行数码照片的打印。便携式喷墨打印机的体积小巧，一般重量在 1000 克以下，方便携带，可以使用电池供电。

(4) 按打印机的分辨率分，有低分辨率打印机、中分辨率打印机和高分辨率打印机。目前一般喷墨打印机的分辨率均在 4800 dpi × 1200 dpi 以上。

7.1.2 喷墨打印机的特点

(1) 喷墨打印机的分辨率一般在 4800 dpi × 1200 dpi 以上。高分辨率彩色喷墨打印机打印出的图片其分辨率已经接近照片的分辨率。

(2) 打印速度比针式打印机快许多。

(3) 噪声小。

(4) 与针式打印机相比，体积小、重量轻。

(5) 耗材(如墨水或一次性喷墨头)的成本比针式打印机的色带要高得多。

(6) 对纸张的要求较高，要求所使用的纸张表面光滑，最好也能厚一点。喷墨打印机无法使用连续式和自动复写式的打印纸，不能同时打印多份。

7.2　喷墨打印机的组成和基本工作原理

喷墨式印字技术的原理是：利用一个压纸卷筒和输纸进给系统，当纸通过喷墨头时，让墨水通过细喷嘴，在强电场作用下以高速墨水束的形式将墨水喷到纸上，形成点阵字符或图像。

7.2.1　喷墨打印机的组成

气泡式喷墨打印机是目前应用最为广泛的喷墨打印机。该类打印机具有打印速度快、打印质量高以及易于实现彩色打印等特点。目前市场上很多型号的喷墨打印机都是气泡式喷墨打印机。现以 BJ 喷墨打印机为例介绍其组成。该打印机基本上都可以分成机械和电气两部分。

1. 机械部分

机械部分主要由喷头和墨盒、清洁机构、字车部分和走纸部分组成。

1) 喷头和墨盒

喷头和墨盒是打印机的关键部件，打印质量和速度在很大程度上取决于该部分的质量和功能。喷头和墨盒的结构分为两类：一类是喷头和墨盒做在一起，墨盒内既有墨水又有喷头，墨盒本身即为消耗品，墨水用完后需更换整个墨盒，所以这类打印机耗材的成本较高。另一类是喷头和墨盒分开的，当墨水用完后仅需更换墨盒，耗材成本较低。

2) 清洁机构

喷墨打印机中均设有清洁机构，其作用是清洁和保护喷嘴。清洗喷嘴的过程比较复杂，包括抽吸和擦拭两种操作。抽吸是借助防止喷嘴内的墨水干涸与泄漏的橡皮盖实现的，具体是利用与喷头相连的泵单元的抽吸作用，将喷嘴中的残余墨水排到废弃墨水吸收器中，目的是用新的墨水替换含有气泡和杂质的残余墨水，保证打印质量。擦拭是通过擦刷在喷嘴表面的移动，去除喷嘴表面的残存墨水和纸纤维，达到清洗喷嘴表面的目的。

3) 字车部分

喷墨打印机的字车部分和针式打印机相似，字车电机通过齿轮的传动作用，使字车引导丝杠转动，从而带动字车上的墨盒在丝杠的方向上移动，实现打印位置的变化。当字车归位时，引导丝杠再次转动而推动清洁机构齿轮，完成清洗工作。

4) 走纸部分

走纸部分是实现打印中纵向送纸的机构，通过此部分的纵向送纸和字车的横向移动，实现整张纸打印。走纸电机通过传动齿轮驱动一系列胶辊的摩擦作用，将打印纸输送到喷嘴下，完成打印操作。

2. 电气部分

喷墨打印机的电气部分主要由主控制电路、驱动电路、传感器检测电路、接口电路和电源构成。

1) 主控制电路

主控制电路主要由微处理器单元、打印机控制器、只读存储器(ROM)、读写存储器(RAM)组成。ROM 中固化了打印机监控程序、字库；RAM 用来暂存主机送来的打印数据；打印机控制器和接口电路、传感器检测电路、操作面板电路、驱动电路连接，用以实现接口控制、指示灯控制、面板按键控制、喷头控制、走纸电动机和字车电动机控制。

2) 驱动电路

驱动电路主要包括喷头驱动电路、字车电机驱动电路和走纸电机驱动电路。这些驱动电路都是在控制电路的控制下工作的。喷头驱动电路把送来的串行打印数据转换成并行打印信号，传送到喷头内的热元件。喷头内热元件的一端连到喷头加热控制信号，作为加热电极的激励电压，另一端和打印信号相连。只有当加热控制信号和打印信号同时有效时，对应的喷嘴才能被加热。字车电机驱动电路的功能是驱动字车电机正转和反转，通过齿轮的传动使字车在引导丝杠上左右横向移动，在 BJ-10ex 喷墨打印机中，当字车回到左边初始位置时，把引导丝杠的齿轮推向清洁装置，字车电机驱动清洁装置工作。走纸电机驱动电路的功能是驱动走纸电机运转，经过齿轮的传递作用带动胶辊转动，执行走纸操作。

3) 传感器检测电路

传感器检测电路主要用于检测打印机各部分的工作状态。喷墨打印机一般有以下几种检测电路。

(1) 纸宽传感器。纸宽传感器附在打印头上，进纸后，打印头沿着每页的上部横扫，测出纸宽，以避免打印到压纸辊上。此类传感器一般为光电传感器。

(2) 纸尽传感器。纸尽传感器用来检测打印机是否装纸，或在打印过程中发现纸用完以后反馈给控制电路，所用传感器为光电传感器。

(3) 字车初始位置传感器。当打印机开机或接到主机的初始信号，或回车换行时，字车就返回左边初始位置(复位)。该传感器用于检测出现上述情况时字车能否复位。其传感器也是光电传感器。

(4) 墨盒传感器。墨盒传感器用于检测墨盒是否安装或安装是否正确，其传感器也是光电传感器。

(5) 打印头内部温度传感器。此传感器为一个热敏电阻，用于检测气泡喷头的温度，以使其处于最佳温度。当温度降低时，经热敏电阻测出后，由升温加热器加热打印头。

(6) 墨水传感器。此传感器是薄膜式压力传感器，用于检测墨盒中有无墨水。

4) 接口电路

主机和打印机是通过接口相连接的。接口一般为并行接口和 USB 接口，也可选用 RS-232 串行接口(属选配件)。

5) 电源

电源一般输出三种直流电压，+5 V 用于逻辑电路，还有两种高压分别用于喷头加热和驱动电机。

7.2.2　喷墨打印机的基本工作原理

喷墨打印机的喷墨技术有连续式和随机式两种，目前采用随机式喷墨技术的喷墨打印机逐渐在市场占据主导地位。

随机式喷墨技术的喷墨系统供给的墨滴只在需要印字时才喷出，其墨滴喷射速度低于连续式，但可通过增加喷嘴的数量来提高印字速度。随机式喷墨技术常采用单列、双列或多列小孔，一次扫描喷墨即可印出所需印字的字符和图像。

许多计算机外设厂家都投入大量资金集中力量发展随机式喷墨打印机。其中气泡式喷墨技术发展较快，如图 7-1 所示，其喷墨过程可分为七步。

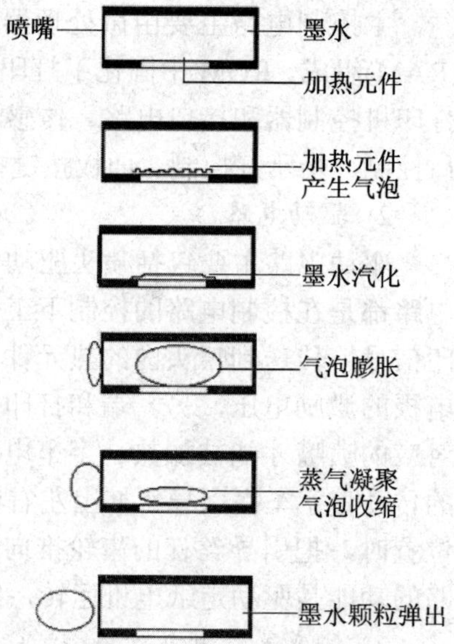

(1) 在未接收到加热信号时，喷嘴内部的墨水表面张力与外界大气压平衡，处于平衡稳定状态。

(2) 当加热信号发送到喷嘴上时，喷嘴电极被加上一个高幅值的脉冲电压，加热器元件迅速加热，使其附近墨水温度急剧上升并汽化形成气泡。

(3) 墨水汽化后，加热器表面的气泡变大形成薄蒸气膜，以避免喷嘴内全部墨水被加热。

图 7-1　随机式喷墨原理

(4) 加热信号消失后，加热器表面温度开始下降，但其余热仍使气泡进一步膨胀，使墨水挤出喷嘴。

(5) 加热器元件的表面温度继续下降，气泡开始收缩。墨水前端因挤压而喷出，后端因墨水的收缩使喷嘴内的压力减小，部分墨水被吸回喷嘴内，墨水滴开始与喷嘴分离。

(6) 气泡进一步收缩，喷嘴内产生负压力，气泡消失，喷出的墨水滴与喷嘴完全分离。

(7) 墨水由墨水缓存器再次供给，恢复平衡状态。

7.3　喷墨打印机的选购和安装使用

7.3.1　喷墨打印机的选购

由于喷墨打印机的价格低于针式打印机，而印字质量又近似于激光打印机且工作噪声低，因此成为家用和办公的首选。

(1) 选购高质量的喷墨打印机主要应考虑喷头和分辨率。喷墨打印机的关键是喷头，喷头质量的好坏决定了打印机的打印速度和打印效果。在墨水用完以后要立即更新喷头，这样就如同购买了新的打印机。分辨率高低与价格关系很大，要根据不同的用途选择不同的分辨率。

(2) 购买喷墨打印机的另一个关键是看它的打印速度。如果主要是打印汉字，则应该看它的汉字打印速度。汉字打印速度与接口及是否有内置字体有关。目前市场上打印机产品常见的主要接口类型包括并行接口和 USB 接口。USB 接口的速度较快。

(3) 按照用途和打印幅面选择打印机。如果需要在灯箱布、幻灯胶片等多种介质上打印，则应选择能打印该介质的喷墨打印机。最大打印幅面指喷墨打印机所能打印的最大纸张幅面。目前，喷墨打印机的打印幅面主要有 A4、B5 等幅面。

(4) 购买彩色打印机时，应注意其是否经过 Pantone 认证，查看其打印出来的彩色是否明亮、逼真。

(5) 购买喷墨打印机时应检查是否有保修卡、资料是否完整，这样才能保证使用和维护的方便。

(6) 购买喷墨打印机应注意消耗品(如墨水、纸张等)是否容易买到。此外，有的打印机要求使用高质量的纸张(如复印纸)，成本较高。

(7) 彩色喷墨打印机用户一般都喜欢打印色彩鲜艳，而目前许多厂商的彩色喷墨打印机都是采用标准调色板，打印彩色文字时某些色彩不完整，因此在选购时要注意测试。

下面将部分喷墨打印机的技术指标列出，便于用户选购时参考，如表 7-1 所示。

表 7-1 部分喷墨打印机的主要性能比较

产品名称	爱普生 Stylus Photo T50	惠普 Officejet 7000 E809(C9299A)	佳能 PIXMA iP3680	利盟 Lexmark Z2300	惠普 Officejet Pro 8000
打印机类型	普通喷墨打印机	普通喷墨打印机	普通喷墨打印机	数码照片打印机	喷墨打印机
适用类型	家用	商用	家用	家用	商用
墨盒类型	六色墨盒	四色墨盒、普通墨盒	四色墨盒	四色墨盒	四色墨盒
缓存	64 KB	32 MB			
接口	USB 2.0	高速 USB 2.0 接口，有线网络接口	高速 USB 2.0(B 端口)；数码相机直接打印 (PictBridge)	USB 2.0	1 个 USB 2.0 接口，1 个有线网络接口
系统兼容	Windows 2000/ XP/XP x64/ Vista，Mac OS 10.3.9 或以上版本	Windows 2000(SP4)/ XP Home/XP 32-bit (SP1)/ Vista(32 和 64-bit)，Mac OS X v10.4.11，Mac OS X v10.5.x	Windows Vista/ XP/ 2000，Mac OS X v10.5/X v10.4/X v10.3.9	Windows XP，Windows XP Professional x64，Windows Vista，Mac OS X (10.4.4-10.5.x Intel)，Mac OS X (10.3.9 Power PC)，Windows 2000 5.00.2195 or later	
最高分辨率	5760 dpi	4800 dpi × 1200 dpi	9600 dpi × 2400 dpi	4800 dpi × 1200 dpi	4800 dpi × 1200 dpi
黑白打印速度	37 ppm	33 ppm	26 ppm	22 ppm	35 ppm
彩色打印速度	38 ppm	32 ppm	17 ppm	16 ppm	34 ppm
最大打印幅面	A4	A3+	A4	A4	A4
供纸方式	自动	自动	手动	自动/手动	自动
纸张容量	120 页	250 页		100 页	250 页
支持网络打印	支持	支持			支持
电源电压	220～240 V	100～240 V	100～240 V	100～240 V	100～240 V
电源频率	50/60 Hz	50/60 Hz	50/60 Hz	50/60 Hz	50/60 Hz
噪音	34 dB	63 dB	41 dB	53 dB	64 dB

7.3.2 喷墨打印机的安装使用

现以 HP Officejet 7000(E809)喷墨打印机为例，介绍其结构、安装及使用方法。

1. 打印机的结构

HP Officejet 7000(E809)喷墨打印机的前视图如图 7-2 所示。

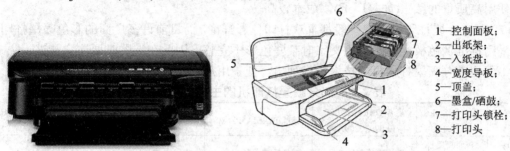

1—控制面板；
2—出纸架；
3—入纸盘；
4—宽度导板；
5—顶盖；
6—墨盒/硒鼓；
7—打印头锁栓；
8—打印头

图 7-2　HP Officejet 7000(E809)喷墨打印机的前视图

HP Officejet 7000(E809)喷墨打印机的后视图如图 7-3 所示。

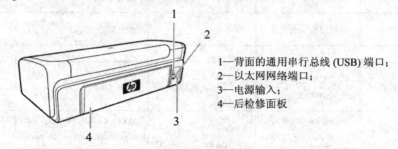

1—背面的通用串行总线 (USB) 端口；
2—以太网网络端口；
3—电源输入；
4—后检修面板

图 7-3　HP Officejet 7000(E809)喷墨打印机的后视图

控制面板指示灯的详细信息如图 7-4 所示。

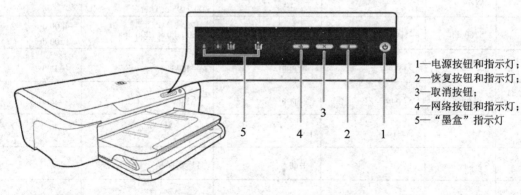

1—电源按钮和指示灯；
2—恢复按钮和指示灯；
3—取消按钮；
4—网络按钮和指示灯；
5—"墨盒"指示灯

图 7-4　控制面板指示灯的详细信息

2. 安装纸介质

安装纸介质的操作步骤如下：

(1) 提起出纸盘。

(2) 将介质导板滑出到最宽设置。如果要放入较大尺寸的介质，拉出进纸盒将其延长。

(3) 沿着纸盒右侧将介质打印面朝下插入纸盒。确保这叠介质与纸盘的右侧和后侧对齐，高度不超出纸盘的标记线。不要在设备正在打印时装纸。

(4) 调节纸盒中的介质导板，以适合装入介质的尺寸，然后放下出纸盒。

(5) 拉出出纸盘的延伸板，如图 7-5 所示。

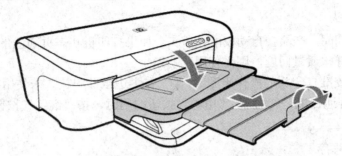

图 7-5　拉出出纸盘的延伸板

3. 更换墨盒

更换墨盒的操作步骤如下(如图 7-6 所示)：

(1) 确保本打印机已开启。

(2) 打开墨盒检修门。待墨盒停止移动后，再执行下一步操作。

(3) 按下墨盒前部的卡销，释放墨盒，然后将其从插槽中取出。

(4) 将桔黄色拉环平直向后拉动，从包装中取出新墨盒。

(5) 扭转桔黄色拉环帽，将其取下。

(6) 使用彩色有形图标获取帮助，将墨盒滑入空的墨盒槽中，直到其卡入就位，牢固地固定在墨盒槽中。确保插入的墨盒槽与正安装的墨盒具有相同的形状图标和颜色。

(7) 对每个需要更换的墨盒重复步骤(3)～(6)。

(8) 关闭墨盒门。

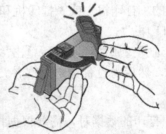

图 7-6　更换墨盒操作

4. 清洗打印头

如果打印输出中出现条纹、颜色不正确或缺失等情况，则需要清洗打印头。清洗共分两个阶段，每个阶段持续大约两分钟。使用一页纸，并逐渐增加墨水用量。每个阶段完成后，检查打印后的页面质量。只有打印质量较差时，才应该开始下一阶段的清洗。

如果完成所有阶段的清洗后打印质量仍然较差，可尝试校准打印机。

由于清洗打印头会耗费墨水，因此必要时才清洗打印头。清洗过程需要数分钟。清洗过程中可能会产生一些噪音。清洗打印头前，确保放入纸张。

从控制面板清洗打印头的操作步骤为：① 在主进纸盒中放入未使用的 Letter、A4 或 Legal 的普通白纸。② 按住"电源"按钮的同时，按"取消"按钮两次，按"继续"按钮一次，然后松开"电源"按钮。

5. 校准打印头

在初始设置期间，产品会自动校准打印头。如果打印机状态页的色带中有条纹或白线，或者打印输出有打印质量问题，则需使用此功能。

从控制面板校准打印头的操作步骤为：① 在主进纸盒中放入未使用的 Letter、A4 或 Legal 等类型的普通白纸。② 按住"电源"按钮的同时，按"继续"按钮三次，然后松开"电源"按钮。

6. 安装驱动程序

可以将打印设备直接连接到计算机，也可以与网络上的其他用户共享打印设备。可以用 USB 电缆将设备直接连接到计算机。在连接打印设备之前须安装驱动程序，其操作步骤如下：

(1) 关闭所有运行的应用程序。

(2) 将安装光盘插入光盘驱动器，其菜单将自动运行。如果其菜单未自动启动，双击安装光盘中的 Setup 图标。

(3) 在光盘菜单上单击一种安装选项，然后按照屏幕上的说明进行操作。

在安装设备软件之前，如果将设备与计算机连接，则在计算机屏幕上会出现"发现新硬件"向导，按照向导进行操作即可。

7. 在本地共享网络上共享设备

在本地共享网络中，如果打印设备直接连接到选定计算机(也就是服务器)的 USB 连接器上，其他计算机(客户机)可共享该设备。操作步骤如下：

(1) 选择"开始"菜单下的"打印机"或"打印机和传真"，或者依次单击"开始"→"控制面板"，然后双击"打印机"。

(2) 右键单击设备图标，选择"属性"，然后单击"共享"标签。

(3) 单击该选项共享设备，然后为设备指定共享名。

8. 打印数据

当在应用程序中创建用于打印的数据时，需要根据打印纸尺寸设置打印参数。

(1) 选择打印纸并装入打印机。

(2) 运行打印机驱动程序。

(3) 单击"主窗口"选项，然后进行打印参数设置，如图 7-7 所示。

(4) 在"来源"列进行合适的设置。

(5) 在"类型"列进行合适的介质类型设置。

(6) 在"尺寸"列进行合适的尺寸设置。

(7) 单击"确定"按钮，关闭打印机驱动程序设置对话框。

完成以上步骤后，即可开始打印。在打印整个作业之前，打印一页测试副本来检测打印输出。

图 7-7 打印参数设置

9. 在特殊介质或自定义尺寸介质上打印(Windows)

在特殊介质或自定义尺寸介质上打印的操作步骤如下:

(1) 装入适当的介质。

(2) 打开文档,在"文件"菜单中单击"打印",然后单击"设置"、"属性"或"首选项"。

(3) 单击"功能"标签。

(4) 从"尺寸"下拉列表中选择介质尺寸。如果没有看到介质尺寸,创建一个自定义介质尺寸。

① 从下拉列表中选择"自定义"。

② 键入新的自定义尺寸的名称。

③ 在"宽度"和"高度"框中键入尺寸,然后单击"保存"按钮。

④ 单击"确定"按钮两次,关闭"属性"或"首选项"对话框。再次打开对话框。

⑤ 选择新的自定义尺寸。

(5) 从"纸张类型"下拉列表中选择纸张类型。

(6) 从"纸张来源"下拉列表中选择介质来源。

(7) 更改其他设置,然后单击"确定"按钮。

(8) 打印文档。

7.4 喷墨打印机的维护

7.4.1 喷墨打印机的日常维护

可根据指示灯的状态来分析故障原因,解决故障问题。指示灯的位置如图 7-4 所示。故障原因和解决方法如表 7-2 所示。

表 7-2　HP Officejet 7000 常见故障及解决方法

指示灯状态	故障原因	解决方法
所有指示灯熄灭	设备关机	连接电源线。按"电源"按钮
"电源"指示灯亮起	设备就绪	无需进行任何操作
"电源"指示灯闪烁	设备正在开机或关机，或正在处理一项打印作业	无需进行任何操作。设备正在暂停，等待墨水晾干
"电源"指示灯和"恢复"指示灯闪烁	打印介质卡在设备中	取出出纸盘中的所有介质，找到卡塞介质并予以清除；设备墨盒卡住，打开顶盖，清除所有障碍物(如卡住的介质)。按"恢复"按钮继续打印。 如果错误仍然存在，请关闭设备，然后再次开机
"电源"指示灯亮起，"恢复"指示灯闪烁	设备的纸张用完了	装入纸张，然后按"恢复"按钮。若介质宽度设置得与装入的介质不符，在打印驱动中进行更改，将其设置得与装入的介质一致
"电源"指示灯和"恢复"指示灯亮起	某一盖板未完全关闭	确保所有的盖板都已关闭
电源指示灯亮起，墨盒指示灯从左到右依次闪烁	无打印头或打印头故障	重新安装打印头。 如果仍出现错误，请更换打印头
电源指示灯闪烁，墨盒指示灯从左到右依次闪烁	打印头不兼容	重新安装打印头。 如果仍出现错误，请更换打印头
"电源"指示灯亮起，一个或多个"墨盒"指示灯闪烁	一个或多个墨盒缺失	设备中装有重复彩色墨盒，请重新安装所指示的墨盒，然后尝试打印。如果需要，请取下墨盒并重新插入，反复几次。 如果错误仍然存在，更换指示的墨盒
"电源"指示灯、一个或多个"墨盒"指示灯闪烁	一个或多个墨盒故障，需要注意不正常、缺失、损坏或不兼容	确保指示的墨盒安装正确，然后尝试打印。如果需要，请取下并重新插入墨盒，反复几次。 如果错误仍然存在，更换指示的墨盒
"电源"指示灯亮起，一个或多个"墨盒"指示灯亮起	一个或多个墨盒缺墨，需尽快更换	当打印质量变得不可接受时，获取新墨盒并更换现有的墨盒
电源指示灯亮起，"恢复"指示灯和一个或多个墨盒指示灯闪烁	出现下列其中一种情况： (1) 一个或多个墨盒几乎用尽，可能导致打印质量不佳。 (2) 一个或多个墨盒用尽。 (3) 刚安装了新的打印头，墨盒中的墨水量不足。墨水量不足，无法初始化打印头	(1) 更换现有墨盒以避免打印质量不佳。 (2) 更换现有墨盒(使用原装HP墨盒)。 (3) 确保指示的墨盒安装无误

7.4.2　喷墨打印机的一般维护

喷墨打印机的打印效果好、噪声低，因此越来越受到广大用户的青睐。下面主要以 EPSON 喷墨打印机为例说明其使用和维护方法。

(1) 在刚开启喷墨打印机电源开关后，电源指示灯或联机指示灯将会闪烁，这表示喷墨打印机正在预热。在此期间用户不要进行任何操作，待预热完毕后指示灯不再闪烁时方可操作。有些喷墨打印机的预热时间较长，在指示灯闪烁期间，用户一定要耐心等待。

有些喷墨打印机的操作面板功能很强，几乎可以控制喷墨打印机的所有功能。当打印结果与面板的设定不一样时，有可能是软件的设置与面板设置不相同所致，而软件的设置是优先于面板的设置的，所以必须使两者统一。

(2) 选用质量较好的打印纸。喷墨打印机对纸张的要求较高，如果纸的质量太差，不但打印效果差，而且会影响喷头的寿命，所以应选用质量较好的打印纸。

很多喷墨打印机都支持普通纸打印，但其打印的质量有很大差异。有些喷墨打印机在普通纸上打印时，其抗散能力较差。若用户一定要在喷墨打印机上使用普通纸，应对不同类型的纸张进行试用，选用较好的一种，以获得最佳的打印效果。

(3) 打印纸的正确使用。在装打印纸时应注意正反面，正面的打印效果会较好。在装纸器上不要上纸太多，以免造成一次进纸数张，损坏进纸装置。

若使用单页打印纸，在放置打印纸到送纸器内之前，一定要将纸充分拨开，然后再排放整齐后装入，以免打印机自动送纸时数张纸一齐送出。此外，不要使用过薄的纸张，否则也有可能造成数张纸一齐送出的故障。

喷墨打印机可以打印透明胶片和信封。在打印透明胶片时，必须单张送入打印，而且打印好的透明胶片要及时从纸托盘中取出，并等它完全干燥后方可保存。在打印信封时，一定要按打印机说明书中规定的尺寸操作。

(4) 正确设置打印纸张幅面。由于喷墨打印机结构紧凑小巧，所支持的打印幅面有限，因此一定要对所打印的纸张幅面进行适当的设置。若使用的纸张比设置值小，则有可能打印到打印平台上而弄脏了下一张打印纸。如果出现打印平台弄脏的情况，要及时用柔布擦拭干净，以免影响打印效果。对于超过喷墨打印机所支持的打印幅面的文件，只能用"缩小打印"功能实现打印输出。

(5) 正确调整纸介质调整杆和纸张厚度调整杆的位置。在正式打印之前，用户一定要根据纸张的类型、厚薄以及手动、自动送纸方式等情况，调整好打印机上的纸介质调整杆和纸张厚度调整杆的位置。

(6) 打印墨水的选择及正确使用。因为液态墨水或固体墨要被电阻丝产生的热量加热或熔化后才能实现打印，而劣质的墨水汽化(或液化)所需的热量不会正好是电阻丝产生的热量。此外，对于优质的墨水，也要正确使用。墨水是有有效期的，从墨水盒中取出的墨水应立即装在打印机上，放置太久会影响打印质量。

喷墨打印机的墨水价格较贵，而且消耗也快，因此用户在使用过程中一定要注意节约。墨水用完后，最好更换整个墨盒，这样才能保证打印质量。有些用户出于对打印成本的考虑，也可以购买单独的打印墨水，尝试从墨盒外部注入，然后通过控制面板清洗打印头。注意要多清洗几次，至打印流畅为止。

(7) 不得随便拆卸墨盒。为保证打印质量，墨盒不要随便拆卸，更不要打开墨盒，这样可能损坏打印头，影响打印质量。

在安装或更换打印头时，要注意取下打印头上的保护胶带，并一定要将打印头和墨水盒安装到位。

(8) 确保使用环境清洁。使用环境灰尘太多，容易导致字车导轴润滑不好，使打印头的运动受阻，引起打印位置不准确或撞击机械框架造成死机。有时在这种死机的状况下，因打印头未回到初始位置，即接着进行清洗打印头的操作，而造成墨水不必要的浪费。因此，要经常将导轴上的灰尘擦掉，并对导轴润滑(选用流动性较好的润滑油，如缝纫机油)。

(9) 墨盒未使用完时，最好不要取下，以免造成墨水浪费或打印机对墨水的计量失误。

(10) 关机前，让打印头回到初始位置(打印机暂停状态下，打印头自动回到初始位置)。有些打印机在关机前自动将打印头移到初始位置；有些打印机必须在关机前确认处在暂停状态(即暂停灯或 Pause 灯亮)才可关机，这样做一来可避免下次开机时打印机重新清洗打印头而浪费墨水；二来打印头在初始位置可受到保护罩的密封，使喷头不易堵塞。

(11) 部分打印机在初始位置时处于机械锁定状态，此时如果用手移动打印头，将不能使之离开初始位置。注意不要强行用力移动打印头，否则将造成打印机机械部分的损坏。对于像 MJ-1500K、Stylus color 等打印机，在初始位置时打印头处于锁定状态，此时更不要人为移动打印头来更换墨盒，以免引起故障。

(12) 更换墨盒时一定要按照操作手册中的步骤进行，特别注意要在电源打开的状态下进行上述操作。因为重新更换墨盒后，打印机将对墨水输送系统进行充墨，而这一过程在关机状态下将无法进行，使得打印机无法检测到重新安装上的墨盒。另外，有些打印机对墨水容量的计量是使用打印机内部的电子计数器来进行的(特别是对彩色墨水使用量的统计)。当该计数器达到一定值时，打印机判断墨水用尽，而在墨盒更换过程中，打印机将对其内部的电子计数器进行复位，从而确认安装了新的墨盒。

(13) 彩喷打印机的降耗措施。喷墨打印机的耗材主要是各种纸张和墨水，降耗就应在降低纸张消耗以及节约墨水上下功夫，在这方面可采取如下措施：

① 减少纸张的浪费。大多数纸的两面都可以喷墨打印，但并非两面打印的效果都很好或两面都具有同等的打印效果，打印时一定要仔细观察。普通纸要打印在光面，半透明胶片应打印在毛面，这样才具有好的打印效果。因此在打印前就应加以选择，以免浪费墨水和纸张。

用吸墨性较差的纸打印时，或打印页上有许多图形导致纸上的墨水稠密而潮湿时，要注意将打印好的纸张及时移走，分开晾干，待干后再收叠，否则易使画面弄黑而报废。若打印的是透明胶片，完全干燥后还应在上面盖一张普通纸以隔开各张胶片。

BJC 墨水是水溶性的，打印材料上有油污就无法着墨，在打印时要注意手指不要碰到打印面，避免留下油迹而打印不上。

喷墨打印机进纸时，若打印纸翘起，一定要注意将翘起的那一面朝下，要打印的面朝上。

打印用纸不能过厚或过薄，也不能有残缺、皱折或潮湿的现象，否则会造成打印质量低劣或夹纸，导致不应有的浪费。

② 选择最合适的纸张。喷墨打印机可用各式各样的纸张，佳能 BJC 喷墨打印机可用普

通纸、信封、LC-101 专用纸、CF-102 透明胶片、BF-102 灯箱胶片、GP-101 光面纸、HG-101 高光胶片、FS-101 纤维织物，每一种纸都有其特定的适用范围，打印时要力求选用与打印内容、打印要求最佳匹配的打印材料，切不要盲目追求纸张的高档次。一般的文件打印用普通的纸张即可。

现在每一个喷墨设备厂家都推荐用自家的纸张，但实际使用时应货比三家，选择质优价廉的纸张。

③ 避免墨水干涸、喷头堵塞。喷墨打印的墨水消耗一般要占打印成本的大半，实际打印中减少墨水用量，杜绝墨水的浪费显得至关重要，而规范操作，避免墨水干涸、喷头堵塞是节约墨水的关键。对佳能 BJC 系列喷墨打印机，一定要养成不打印就关机的习惯，因为关机时墨盒才能移回原始位置，打印机才能自动往喷头上加盖，从而有效地防止墨水的干涸和喷头的堵塞。此外还要注意，不能用拔电源插头或关接线板上开关的办法来代替关打印机的电源开关，因为不关电源开关就断电，打印机就无法对喷头加盖。虽然 BJC 喷墨打印机的喷头堵塞后可方便地疏通，但疏通时要浪费不少墨水。

如果打印时发现打印效果模糊，有条纹或残缺，不要轻易更换墨盒，因为这些现象有时是由于喷头堵塞造成的，这时应启动打印机上的清洗功能，清洗后再决定是否更换墨盒。

新购墨盒在未决定正式使用前，切不要拆除墨盒上的胶带。

BJC 系列喷墨打印机既可用黑色墨盒，也可用彩色墨盒。使用黑色墨盒打印黑白文件是最佳选择，这样势必要在喷墨打印机上换装不同的墨盒(要打印具有照片像质的画面，有时还要换上标有 Photo 的专用墨盒)。当将未用尽墨水的墨盒暂时换下来时，一定要立即存放于专门的暂存盒中，置入后还要盖紧暂存盒盖。

在装墨水盒时，切不要将不同颜色墨水盒的位置装错。

④ 减少喷墨比例。减少喷墨比例对彩色打印尤为重要。彩色墨水价格较高，如不注意使用，其成本将是惊人的，因此使用中要"惜墨如金"，并采取以下有效措施：

● 如进行单纯的黑白打印，应使用黑色墨盒，而不用彩色墨盒作纯黑色打印。

● 在打印图表时，将填入的图案设置为彩色图案来代替固定彩色。

● 使用较浅的色彩或较多的空白，如用粉红色代替深红色等。

● 最好不要使用全彩色背景，如果一定要使用全彩色背景，在最后打印时再设置全彩色背景，而在初出样时不要设置全彩色背景。

● 彩色墨水的基本色为黄、品红、青、黑四色，要打印得到其他任何一种颜色都要使用两种以上的墨水搭配，墨水的消耗总量较大，因而在设计图案选取颜色时，要力求选用与墨水基本色相同的颜色，当然这还要视具体的情况而定。

7.5　实　　训

一、实训目的

1. 了解各种类型的喷墨打印机；

2. 掌握某种喷墨打印机的使用方法。

二、实训条件

不同类型的喷墨打印机若干台。

三、实训过程

1. 进行喷墨打印机与微型计算机的连接，并安装驱动程序。

2. 进行喷墨打印机的自检操作和联机打印。

3. 进行更换墨盒、喷墨头清洗操作及各种正常的维护操作。

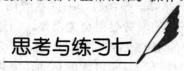

思考与练习七

一、填空题

1. 按所用墨水的性质分，可将喷墨打印机分为(　　　)喷墨打印机和(　　　)喷墨打印机。

2. 按主要用途分，有普通型喷墨打印机、(　　　)喷墨打印机和(　　　)喷墨打印机。

3. 喷墨打印机的机械部分主要由喷头和墨盒、(　　　)、字车部分和(　　　)组成。

4. 喷头和墨盒的结构分为两类：一类是(　　　)做在一起，墨盒内既有墨水又有喷头，墨盒本身即为消耗品，墨水用完后需更换整个墨盒，所以耗材成本较高；另一类是(　　　)分开，墨水用完后仅需要更换墨盒，耗材成本较低。

5. 喷墨打印机的电气部分主要由主控制电路、(　　　)电路、传感器检测电路、(　　　)电路和电源构成。

二、选择题

1. 目前市场上很多型号的喷墨打印机都是(　　　)喷墨打印机，该类打印机具有打印速度快、打印质量高以及易于实现彩色打印等特点。

A. 喷射式　　　　　B. 压电式　　　　　C. 针孔式　　　　　D. 气泡式

2. 喷墨打印机中均设有清洁机构，其作用是清洁和保护(　　　)。

A. 机械部分　　　　B. 电路板　　　　　C. 喷嘴　　　　　D. 机器

3. 喷墨打印机的喷墨技术有连续式和(　　　)两种，目前随机式喷墨打印机逐渐在市场占据主导地位。

A. 电子式　　　　　B. 电压式　　　　　C. 压力式　　　　　D. 随机式

4. 喷墨打印机打印输出时如果出现条纹、颜色不正确或缺失等情况，则可能需要(　　　)。

A. 清洁打印头　　　B. 调节打印头　　C. 更换打印头　　　D. 更换墨盒

三、简答题

1. 喷墨打印机有哪些特点？

2. 喷墨打印机字车部分的主要作用有哪些？

3. 喷墨打印机一般有哪几种检测电路？

4. 请叙述安装驱动软件的操作步骤。

5. 彩喷打印机的降耗措施有哪几项？

第8章

激光打印机

　　激光打印机具有高速度、高印字质量的特征，而且技术成熟。随着激光打印机的推广应用和工业化的批量生产，其成本及售价都在不断下降，具有较好的性能价格比，在市场上具有一定的竞争能力。

8.1　激光打印机的分类和特点

　　激光打印机(如图 8-1 所示)具有高质量、高速度、低噪音、易管理等特点，现在已占据了办公领域的绝大部分市场。

图 8-1　激光打印机

8.1.1　激光打印机的分类

　　(1) 按打印输出速度分，有低速激光打印机、中速激光打印机和高速激光打印机。

低速激光打印机：印刷速度小于 20 页/分。

中速激光打印机：印刷速度为 20~60 页/分。

高速激光打印机：印刷速度大于 60 页/分。

　　(2) 按色彩分，有单色激光打印机和彩色激光打印机。

单色激光打印机：只能打印一种颜色。

彩色激光打印机：可以打印逼真的彩色图案，可达到印刷品的效果。

　　(3) 按与计算机连接的接口分，有并行接口、SCSI 接口、串行接口、USB 接口、自带网卡的网络接口(连接到网络中成为网络打印机)。常用的是 USB 接口。

　　(4) 按分辨率分，有高分辨率打印机、中分辨率打印机和低分辨率打印机。

　　随着打印机的发展，在国内激光打印机市场中占据着较多份额的有惠普(HP)、爱普生(EPSON)、佳能(CANON)、利盟(LEXMARK)、柯尼卡美能达(MINOLTA)、富士施乐(XEROX)、联想(LENOVO)、方正(FOUNDER)等品牌。

　　部分激光打印机的主要性能如表 8-1 所示。

表 8-1　部分激光打印机的主要性能比较

产品名称	兄弟 HL-2140	惠普 LaserJet P1008(CC366A)	联想 LJ2200	佳能 LASER SHOT LBP2900	三星 ML-2241
打印机类型	黑白激光打印机	黑白激光打印机	黑白激光打印机	黑白激光打印机	黑白激光打印机
适用类型	商用	商用	商用	商用	商用
缓存	8 MB	8 MB		2 MB	8 MB
最大可扩展内存	无	不可扩展	不可扩展	无	不可扩展
硒鼓型号	标准容量墨粉盒(TN-2115)；高容量墨粉盒(TN-2125)；硒鼓组件(DR-2150)	CC388A	LD2822	Cartridge 303	MLT-D108S
硒鼓寿命	12 000 页		12 000 页	2000 页	1500 页
字体	49 种可缩放字体，12 种位图字体，11 种条形码	26 种内置字体，8 种可扩展字体		Windows	
接口	高速 USB 2.0	高速 USB 2.0	高速 USB 2.0	高速 USB 2.0	高速 USB 2.0
系统兼容	Windows 95/ 98/ Me/ NT4.0/ 2000/ XP/ Vista，Mac OSX10.2.4，Linux	Windows 2000/XP Home/ XP Professional/ XP Professional x64/ Server 2003(32/64 位)，Windows Vista 认证，Mac OS X v10.2.8/ v10.3/v10.4	Windows 95 / 98 / Me/ NT4.0/ 2000/ XP / Mac OS/Vista	Windows 98/Me/ 2000/ XP/Server 2003	Windows 2000/ XP/ 2003 Server/ Vista，各种 Linux OS，Mac OS X 10.3~10.5
最高分辨率	2400 dpi × 600 dpi	600 dpi × 1200 dpi	2400 dpi × 600 dpi	2400 dpi × 600 dpi	1200 dpi × 600 dpi
黑白打印速度	22 ppm	16 ppm	22 ppm	12 ppm	22 ppm
最大打印幅面	A4	A4	A4	A4	A4
打印介质	普通纸，铜版纸，再生纸，信封，标签，透明胶片	纸张(激光打印纸、普通纸、相纸、糙纸、羊皮纸、存档纸)，信封，标签，卡片，透明胶片	普通纸，铜板纸，再生纸，信封，标签和透明胶片。纸盒：普通纸，铜板纸，再生纸，标签和透明胶片	普通纸，索引卡片，信封(信封 c5，信封 com10，信封 dl，信封 monarch)，标签，透明胶片	普通纸，再生纸，透明胶片，标签，卡片纸
供纸方式	自动/手动	手动	自动/手动	自动/手动	自动/手动
首页出纸时间	10 s	8 s	10 s	9 s	10 s
纸张容量	250 页	160 页	251 页	150 页	150 页
支持双面打印	自动	自动	不能双面	不能双面	手动(需要驱动程序支持)
支持网络打印	无网络打印	无网络打印	无网络打印	选配	无网络打印
电源电压	220~240 V	220~240 V	220~240 V	220~240 V	220~240 V
电源频率	50/60 Hz	50±2 Hz	50/60 Hz	50/60±2 Hz	50/60 Hz
功率	打印：460 W 以下；待机：80 W 以下；休眠：5 W	最大：335 W		259 W(打印)，2 W(待机)，最大不超过 726 W	平均运行模式：低于 350 W；就绪模式：低于 70 W

8.1.2 激光打印机的特点

(1) 打印效果好，几乎达到印刷品的水平。

(2) 打印速度快，打印噪声很小。激光打印机又称为页式打印机，一次就可以打印完一整张纸。

(3) 耗材多，价格较贵。激光打印机使用碳粉盒，一盒碳粉大约能够打印 3000～5000 页，重新购买一个碳粉盒或是更换盒里的碳粉，价格较为昂贵。

(4) 对纸张的要求高，成本高。

8.2 激光打印机的组成和基本工作原理

8.2.1 激光打印机的组成

1. 机械结构

激光打印机的内部机械结构十分复杂。这里介绍其主要部件——墨粉盒和纸张传送机构。

1) 墨(碳)粉盒

激光打印机的重要部件如墨粉、感光鼓(又称硒鼓)、显影轧辊、显影磁铁、初级电晕放电极、清扫器等，都装置在墨粉盒内。(HP 和 Canon 的激光打印机基本上都是这样的一体化结构，但其他一些激光打印机也有的是鼓粉分离的，如联想 LJ6P 和 LJ6P+等。)盒内墨粉用完后，可以将整个墨粉盒卸下更换。感光鼓是一个关键部件，一般用铝合金制成一个圆筒，鼓面上涂敷一层感光材料(硒碲砷合金)。

2) 纸张传送机构

激光打印机的纸张传送机构和复印机相似。纸由一系列轧辊送进机器内，轧辊有的有动力驱动，有的没有。通常，有动力驱动的轧辊都通过一系列的齿轮与电机联在一起。主电机采用步进电机，当电机转动时，通过齿轮离合器使某些轧辊独立地启动或停止。齿轮离合器的闭合由控制电机的 CPU 控制。

2. 激光扫描系统

激光打印机中，激光扫描系统的核心部件是激光写入部件(即激光印字头)和多面转镜。高、中速激光打印机的光源都采用气体(He-Ne)激光器，用声光(AO)调制器对激光进行调制。为拓宽调制频带，由激光器发生的激光束需经聚焦透镜进行聚焦后再射入声光调制器。根据印字信息对激光束的光强度进行调制，为使印字光束在感光体表面形成所需的光点直径，还需经扩展透镜进行放大。

3. 电路

1) 控制电路

激光打印机的控制电路是一个完整的被扩展的微型计算机系统，主要包括 CPU、ROM、RAM、定时控制、I/O 控制、并行接口、串行接口等。该计算机系统通过并行接口或串行接口接收主机输入的信号，通过字盘接口控制和接收字盘信息，通过面板接口控制和接收操作面板信息，另外还控制直流控制电路，再由直流控制电路控制定影控制、离合控制、各个驱动电机、扫描电机、激光发生器以及各组高压电源等。

2）电源系统

激光打印机内有多组不同的电源。例如，HP33440 型激光打印机中的直流低压电源有 3 组：+5 V，−5 V 和+24 V。

4．开关及安全装置

激光打印机都设置有许多开关，控制电路利用这些开关检测并显示打印机各个部件的工作状态。许多开关还带有安全器件，以防伤害操作人员或损坏打印机。

8.2.2　激光打印机的基本工作原理

激光打印机是将激光扫描技术和电子照相技术相结合的印字输出设备。其基本工作原理可用图 8-2 描述。

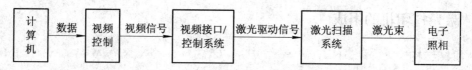

图 8-2　激光打印机的基本工作原理

二进制数据信息来自计算机，由视频控制转换为视频信号，再由视频接口/控制系统把视频信号转换为激光驱动信号，然后由激光扫描系统产生载有字符信息的激光束，最后由电子照相系统使激光束成像并在感光鼓上成像，再由感光鼓转印到纸上。其主要原理如下。

1．带电

在感光鼓(体)表面的上方设有一个充电的电晕电极，其中有一根屏蔽的钨丝，当传动感光鼓(体)的机械部件开始动作时，用高压电源对电晕电极加数千伏的高压，即开始电晕放电。电晕电极放电时，钨丝周围的空气就会被电离，变成能导电的导体，使感光鼓表面带上正(负)电荷。

电晕放电，就是给导体加上一定程度的电压，使导体周围的空气(或其他气体)被电离，变成离子层。一般认为空气是非导电体，电离后就变成了导体。

2．曝光

随着带正(负)电荷的感光鼓(体)表面的转动，遇到激光源照射时，鼓表面曝光部分变为良导体，正(负)电荷流向地(电荷消失)。

文字或图像以外的地方(即未曝光的鼓表面)仍保留有电荷，这样就生成了不可见的文字或图像的静电潜像。

3．显影(显像)

显影也称显像，就是用载体和着色剂(单成分或双成分墨粉)对潜像着色。载体带负(正)电荷，着色剂带正(负)电荷，这些着色剂就会裹附在载体周围。由于静电感应作用，着色剂会被吸附在放电的鼓表面上(即生成潜像的地方)，使潜像着色，变为可视图像。

4．转印

被显像的鼓表面的转动通过转印电晕电极时，显像后的图像即可转印在普通纸上。因为转印电晕电极使记录纸带有负(正)电荷，鼓(体)表面着色的图像带有正(负)电荷，这样，显像后的图像就能自动转印在纸面上。

5. 定影(固定)

图像从鼓面上转印到普通纸上之后,进一步通过定影器进行定影。定影器(或称固定器)有两种:一种采用加热固定,即烘干器;另一种利用压力固定,即压力辊。带有转印图像的记录纸通过烘干器加热,或通过压力辊加压后使图像固定,使着色剂融化并渗入纸纤维中,最后形成可永久保存的记录结果。

6. 清除残像

转印过程中着色剂从鼓面转印到纸面上时,鼓面上多少会残留一些着色剂。为清除这些残留的着色剂,记录纸下面装有放电灯泡,其作用是消除鼓面上的电荷。经过放电灯泡照射后,可使残留的着色剂浮在鼓面上,通过清扫,这些残留的着色剂就会被刷掉。

8.3　激光打印机的选购与安装

8.3.1　激光打印机的选购

在选购打印机时,首先要考虑打印速度,如果用于打印中文,还要考虑引擎速度与中文打印速度的差别。其次要考虑打印机的性能,如分辨率、图像打印速度、中文处理能力、打印机内存、打印机与主机的接口等等。还有重要的一点,即合理的消耗品价格及完善的维修服务,这是用户必须注意和关心的问题。

1. 打印质量

1) 分辨率

打印机的分辨率又称为输出分辨率,是指在打印输出时横向和纵向两个方向上每英寸最多能够打印的点数,通常以"点/英寸"即 dpi(dots per inch)表示。最高分辨率是指打印机所能打印的最大分辨率,也就是打印输出的极限分辨率。平时所说的打印机分辨率一般指打印机的最大分辨率,目前一般激光打印机的分辨率均在 600 dpi × 600 dpi 以上。打印分辨率决定了该打印机的输出质量。分辨率越高,其可显示的像素个数也就越多,可呈现出更多的信息和更好、更清晰的图像。对于照片打印而言,更高的分辨率意味着更加丰富的色彩层次和更平滑的中间色调过渡,经常需要 1200 dpi 以上的分辨率才可以实现。

2) 汉字打印质量

激光打印机的汉字打印质量是一个重要指标,主要体现在打印出的汉字是否美观,其大小、阴影等各种变化是否丰富。

激光打印机汉字打印功能的实现主要有字符方式和图形方式两种。如果主机上的软件以字符代码和打印命令形式向打印机传送打印文件内容,则使用打印机内部硬字库,此时输出的汉字字形、字体以及各种变化由打印机内部所装入的字库及相应的处理程序决定。西文激光打印机内部设置了各种西文字库,打印西文时均采用这种方式,其特点是打印速度非常快,质量也高。

目前,国内的各种排版软件大多数采用图形方式进行汉字打印,即由主机排版软件先将打印内容形成图像文件，再发送给打印机以图形方式打印出来。这种方式输出的汉字质量完全由软件决定，与打印机无关。

2. 输出速度

打印速度是指打印机每分钟打印输出的纸张页数，用 ppm(pages per minute)表示。目前所有打印机厂商为用户提供的标识速度都以打印速度作为标准衡量单位。

打印速度有两种计算方法：一种是以从开始打印到最后一页打印完成所占用的时间来计算；另一种是在多任务环境中，从发出打印命令开始到电脑取得控制权(可以进行其他操作)所需的时间来计算的。

影响打印输出速度的主要原因有：主机的 CPU 性能、应用软件与打印机驱动程序、数据传输方式、打印机语言、打印机控制器、打印机的电机速度、使用环境等。

从原理上讲，激光打印机的输出速度取决于其所使用的电机。电机的好坏决定了激光打印机的输出速度、分辨率以及墨粉消耗等性能指标。目前，一般台式激光打印机的输出速度约为 10～15 页/分。

打印机的打印速度因打印过程中相关的软、硬件部分不同而有所变化，电机速度只能代表打印机空输纸的速度，这个速度仅在重复打印相同内容或打印西文时可能相近。

在汉字激光打印输出的过程中，一般要经过软件处理、字符或字形点阵的传输、打印机接收处理、打印等几个步骤。目前国外的西文激光打印机其打印处理机是针对西文的，汉字应用软件只能采用图像方式输出打印。一般并行口数据的传输速度是 20 KB/s，在图形方式下打印一页内容约需 30 秒，同时考虑排版软件的处理速度和打印机的接收处理以及机芯速度，即使是 8 页/分的西文激光打印机，其打印汉字的速度也不会超过 1 页/分，一般每 2～3 分钟打印一页。

如果将激光打印机用于网络，那么就必须具有高速的字符传输方式和内部硬字库。由于网络中的打印机会打印大量的文件，每一个使用者都会跟其他使用者争夺打印机，所以长时间的等待和低的打印效率都是不能忍受的。

激光打印机由于采用软件驱动方式，速度太慢，通用性很差，因此汉字打印技术逐渐趋向于硬件加速。硬件加速主要有汉字字模盒、视频卡、打印口扩展卡和汉字激光打印控制器几种方式。

3. 打印幅面和打印介质

打印幅面，顾名思义也就是打印机可打印输出的面积。而所谓的最大打印幅面，就是指激光打印机所能打印的最大纸张幅面。目前，激光打印机的打印幅面主要有 A3、A4、A5 等。打印机的打印幅面越大，打印的范围越大。打印幅面的大小也是衡量打印机的重要性能指标，目前适合工作组用户和部门级用户的打印机都是 A4 幅面或 A3 幅面产品，在选购时可以根据自己的打印需求选择相应的打印幅面。

介质类型即激光打印机可以打印处理的纸张类型，可以分为普通打印纸(包括普通信封)、光面相片纸(包括明信片)等。

4. 其他

除了硬件的操作、扩充、维护工作外，软件的正确使用也十分重要。打印机是否与用户最常用的软件兼容是非常重要的一点。

由于激光打印机是高档设备，日常工作中每台主机使用激光打印机的量都不太大，因而打印机是否具备并口就显得十分重要了。激光打印机最常见的故障之一就是频繁拔插传输电缆引起的打印机接口损坏。实现多台主机共享一台激光打印机可以减少此类故障，提高激光打印机的使用效率。

另外，所选的激光打印机是否可以模拟其他传统形式的打印机，厂家是否提供良好的技术支持，消耗品供应有无保障等问题也应在选购时引起足够的重视。

8.3.2 激光打印机的安装

下面以三星 ML-1430 激光打印机为例介绍激光打印机的安装。

1. 激光打印机的外观

三星 ML-1430 激光打印机的主视图如图 8-3 所示，内部图如图 8-4 所示，后视图如图 8-5 所示。

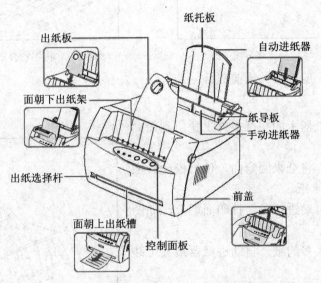

图 8-3 三星 ML-1430 激光打印机的主视图

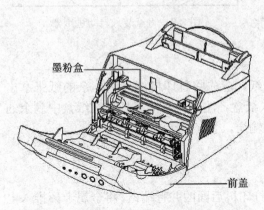

图 8-4 三星 ML-1430 激光打印机的内部图

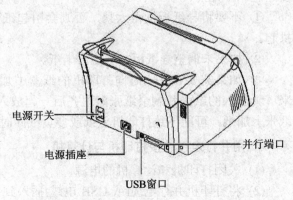

图 8-5 三星 ML-1430 激光打印机的后视图

2. 安装墨粉盒

(1) 拿住前盖的两边，向外轻拉，打开打印机前盖。

(2) 从墨粉盒的包装袋中取出墨粉盒，去掉包装纸。

(3) 轻轻摇晃墨粉盒，使盒内的墨粉分布均匀(如图 8-6 所示)。为了防止损坏墨粉盒，不能将墨粉盒暴露在阳光下。

(4) 找到打印机内的墨粉盒槽，共两个，一边一个。

(5) 拿住把手，将墨粉盒放入墨粉盒槽，直到墨粉盒安装到位，如图 8-7 所示。

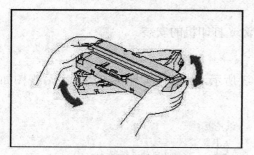

图 8-6　轻轻摇晃墨粉盒

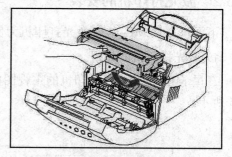

图 8-7　将墨粉盒放入墨粉盒槽

(6) 关上前盖。应确实关紧前盖。

3. 装纸

(1) 将自动进纸器上的托纸板向上拉，到最高位置。

(2) 在装纸前，将纸来回弯曲，使纸松动。应将纸放整齐，防止卡纸。

(3) 将纸装入自动进纸器，打印面朝上，如图 8-8 所示。

(4) 不要装入太多的纸，自动进纸器最大可装 150 页纸。

(5) 调整导纸板，使之适应纸的宽度。装纸时要注意以下几点：

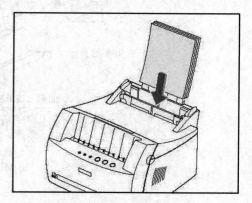

图 8-8　将纸装入自动进纸器

① 不要将导纸板推得太紧，否则会引起纸张拱起。

② 如果未调整导纸板，可能会卡纸。

③ 如果需要在打印时向打印机的纸盒中加纸，应先将打印机纸盒中剩余的纸张拿出来，新加入的纸张和剩余纸张整理齐后一起放入纸盒。注意，直接在打印机纸盒中剩余的纸张上加纸，可能导致打印机卡纸或多页纸同时输送。

4. 用并行电缆连接打印机与计算机

(1) 关闭打印机和计算机的电源。

(2) 将打印机并行电缆(或 USB 电缆)插入到打印机后面的并行端口，将金属卡环推入电缆插头的缺口内，如图 8-9 所示。

(3) 将电缆的另一端与计算机并行端口(或 USB 端口)连接，拧紧螺钉。

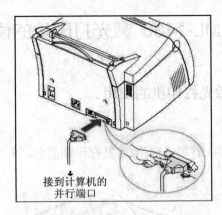

接到计算机的
并行端口

图 8-9　打印机与计算机的连接

5. 接通电源

(1) 将电源线插入打印机后面的电源插座内。

(2) 将电源线的另一端插入合适的接地的交流电源插座内。

(3) 接通交流电源插座并打开打印机的电源开关，如图 8-10 所示。

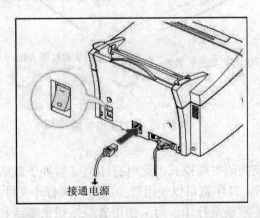

接通电源

图 8-10　连接电源并打开打印机的电源开关

6. 安装打印机驱动程序

随打印机提供打印机驱动程序光盘一张。为了使用打印机，必须安装打印机驱动程序。打印机驱动程序中包括用并行电缆与打印机连接和用 USB 端口与打印机连接两种情况下的打印机驱动软件。

从光盘上安装打印机驱动软件：将光盘放入光盘驱动器中，系统自动开始安装；当出现安装程序界面时，选择所需语言种类，根据计算机屏幕上的引导完成安装操作。

7. 打印机自检

当打印机通电时，打印机控制面板上的所有指示灯都短暂地亮一下。当只有数据灯亮时，按住演示按钮(如图 8-11 所示)约 2 秒钟，直到所有指示灯慢速闪烁后松开，打印机就开始打印自检页。自检页提供了打印质量的样张，用于验证打印机是否正确打印。

8.4　三星 ML-1430 激光打印机的使用和维护

8.4.1　三星 ML-1430 激光打印机的使用

1. 控制面板按钮

该打印机上有 3 个按钮：省墨、取消/重复打印和演示；3 个指示灯：错误、纸张、数据(见图 8-11)。

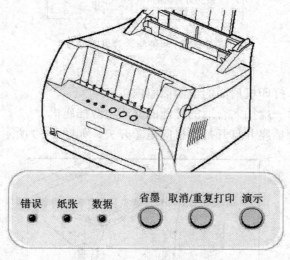

图 8-11　控制面板按钮

1) 省墨按钮

按省墨按钮可打开或关闭省墨模式，此时打印机必须处于就绪模式。如果按钮的背景灯亮，则省墨模式被激活，打印机可以使用较少的墨粉来打印文件。如果按钮的背景灯灭，则省墨模式被停止，以正常质量打印。为了使用省墨按钮来激活和停止省墨模式，必须将打印机驱动程序中的打印机设置为省墨模式。

2) 取消/重复打印按钮

(1) 取消打印任务。按住取消/重复打印按钮，直到控制面板上的所有指示灯闪烁，此时可取消打印机当前正在进行的打印任务。当打印任务从打印机和计算机中清除时，错误指示灯亮，然后返回就绪模式。取消打印任务所需时间与打印任务的大小有关。

(2) 重复打印任务的最后页。如果在就绪模式下按取消/重复打印按钮，则打印机打印最后一个打印任务中的页。

3) 演示按钮

(1) 打印演示页(自检页)。打印机处于就绪模式，按住演示按钮约 2 秒钟，直到控制面板上所有的指示灯慢速闪烁，打印机打印出一页演示页。

(2) 启动手动送纸。当在应用软件的纸张来源中选择手动送纸器时，每次手动装纸时应按演示按钮。

(3) 清洁打印机内部。按住演示按钮约 10 秒钟，直到控制面板上所有的指示灯持续亮，则开始清洁打印机内部，并打印出一页清洁页。

2. 控制面板指示灯

控制面板上的指示灯显示打印机的状态，主要有错误指示灯、纸张指示灯、数据指示灯。如果错误指示灯亮，就表示打印机发生了故障。

控制面板上指示灯显示的打印机状态的含义如表 8-2 所示，指示灯状态图例如图 8-12 所示。

表 8-2　控制面板上指示灯的含义

指 示 灯 状 态	机 器 状 态
 错误　纸张　数据	就绪模式：数据指示灯亮，打印机已准备好打印。如果按住演示按钮约 2 秒钟，打印机打印出一张演示页
 错误　纸张　数据	正在处理：打印机正在接收或处理数据，等待打印任务。按取消/重复打印按钮可取消当前的任务。在任务取消后，可能打印一到两页，打印机返回就绪模式
 错误　纸张　数据	缺纸：打印机缺纸。将纸装入打印机，对于自动进纸器，不需按任何按钮来复位；对于手动进纸器，在装纸后按演示按钮
 错误　纸张　数据	等待按演示按钮：在手动进纸模式时，打印机等待按演示按钮。按演示按钮启动打印，每次将纸装入手动进纸器后，必须按此按钮来启动打印

 指示灯熄灭

 指示灯亮

 指示灯闪烁

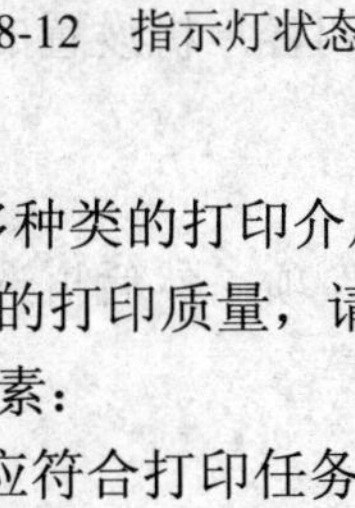

图 8-12　指示灯状态图例

3. 选择纸张和其他介质

ML-1430 激光打印机可以在许多种类的打印介质上打印，例如普通纸、信封、标签、幻灯片和卡片等。为了得到尽可能好的打印质量，请使用高质量的复印纸。

选择打印介质时，应考虑下列因素：

(1) 所需打印效果：选择的纸张应符合打印任务的需要。

(2) 尺寸：可选择能在进纸器内方便地调整纸张导板的任何尺寸的纸张。

(3) 重量：考虑打印机支持的纸张重量。

(4) 光亮程度：一些纸张比其他纸张更白，能得到更清晰、更鲜明的图像。

(5) 表面平滑度：纸张的平滑度影响打印结果的清楚程度。

4. 打印文件

ML-1430 激光打印机可以在各种 Windows 环境中打印，打印文件的步骤可能随应用程序的不同而有所不同。

打印的主要步骤如下：

(1) 打开需要打印的文件。

(2) 在"文件"菜单中选择"打印"命令，屏幕显示"打印"对话框，如图 8-13 所示(不同应用程序的打印对话框可能稍有不同)。在这个打印对话框中可以设置基本打印参数，如打印份数、纸张尺寸和页面方向等。

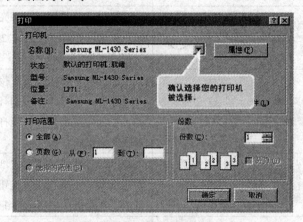

图 8-13　基本打印设置对话框

(3) 为了利用激光打印机的优点，可在"打印"对话框中点击"属性"按钮，设置打印机的属性。

(4) 设置打印机属性时，在纸张来源选项框中选择自动进纸器。如果要用特殊介质打印，可选择手动进纸器，每次向打印机中送入一页。

(5) 完成打印设置后，点击"确定"按钮，打印对话框消失，打印机开始打印。

5. 在网络环境中打印

在网络环境中打印，可以将 ML-1430 系列打印机直接与选择的计算机(称为"主机")连接，网络上的其他用户可以通过 Windows 9X/ME/NT 4.0/2000/XP 网络连接共享打印机。在 Windows NT/2000/XP 环境下对主机和客户机设置的方法如下：

1) 设置主机

(1) 启动 Windows。

(2) 从"开始"菜单中选择"设置"项，然后再选择"打印机"项。

(3) 从"打印机"菜单中选择"共享"。

(4) 勾选"共享"框。

(5) 填入共享名，然后点击"确定"按钮。

2) 设置客户机

(1) 用鼠标右键点击"开始"菜单，选择"资源管理器"项。

(2) 打开左列的网络文件夹。

(3) 点击刚才设置的主机共享名。

(4) 从"开始"菜单中选择"设置"，然后选择"打印机"项。

(5) 双击打印机图标。

(6) 从"打印机"菜单中选择"属性"。

(7) 点击"端口"选项卡，并点击"添加端口"。

(8) 选择本地端口，并点击新端口。

(9) 在输入端口名称框中输入共享名称。

(10) 点击"确定"按钮，然后点击"关闭"按钮。

8.4.2 激光打印机的维护

1. 墨粉盒的维护

为了使墨粉盒发挥最大作用，必须要做到：

(1) 不要再次往墨粉盒中灌装墨粉。

(2) 将墨粉盒储存在与打印机相同的环境中。

(3) 为了防止损坏墨粉盒，不要将它暴露在光线下长达数分钟。

(4) 按照墨粉盒上的说明回收旧墨粉盒。

(5) 为了节省墨粉，可按下打印机控制面板上的省墨按钮(按钮的背景灯亮)，也可以在打印机的属性设置中启用省墨模式。这样可延长墨粉盒的使用寿命，降低每页打印的成本，但是也降低了打印质量。

(6) 当墨粉太少时，在打印的页上会有颜色变浅的区域，此时可拿出墨粉盒轻轻摇晃五六次，使墨粉分布均匀。通过使墨粉重新分布均匀，采用该应急措施可暂时改进打印质量。

2. 清洁打印机

为了保持良好的打印质量，在每次更换墨粉盒或打印质量下降时，可执行下面的清洁工作。

1) 清洁打印机外部

用清洁的、干的无绒布擦拭打印机外部。

2) 清洁打印机内部

在打印过程中，纸、墨粉和灰尘颗粒会堆积在打印机内，时间久了会引起打印质量问题，例如出现墨粉斑点等，清洁打印机内部可消除或减少这些问题，其步骤如下：

(1) 关闭打印机或拔下电源线，然后等待打印机冷却。

(2) 打开前盖，拿出墨粉盒。

(3) 用干的无绒布擦去墨粉盒区域和放墨粉盒的空穴上的灰尘及洒落的墨粉。

3) 清洁时的注意事项

不要将墨粉盒暴露在光线下长达数分钟；不要触及打印机内部的转印辊；不要在打印机上或打印机周围使用氨基清洁剂或挥发性溶剂(如稀释剂)来清洁打印机(这些物质能损坏打印机)。

3. 激光打印机的故障排除

如果打印机工作不正常，按表 8-3 所示顺序进行检查。如果打印机未通过某一步，执行相应的排除故障方法。

表 8-3　激光打印机的故障检查顺序

检　查	排除故障方法
检查控制面板上的数据指示灯是否亮	如果所有指示灯都不亮，检查电源线的连接和电源开关，可通过将电源线插入另一电源插座来检查电源
按演示按钮，打印演示页	如果未打印出演示页，检查进纸器内是否装了纸
从应用软件打印一短文件，检查打印机与计算机是否正确连接和通信	如果未打印，检查打印机与计算机之间的电缆连接。在打印队列或后台打印程序中检查打印是否被停止。从应用软件中检查是否使用了正确的打印机驱动程序和通信端口

4. 一般打印故障的解决

如果在打印机操作中遇到问题，可参照表 8-4 排除。

表 8-4　打印机一般故障及其排除方法

故障现象	故障原因	排　除　方　法
打印机不打印	打印机未接通电源	如果没有指示灯亮，检查电源线的连接，检查电源开关的电源插座
	打印机未被选择为默认打印机	选择 Samsung ML-1430 Series 打印机为默认打印机
	检查打印机的右面各项	打印机的盖是否盖紧；是否卡纸；是否未装纸；是否未装墨粉盒；若发生打印机系统故障，与服务中心联系
	打印机可能处于手动进纸模式并且未装纸(纸张指示灯亮)	向手动进纸器装纸，按打印机控制面板上的演示按钮启动打印
	计算机与打印机之间的连接电缆未正确连接	脱开电缆并重新连接
	计算机与打印机之间的连接电缆有问题	如有可能，将电缆与另一台工作正常的计算机连接并打印，也可试用另一条打印机电缆
	端口设置不正确	检查 Windows 的打印机设置，检查打印任务是否发送到正确的端口(例如 LPT1)；如果计算机有不止一个端口，应使打印机与正确的端口连接
	打印机配置可能不正确	检查打印属性设置，使打印设置正确
	打印机驱动程序未正确安装	卸载打印机驱动程序，然后重新安装打印机驱动程序，试打一张演示页
	打印机有故障	检查控制面板上的指示灯，确定打印机是否存在系统故障
打印机从错误的进纸源选择介质	打印机属性中的纸张来源可能选择得不正确	对于许多应用软件，纸张来源是在打印机属性中的纸张选项页中选择的
纸张不能正确进入打印机	未正确装入纸张	从进纸器取出纸，重新正确装入
	进纸器内纸太多	从进纸器内取出超量的纸
	纸张太厚	仅使用符合打印机要求规格的纸张

续表

故障现象	故障原因	排除方法
打印速度特别慢	打印任务太多(三星 ML-1430 系列打印机的最快打印速度是 14 页/分)	减少页面的复杂性或调整打印质量设置
	如果使用 Windows 9X/ ME, 其后台打印设置可能设置得不正确	从"开始"菜单中选择"设置", 然后选择"打印机", 用右键点击 Samsung ML-1430 Series 打印机图标, 选择"属性"项, 然后选择后台打印设置按钮, 选择所需的后台打印设置
打印页一半是空白的	页面布置太复杂	简化页面布置, 如可能, 从文件中除去不必要的图形
	打印方向可能设置得不正确	在应用程序中改变打印方向
	纸张大小设置不相符	使打印设置中的纸张大小与进纸器内的纸张相符
经常卡纸	进纸器内纸太多	从进纸器内取出过多的纸; 如果使用特殊介质, 使用手动进纸器
	使用的纸张类型不正确	仅使用符合打印机要求规格的纸张
	使用了不正确的出纸方式	厚纸等介质不应使用面朝下出纸架出纸, 应使用面朝上出纸槽
	打印机内可能有异物	打开前盖, 取出异物
打印机打印, 但打印的内容不正确、错乱或不完整	打印机电缆松了或有问题	脱开打印机电缆并重新连接, 试打印已经打印过的文件。如可能, 将电缆与另一台计算机连接, 并试打正确文件。如仍有问题, 换一根新电缆
	选择的打印机驱动程序不正确	检查应用程序中的打印机选择菜单, 应选择使用的打印机
	应用软件工作不正常	从其他应用程序打印
打印机打印, 但为空白	墨粉盒有问题, 或墨粉用完了	更换墨粉盒
	文件可能有空白页	检查文件, 文件中不应有空白页
	一些零件, 如控制器、主板等可能有问题	与服务中心联系
在 Adobe 显示器中的打印图解不正确	软件应用程序中的设置错误	通过打印对话框中的 Bitmap 打印选择栏来打印该文档

5. 清除卡纸

发生卡纸的原因有:

(1) 进纸器内纸装得不正确或装得太多。

(2) 在打印时, 将进纸器拉出。

(3) 在打印时, 顶盖被打开。

(4) 纸张不符合要求的规格。

(5) 使用的纸张大小超出允许的范围。

如果出现了卡纸，控制面板上的纸张和错误指示灯亮，应找到并清除卡住的纸。如果看不清位置，应先检查打印机内部。

如果纸卡在出纸区域，小心地将卡住的纸拉出出纸架，然后关上前盖，恢复打印。如果纸卡在进纸区域，小心地拉出卡在进纸器的纸，然后关上前盖，恢复打印。纸卡在打印机内部，抓住前盖的两边，向外拉开前盖，取出墨粉盒，然后轻轻地将纸向外的方向从打印机内拉出，最后重新装回墨粉盒，关紧前盖，恢复打印。

6. 根据指示灯情况处理故障

当打印机发生故障时，控制面板上的指示灯可以提供一些故障信息，如表 8-5 所示。

表 8-5　打印机指示灯状态信息

指 示 灯 状 态				故障信息	解 决 办 法
错误	纸张	数据	省墨		
暗	暗	暗		未接通电源	检查电源线和电源开关
亮	亮	暗		卡纸或无墨粉盒	清除卡纸；确认墨粉盒正确地安装在打印机内
暗	亮	暗		缺纸	将纸装入进纸器。对于自动进纸器，装纸即取消此信息，打印机自动继续打印；对于手动进纸器，应在装纸后按演示按钮
暗	闪	暗		等待按演示按钮	按控制面板上的演示按钮，启动打印
亮	暗	暗		前盖打开	检查打印机前盖是否已正确关上
闪	暗	暗		取消打印任务或内存满	当取消打印机的打印任务时，错误指示灯闪烁；当取消完成时，信息自动消失。正在打印的页对于打印机的内存容量来说可能太复杂，按取消/重复打印按钮，取消当前打印任务
闪	闪	闪	闪	LSU 错误	通过短暂关闭和重新接通打印机使打印机复位
暗 闪	暗 闪	闪 暗	暗 闪	打印机过热错误	关机后重新开机
暗 闪	闪 暗	暗 闪	暗 闪	系统错误	关机后重新开机
闪 暗	暗 闪	暗 闪	暗 闪	定影器断开错误	关机后重新开机

8.5 实　训

一、实训目的

1. 了解各种类型的激光打印机；
2. 掌握某种激光打印机的使用方法。

二、实训条件

不同类型的激光打印机若干台。

三、实训过程

1. 进行激光打印机与微型计算机的连接，并安装驱动程序。
2. 进行自检操作和联机打印。
3. 进行更换墨粉盒、感光鼓的操作和正常的各种维护操作。

思考与练习八

一、填空题

1. 激光打印机具有高质量、(　　　)、低噪音、(　　　)等特点，现在已占据了办公领域的绝大部分市场。

2. 激光打印机按打印输出速度分，有低速激光打印机、(　　　)激光打印机和(　　　)激光打印机。

3. 激光打印机的重要部件如墨粉、感光鼓(又称硒鼓)、(　　　)、显影磁铁、初级电晕放电极、(　　　)等，都装置在墨粉盒内。

4. 激光打印机的控制电路是一个完整的被扩展的微型计算机系统，主要包括 CPU、ROM、RAM、定时控制、(　　　)、并行接口、(　　　)接口等。

二、选择题

1. 激光打印机按与计算机连接的接口分，有并行接口、SCSI 接口、串行接口、USB 接口、自带网卡的网络接口(连接到网络中成为网络打印机)。常用的是(　　　)接口。

A. 并行　　　　　B. 自带网卡　　　　　C. USB　　　　　D. 串行

2. 激光打印机分辨率又称为输出分辨率，是指在打印输出时横向和纵向两个方向上(　　　)最多能够打印的点数。

A. 每厘米　　　　B. 每平方英寸　　　　C. 每平方厘米　　　　D. 每英寸

3. 目前国外的西文激光打印机其打印处理机是针对西文的，汉字应用软件只能采用图像方式输出和打印。一般并行口数据传输速度是(　　　)。

A. 200 B/s　　　　B. 200 KB/s　　　　C. 20 B/s　　　　D. 20 KB/s

4. 影响打印输出速度的主要有主机的 CPU 性能、应用软件与(　　　)程序、数据传输方式、打印机语言、打印机控制器、打印机的电机速度、使用环境等。

A. 打印机驱动　　　　B. 工具　　　　　C. 原始　　　　　D. 操作

三、简答题

1. 激光打印机有哪些特征？

2. 激光扫描系统是如何工作的？

3. 激光打印机的转印是如何工作的？

4. 简述激光打印机安装墨粉盒的过程。

5. 激光打印机内部如何清洁？

6. 请叙述激光打印机卡纸的主要原因。

第9章

扫 描 仪

扫描仪(Scanner)是一种高精度的光电一体化的高科技产品,它是将各种形式的图像信息输入计算机的重要工具。扫描仪通常用于图像的输入。从最直接的图片、照片、胶片,到各类图纸及文稿等,都可以用扫描仪输入到计算机中,进而实现图像信息的处理、管理、使用、存储和输出等。

9.1 扫描仪的类型和基本工作原理

9.1.1 扫描仪的类型

1. 平板式扫描仪

平板式扫描仪又称台式扫描仪,其外形如图 9-1 所示,一般采用 CCD(电荷耦合器件)或 CIS(接触式感光器件)技术。平板式扫描仪凭借其价格低廉、体积小的优点得到了广泛应用,已经成为目前家庭及办公使用的主流产品。台式扫描仪的光学分辨率一般在 300 dpi 到8000 dpi 之间,色彩位数在 24 位到 48 位之间。

图 9-1 台式扫描仪

2. 手持式扫描仪

手持式扫描仪广泛使用于 20 世纪 80 年代后期,其扫描宽度较小,只有 105 mm,手持推动完成扫描。手持式扫描仪较多使用 CIS 技术,光学分辨率只有 200 dpi。它的价格比平板式扫描仪更便宜,但是由于扫描幅面太窄、效果差等一系列自身的缺陷,最终被平板式扫描仪所取代。

3. 滚筒式扫描仪

滚筒式扫描仪的感光器件是光电倍增管，其光学分辨率在 1000 dpi 到 8000 dpi 之间，色彩位数在 24 位到 48 位之间。相比 CCD 或是 CIS 来说，光电倍增管的性能是最好的。采用光电倍增管的扫描仪要比其他扫描仪贵出很多倍，低档的也在几十万元左右。滚筒式扫描仪是专业印刷排版领域中应用最广泛的产品，其外形如图 9-2 所示。

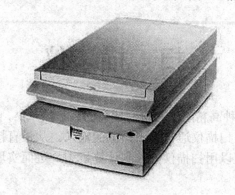

图 9-2　滚筒式扫描仪

4. 馈纸式扫描仪

馈纸式扫描仪也称为小滚筒式扫描仪，但它与滚筒式扫描仪有本质上的不同。馈纸式扫描仪多采用 CIS 技术，所以光学分辨率不高，只有 300 dpi，也有用 CCD 技术的，但体积较大。馈纸式扫描仪广泛与笔记本计算机配套使用。

5. 工程图纸扫描仪

为了解决工程图纸的输入、保存等问题，工程图纸扫描仪出现了。这种扫描仪大多采用 CCD 技术，少数用的是 CIS 技术，光学分辨率不是很高，一般为 200 dpi、400 dpi 或更高。由于其用途特殊，因而较为少见。

6. 底片扫描仪

底片扫描仪也称为胶片扫描仪，其光学分辨率很高，最低也在 1000 dpi 以上，绝大多数都在 2700 dpi 左右。现在，有些平板式扫描仪也有底片扫描的功能。总的来说，底片扫描仪仍属于专业领域产品。

7. 3D 扫描仪

许多扫描仪生产厂家都称自己的扫描仪有 3D 扫描功能，但是真正的 3D 扫描仪并不是我们在市场上常见到的有实物扫描功能的平板式扫描仪。真正的 3D 扫描仪不但结构和原理与传统的扫描仪不同，而且生成的文件也不同于图像文件，是一系列描述物体三维结构的坐标数据。如果将这些数据输入 3D MAX 软件中，可将物体的 3D 模型很完整地还原出来。

8. 其他

除了上述的扫描仪外，还有一些我们经常见到但是很难将其与扫描仪联系起来的扫描仪，如笔式扫描仪、超市条码扫描仪。还有一种实物扫描仪，它与市面上具备实物扫描功能的平板式扫描仪不同，其原理类似于数码相机，但是分辨率远高于数码相机，而且只能拍摄静态物体。

9.1.2　扫描仪的基本工作原理

扫描仪主要由光学部分、机械传动部分和转换电路三部分组成。扫描仪的核心部分是完成光电转换的光电转换部件。目前大多数扫描仪采用的光电转换部分是感光器件(包括CCD、CIS 和 CMOS)。

扫描仪工作时，首先由光源将光线照在图稿上，产生反映图像特征的反射光(反射稿)或透射光(透射稿)。光学系统采集这些光线，将其聚焦在感光器件上，由感光器件将光信号转换为电信号，然后由光电转换电路对这些信号进行模/数(A/D)转换及处理，产生对应的数字信号输送给计算机。机械传动机构在控制电路的控制下带动装有光学系统和 CCD 的扫描头与图稿进行相对运动，将图稿全部扫描一遍，一幅完整的图像就输入到计算机中去了。

在整个扫描仪获取图像的过程中，有两个元件起到关键作用：一个是光电器件，它将光信号转换成为电信号；另一个是 A/D 转换器，它将模拟电信号变为数字电信号。这两个元件的性能直接影响扫描仪的整体性能指标，同时也关系到我们选购和使用扫描仪时如何正确理解和处理某些参数及设置。

9.2　扫描仪的主要技术指标

影响扫描仪性能的指标主要有分辨率、色深、感光器、扫描速度、接口和扫描幅面等。

1. 分辨率

市场上主流扫描仪的光学分辨率通常有 600 dpi × 1200 dpi、1200 dpi × 2400 dpi、2400 dpi ×2400 dpi、2400 dpi × 4800 dpi。对于一般用户来说，1200 × 2400 dpi 的光学分辨率就够用了；对于高级用户，2400 dpi × 2400 dpi 则应该作为首选。另外，除了光学分辨率之外，扫描仪的包装箱上通常还会标注一个最大分辨率，光学分辨率为 600 dpi × 1200 dpi 的扫描仪其最大分辨率一般为 9600 dpi，这实际上包括通过软件在真实的像素点之间插入的经过计算得出的额外像素，从而获得插值分辨率。插值分辨率对于图像精度的提高并无实质上的好处，事实上只要软件支持而主机又足够快，这种分辨率完全可以做到无限大。

2. 色深

色深即色彩深度，是指扫描仪对图像进行采样的数据位数，也就是扫描仪所能辨析的色彩范围。较高的色深位数可以保证扫描仪反映的图像色彩与实物的真实色彩尽可能一致，同时使图像色彩更加丰富。扫描仪的色彩深度值一般有 24 bit、36 bit、42 bit 和 48 bit 等几种，一般光学分辨率为 600 dpi × 1200 dpi 的扫描仪其色彩深度值为 36 bit，高的有 48 bit 等。灰度值是指进行灰度扫描时对图像由纯黑到纯白整个色彩区域进行划分的级数。编辑图像时，一般灰度值为 8 bit，而主流扫描仪的灰度值通常为 10 bit，最高可达 12 bit。

3. 感光器

扫描仪采用何种感光元件对扫描仪的性能影响也很大。扫描仪的核心部件是完成光电转换的扫描元件，也称为感光器件。目前市场上扫描仪所使用的感光器件有四种：电荷耦合元件 CCD(硅氧化物隔离 CCD 和半导体隔离 CCD)、接触式感光器件 CIS、光电倍增管

PMT 和互补金属氧化物半导体器件 CMOS。

光电倍增管实际上是一种电子管，一般只用在昂贵的专业滚筒式扫描仪上。CCD 是目前应用最广泛的感光元件。CIS 技术最大的优势在于生产成本低，仅有 CCD 的 1/3 左右，所以在一些低端扫描仪产品中得到广泛应用。但如果仅从性能考虑，CIS 存在明显的先天不足，由于不能使用镜头，因而只能贴近稿件扫描，实际清晰度与标称指标尚有一定差距；而且由于没有景深，因而无法对立体物体进行扫描。

4. 扫描速度

扫描速度可分为预扫速度和扫描速度，其中预扫速度应引起我们的注意。这是因为扫描仪受接口(目前绝大多数扫描仪为 USB 接口)带宽的影响，通常速度差别并不是很大，而扫描仪在开始扫描稿件时必须通过预扫来确定稿件在扫描平台上的位置，因此预扫速度是影响实际扫描效率的一个主要指标。因此，在选择扫描仪时，应尽量选择预扫速度快的产品。扫描速度的表示方式一般有两种：一种是用扫描标准 A4 幅面所用的时间来表示，另一种是用扫描仪完成一行扫描的时间来表示。扫描仪扫描的速度与系统配置、扫描分辨率设置、扫描尺寸、放大倍率等有密切关系。

5. 接口

扫描仪的常用接口包括并口(EPP)、SCSI、IEEE 1394 和 USB 接口，目前的家用扫描仪以 USB 接口居多。USB 接口是最常见的接口，易于安装，支持热插拔。

SCSI 接口的扫描仪安装时需要 SCSI 卡的支持，成本较高。

采用 IEEE 1394 接口的扫描仪的价格比使用 USB 接口扫描仪高许多。IEEE 1394 也支持外设热插拔，可为外设提供电源，省去了外设自带的电源，能连接多个不同设备，支持同步数据传输。

6. 扫描幅面

扫描幅面即可扫描纸张的大小，通常有 A4、A4 加长、A3、A1、A0 等几种。一般扫描仪的扫描幅面为 A4。

9.3　扫描仪的选购与安装

9.3.1　扫描仪的选购

购买扫描仪应主要考虑以下因素。

1. 分辨率

分辨率是扫描仪最重要的一项技术指标。扫描仪的分辨率包括光学分辨率和插值分辨率两种。在选购时应该首先考虑光学分辨率，因为它不仅决定了扫描仪的价格、档次，也是扫描仪对原始图像感知能力的具体表示。就光学分辨率而言，当前主要有以下几类：

(1) 1200 dpi × 2400 dpi：能够达到这种分辨率的扫描仪一般为中档扫描仪，适用于专用图像处理和桌面印刷排版系统。使用高分辨率对图像进行扫描后，可以将图像放大数倍而不会致使图像分辨率过低而达不到输出精度要求，这对于从事广告图像设计和大型喷绘写真的购买者是非常必要的。

(2) 2400 dpi × 4800 dpi 或更高：能够达到这种精度的扫描仪在市场上可谓是凤毛麟角，其价格也相当昂贵，起码也要在万元以上，是当之无愧的专业高档扫描仪。

在选择扫描仪时，绝不是分辨率越高越好。扫描的精度提高一倍后，其扫描速度会大大降低，而生成的图像文件的大小则会成 4 倍增长，因此没有必要选择分辨率很高的扫描仪，而应该选择一款最适合自己使用的扫描仪。

2. 色彩位数

目前市场上扫描仪的色彩位数一般有 24 位、30 位、36 位、48 位等几个档次，它们分别表示了扫描仪在识别色彩能力上的高低。对于普通的扫描仪用户而言，30 位或 36 位的扫描仪就足够用了，因为一般的文稿或图片其本身的质量就不会很高，即使使用高色彩位数的扫描仪进行扫描，效果也并不会提高很多。当然，如果是一位美术工作者或者购买扫描仪的目的是进行专业图像处理的话，那 48 位扫描仪就应该是理所当然的选择。

3. 扫描幅面

扫描仪的扫描幅面通常分为三档：A4、A4 加长、A3(具体大小根据扫描仪型号的不同而略有不同)。由于一般情况下的扫描对象多为相片和普通文档，而文档的大小一般为 A4，所以 A4 和 A4 加长的扫描仪已经可以满足日常的应用。若原稿幅面较大，则也可以通过分块扫描后再拼接的方法来实现扫描。A3 幅面的扫描仪由于造价较高，目前多用于一些高档专业扫描仪中。

4. 透射适配器

透射适配器(TMA)也叫透扫描适配器、光罩或透扫描精灵，主要用于平板式扫描仪能让用户扫描负片、幻灯片和较大的透明底片或胶片。

透射适配器的原理很简单，就是用一个光源来替代扫描仪原来的上盖，把扫描光源由稿件下方移到稿件上方，让透射过稿件的光线经过镜头和数个反射镜成像在 CCD 表面。

透射适配器按照质量的高低，可以分为低档透射扫描仪适配器和高档透射扫描仪适配器。其中，低档透射扫描仪适配器只是在普通扫描仪的基础上多加了一个扫描灯管，并没有给扫描分辨率带来多大提高。

5. 随机软件

每一款扫描仪都会随机赠送一些应用软件，如 Acrobat Reader(PDF 阅读软件)、Arcsoft PhotoImpression(影像编辑)、Arcsoft PhotoBase(多媒体管理)、ABBYY Finereader Sprint、汉王 OCR(中文识别软件)、Photo Family(照片管理和电子相册软件)等，它们在扫描仪使用时都会起到很大的作用，因此在选购扫描仪时应对其有足够的认识。

文档在扫描进计算机之后其格式被转换为图像格式，原文中的文字并不能够直接进行编辑，而 OCR 软件能够通过软件方式对其中的文字进行识别并将其转换为文本格式，从而达到可编辑的目的。在选择 OCR 软件时，应该注意它是否能够识别各种印刷体文字，能否识别中英文混排、表格等因素。

部分扫描仪的性能参数如表 9-1 所示。

表 9-1　部分扫描仪性能参数

产品名称	佳能 CanoScan 9000F	明基 5560	爱普生 Perfection V300 Photo	Avision FB2600C	清华紫光 Uniscan M800U
扫描仪类型	平板式	平板式	平板照片扫描仪	平板式	平板式
扫描元件	CCD	CCD	矩阵 CCD(12 线 CCD)	彩色光敏传感器 (CIS)	CIS
光学分辨率	9600 dpi × 9600 dpi	1200 dpi × 2400 dpi	主：4800 dpi；副：9600 dpi	1200 dpi	600 dpi × 1200 dpi；最大分辨率 9600 dpi × 9600 dpi
最大分辨率	19 200 dpi × 19200 dpi	19 200 dpi × 19 200 dpi	12 800 dpi × 12 800 dpi		9600 dpi × 9600 dpi
最大幅面	A3	214 mm×294 mm	216 mm×297 mm	216 mm×296 mm	297 mm×420 mm
色彩位数	48 bit	48 bit	16 bit	24 bit	48 bit
扫描速度	照片与文件：7 秒(A4, 300 dpi)，胶片：18 秒(35 mm 反转片，1200 dpi)		速度优先模式(A4, 1200 dpi)；彩色：10.08 毫秒/线；单色：10.08 毫秒/线	5 秒/页(A4，黑白模式，200 dpi)；5 秒/页(增值税发票，灰度及滤红模式，300 dpi)	48 秒内(A3, 300 dpi)
扫描介质	胶片，照片，文件	书本，立体物品，文件	文件，信纸，底片等	支持较多的介质类型	普通文件，书本，杂志，相片等
透射适配器	有	无	支持	无	不支持
操作系统	Windows Vista/XP SP1/SP2/2000 Professional SP2/SP3/SP4，Mac OS X v.10.4, Mac OS X v.10.2.8～v.10.3	Windows XP / Me / 98/2000	Windows XP (Home Edition，Professional，Professional X 64)/Vista, Mac OS X 10.3.9 及之后的版本(通用版)	Windows 98SE/ ME/ 2K/XP/Vista	Windows 2000/ XP/Vista，Mac OS X
系统要求	PC：用于 Microsoft Windows 98/Me/2000/ XP 系统(USB 接口)；Mac：Mac OS 9.x，Mac OS X	PC 兼容机，Pentium 650 MHz CPU，128 M 内存，光驱 USB 2.0 接口	Microsoft Windows 98/Me/2000/XP/ Vista，内置于主板上的 USB 端口		Pentium 或更高的 CPU，CD-ROM，50 M 以上硬盘空间，64 MB 以上内存
接口	USB 2.0	USB 2.0	USB 2.0	USB 2.0	USB 2.0
电源电压	100～240 V	100～240 V	220～240 V	220～240 V	220 V
电源频率	50/60 Hz	50/60 Hz	50/60 Hz	50/60 Hz	50 Hz

9.3.2　扫描仪的安装

1. 打开扫描单元的锁扣

在连接扫描仪和计算机之前要打开扫描单元的锁扣。如果保持在锁定状态，扫描仪可能会发生故障或其他问题。打开扫描单元锁扣的具体步骤如下：

(1) 撕下扫描仪上的封条。

(2) 轻轻地将扫描仪翻转 90°。

(3) 将锁扣开关推向有解锁标志的一侧，如图 9-3 所示。

(4) 重新将扫描仪水平放置好。

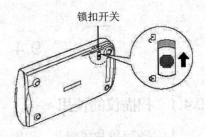

图 9-3　打开锁扣开关

2. 连接扫描仪

如果是 SCSI 接口的扫描仪，需要将计算机电源关掉，打开计算机机箱，将接口卡插好，然后盖好机箱，将数据线一端接于扫描仪接口，另一端接于计算机 SCSI 卡接口。如果是 USB 接口，其连接步骤如下：

(1) 撕下扫描仪上的警告封条。

(2) 用随机提供的 USB 接口电缆将扫描仪连接到计算机，如图 9-4 所示。

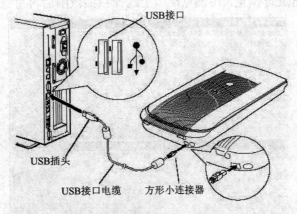

图 9-4　USB 接口扫描仪的连接

(3) 将随机提供的交流适配器连接到扫描仪上，如图 9-5 所示。图中所示扫描仪无电源开关，插入 AC 适配器，扫描仪的电源即接通。

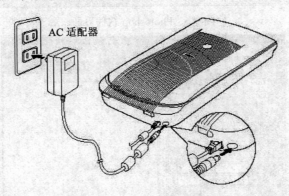

图 9-5　扫描仪电源的连接

3. 安装驱动程序

接通扫描仪的电源，启动计算机，将扫描仪的驱动程序安装盘放入驱动器中，按说明书和屏幕提示完成安装即可。

9.4　扫描仪的使用与维护

9.4.1　扫描仪的使用

扫描仪可以扫描照片、印刷品以及一些实物。扫描时通常要使用 Photoshop 或扫描仪自带的图像编辑软件。下面以 Photoshop 软件为例，简单介绍扫描仪扫描图像的步骤。

安装好扫描仪后，打开扫描仪的电源。打开计算机中安装的 Photoshop 软件，进入"文件"菜单，如图 9-6 所示。选择"输入"菜单中的"TWAIN_32"，即可打开扫描仪操作画面，如图 9-7 所示。该画面有两个窗口，在左边的窗口中可以对扫描的类型、分辨率和输出图像尺寸等内容进行设置。在右边的窗口中，有"预览"和"扫描"两个文字按钮，扫描前先单击"预览"按钮进行预览，在预览画面上选择扫描范围后再进行扫描，如图 9-8 所示。

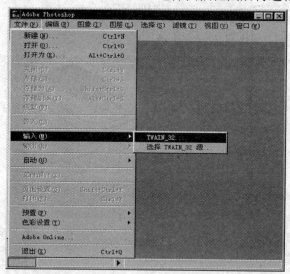

图 9-6　Photoshop 软件界面

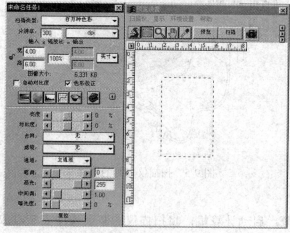

图 9-7　扫描仪操作画面

图 9-8　预览扫描图像

9.4.2　扫描仪的维护

扫描仪是目前最实用的图像输入设备，为了保证扫描仪的扫描质量以及扫描仪的使用寿命，应从以下几个方面来对扫描仪进行维护：

(1) 不要经常插拔电源线与扫描仪的接头。经常插拔电源线与扫描仪的接头，会造成连接处的接触不良，导致电路不通，维修起来也十分麻烦。正确切断电源的方法是拔掉电源插座上的直插式电源变换器(即 AC 适配器)。

(2) 不要中途切断电源。由于镜组在工作时运动速度比较慢，扫描一幅图像后需要一段时间从底部归位，所以在正常供电的情况下不要中途切断电源，待扫描仪镜组全部归位后，再切断电源。

(3) 放置物品时要一次定位准确。有些型号的扫描仪可以扫描小型立体物品，在使用这类扫描仪时应当注意放置物品时要一次定位准确，不要随便移动以免刮伤玻璃，更不要在扫描过程中移动物品。

(4) 不要在扫描仪上放置物品。这样将导致扫描仪的塑料板受压变形，影响其使用。

(5) 长期不使用时请切断电源。

(6) 建议不要在靠窗口的位置使用扫描仪。由于扫描仪在工作中会产生静电，时间长了会吸附灰尘进入机体内部，影响镜组工作，所以尽量不要在靠窗口或容易吸附灰尘的位置使用扫描仪。另外，要保证使用环境的湿度，减少浮尘对扫描仪的影响。

(7) 机械部分的保养。扫描仪长期使用后，要拆开盖子，用浸有缝纫机油的棉布擦拭镜组两轨道上的油垢。擦净后，再将适量的缝纫机油滴在转动的齿轮组及皮带两端的轴承上，最后装机测试，会发现噪声小了很多。

9.5　实　　训

一、实训目的

1. 了解扫描仪的类型；

2. 掌握某种扫描仪的使用方法。

二、实训条件

不同类型的扫描仪若干台。

三、实训过程

1. 连接扫描仪与微型计算机，并安装驱动程序。

2. 进行必要的设置，扫描一张图文稿。

3. 进行正常的各种维护操作。

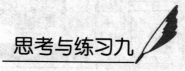

一、填空题

1. 目前市面上的扫描仪大体上分为平板式扫描仪、名片扫描仪、(　　)扫描仪、馈纸式扫描仪和文件扫描仪。除此之外还有手持式扫描仪、鼓式扫描仪、笔式扫描仪、(　　)扫描仪和 3D 扫描仪等。

2. 扫描仪主要由光学部分、机械传动部分和(　　)三部分组成。扫描仪的核心部分是完成(　　)的部件。

3. 目前市场上的扫描仪所使用的感光器件有四种：电荷耦合元件 CCD(硅氧化物隔离 CCD 和半导体隔体 CCD)、(　　)CIS、(　　)PMT 和互补金属氧化物半导体器件 CMOS。

4. 扫描仪扫描的速度与系统配置、扫描(　　)设置、扫描尺寸、(　　)等有密切关系。

二、选择题

1. 在整个扫描仪获取图像的过程中，有两个元件起到关键作用：一个是光电器件，它将光信号转换成为电信号；另一个是(　　)变换器，它将模拟电信号变为数字电信号。

A. 电　　　　　　　B. 数字　　　　　　C. 模拟　　　　　D. A/D

2. 色深是指扫描仪对图像进行采样的(　　)，也就是扫描仪所能辨析的色彩范围。

A. 数据位数　　　　B. 数据长度　　　　C. 像素数　　　　D. 分辨率

3. 文档在扫描进计算机之后其格式被转换为图像格式，原文中的文字并不能够直接进行编辑，而(　　)软件(中文识别软件)能够通过软件方式对其中的文字进行识别并将其转换为文本格式，从而达到可编辑的目的。

A. WORD　　　　　B. PDF　　　　　　C. OCR　　　　　D. Photo Family

三、简答题

1. 请叙述扫描仪的基本工作原理。

2. 扫描仪的常见接口有哪些?

3. 扫描仪透射适配器(TMA)的主要作用有哪些?

4. 如何进行扫描仪的机械维护?

第10章

数　码　相　机

　　数码相机最早出现在美国。美国曾利用它通过卫星向地面传送照片。后来数码摄影转为民用并不断拓展应用范围，目前在国内已十分流行。

　　数码相机作为电脑图像的新型输入设备之一，与计算机同步发展，并将很快成为主流影像应用技术。其价格不断下降，图像质量不断提高，这就使得数码相机对越来越多的商业用户和业余爱好者颇具吸引力。

10.1　数码相机的种类和主要技术指标

10.1.1　数码相机的常见种类

　　数码相机按用途主要分为单反数码相机、卡片数码相机、长焦数码相机等。

1. 单反数码相机

　　单反数码相机就是指单镜头反光数码相机。在单反数码相机的工作系统中，光线透过镜头到达反光镜后，折射到上面的对焦屏并结成影像，透过接目镜和五棱镜，可以在观景窗中看到外面的景物。单反数码相机的一个很大的特点就是可以交换不同规格的镜头，这是单反数码相机最主要的优点，是普通数码相机不能比拟的。

2. 卡片数码相机

　　外形小巧、机身相对较轻以及超薄时尚的设计是衡量卡片数码相机的主要标准。卡片数码相机和其他数码相机相比较，其优点是：外观时尚、液晶屏大、机身小巧纤薄、操作便捷；其缺点是：手动功能相对薄弱、超大的液晶显示屏耗电量较大、镜头性能较差。

3. 长焦数码相机

　　长焦数码相机指的是具有较大光学变焦倍数的机型，而光学变焦倍数越大，能拍摄的景物就越远。其主要特点是：与望远镜的原理相似，通过镜头内部镜片的移动来改变焦距。焦距越长则景深越浅，浅景深的好处在于突出主体而虚化背景。

10.1.2　数码相机的主要技术指标

1. 分辨率

　　分辨率是数码相机最重要的性能指标，其标准与显示器类似，使用图像的绝对像素数加以衡量。数码相机拍摄图像的绝对像素数取决于相机内 CCD 芯片上光敏元件的数量，数量越多则分辨率越高，所拍摄图像的质量也就越高，当然，相机的价格也会大致成正比地增加。

有效像素(Effective Pixels)与最大像素不同，是指真正参与感光成像的像素值。最高像素的数值是感光器件的真实像素，这个数据通常包含了感光器件的非成像部分，而有效像素是在镜头变焦倍率下所换算出来的值。以索尼 T99 数码相机为例，其有效像素为 1410 万，最大像素为 1450 万。

数码图片的储存方式一般以像素(Pixel)为单位，每个像素是数码图片里面积最小的单位。像素越大，图片的面积越大。要增加一个图片的面积，如果没有更多的光进入感光器件，唯一的办法就是把像素的面积增大，但这样可能会影响图片的清晰度。所以，在像素面积不变的情况下，数码相机能获得的最大图片像素即有效像素。

2. 变焦

变焦分为光学变焦(Optical Zoom)和数码变焦(Digital Zoom)。

光学变焦数码相机依靠光学镜头结构来实现变焦。数码相机的光学变焦方式与传统 35 mm 相机差不多，就是通过镜片移动来放大与缩小需要拍摄的景物，光学变焦倍数越大，能拍摄的景物就越远。如今的数码相机的光学变焦倍数大多在 2 倍到 5 倍之间，即可把 10 米以外的物体拉近至 5～3 米；也有一些数码相机拥有 10 倍的光学变焦效果。

数码变焦是通过数码相机内的处理器，把图片内的每个像素面积增大，从而达到放大目的。这种手法如同用图像处理软件把图片的面积改大，不过程序在数码相机内进行，把原来 CCD 影像感应器上的一部分像素通过"插值"处理放大。目前数码相机的数码变焦倍数一般在 6 倍左右。

3. 色彩深度

这一指标描述数码相机对色彩的分辨能力，它取决于"电子胶卷"的光电转换精度。目前几乎所有数码相机的颜色深度都达到了 24 位，可以生成真彩色图像。某些高档数码相机甚至达到了 36 位。

4. 存储能力

数码相机的存储能力以及是否具有扩充功能已成为数码相机的重要指标，它决定了在未下载信息之前相机可拍摄照片的数目。当然，同样的存储容量所能拍摄照片的数目还与分辨率有关，分辨率越高则存储的照片数目越少；还与照片的保存格式有关。使用何种分辨率拍摄，要在图像质量与拍摄数量间进行折中考虑。随机存储容量一般为 8～32 MB。对于像素较大的数码相机，因为图片的体积大，所以随机存储容量达到 64 MB。用户通常要另外买存储设备，因为随机存储容量可记录的图片和文件非常有限。存储卡的种类很多，如 CF 卡、SD 卡、记忆棒、SM 卡等。

5. 连续拍摄

由于"电子胶卷"从感光到将数据记录到内存的过程进行得并不是太快，因此拍完一张照片之后不能立即拍摄下一张，两张照片之间需要等待一定的时间间隔。越是高级的相机，间隔越短，也就是说其连续拍摄的能力越强。低档相机通常不具备连续拍摄的能力，即使最高档的数码相机，连拍速度一般也不会超过每秒 5 张。

10.2　数码相机的结构和基本工作原理

10.2.1　数码相机的结构

适马数码相机(SIGMA DP2S)是一种性能价格比较高的数码相机。该相机的外观与名称见图 10-1、图 10-2、图 10-3。

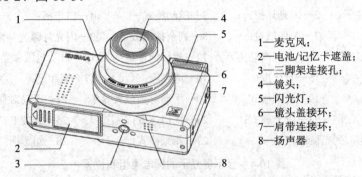

1—麦克风；
2—电池/记忆卡遮盖；
3—三脚架连接孔；
4—镜头；
5—闪光灯；
6—镜头盖接环；
7—肩带连接环；
8—扬声器

图 10-1　DP2S 数码相机的前视图

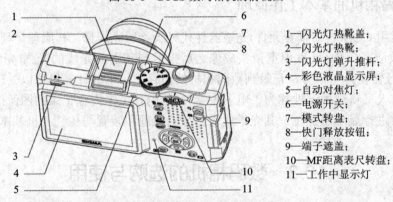

1—闪光灯热靴盖；
2—闪光灯热靴；
3—闪光灯弹升推杆；
4—彩色液晶显示屏；
5—自动对焦灯；
6—电源开关；
7—模式转盘；
8—快门释放按钮；
9—端子遮盖；
10—MF距离表尺转盘；
11—工作中显示灯

图 10-2　DP2S 数码相机的俯视图

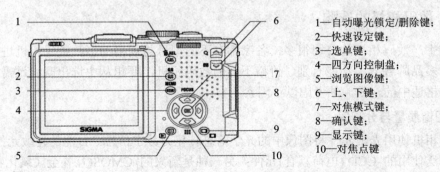

1—自动曝光锁定/删除键；
2—快速设定键；
3—选单键；
4—四方向控制盘；
5—浏览图像键；
6—上、下键；
7—对焦模式键；
8—确认键；
9—显示键；
10—对焦点键

图 10-3　DP2S 数码相机的后视图

图像拍摄过程中显示屏显示的标志类型和位置如图 10-4 所示。

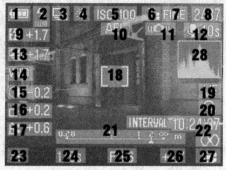

1—电池电量指示；　　2—闪光灯模式；　　3—驱动模式；　　4—白平衡；　　5—ISO 设定；

6—图像大小；　　　7—图像质量；　　　8—剩余拍摄数量；　　9—闪光灯曝光补偿值；

10—自动曝光锁定；　11—相机震动提示；　12—附话筒标记；　13—自动包围曝光；

14—色彩模式；　　　15—对比度；　　　16—清晰度；　　　17—饱和度；

18—对焦方框；　　　19—对焦模式；　　　20—手动对焦放大显示；　21—手动对焦比例尺；

22—间歇定时拍摄；　23—曝光模式；　　　24—快门速度；　　　25—光圈 F 数值；

26—曝光补偿值/测光值；　　　　27—测光模式；　　　　28—矩形图

图 10-4　显示屏显示的标志类型和位置

10.2.2　数码相机的基本工作原理

数码相机用 CCD(电荷耦合元件)光敏器件代替胶卷感光成像，其原理是利用 CCD 元件的光电转化效应。CCD 元件根据镜头成像之后投射到其上的光线的光强(亮度)与频率(色彩)，将光信号转化为电信号，记录到数码相机的内存中，形成计算机可以处理的数字图像信号，因此有人又将这种元件称为"电子胶卷"。数码相机中内存记录的图像信息可直接下载到计算机中进行显示或加工。其光学成像部分的原理和装置与传统相机基本相同。

10.3　数码相机的选购与使用

10.3.1　数码相机的选购

目前生产数码相机的公司很多，各家都有不同型号与规格的多款数码相机进入市场。面对如此多品牌各异、功能有别、价格不同的数码相机，要想从中选出既满足需要又简单易用且价格适中的一款，须考虑以下因素。

1. 图像质量与分辨率

数码相机使用光敏元件将图像中的光学信息转化为数字信号。目前的光敏元件有两种：一种是广泛使用的 CCD (电荷耦合)元件；另一种是新兴的 CMOS(互补金属氧化物半导体)器件。数码相机的分辨率是指相机中光敏元件的数目。在相同分辨率下，CMOS 比 CCD 便宜，但是 CMOS 光敏器件产生的图像质量要低一些。为在有限的存储空间内保存更多的图像，许多相机都采用了特殊算法对图像数据进行压缩处理之后再保存。对图像数据压缩得越多，图像质量的损失就越大，因此必须进行综合考虑。

对图像质量的要求应该与图像的使用目的结合起来考虑。对于商业用户，如进行摄影服务的影楼、公司的商业演示或者是 Web 图像，1000 万像素级的相机已可满足要求。对于业余摄影爱好者，具有 1000 万以上像素的数码相机能很好地服务于个人影集、个人照片的放大、打印等目的。

2. 短片拍摄功能

短片拍摄功能即数码相机具备拍摄视频文件的功能。与 DV(数码摄像机)不同，数码相机只可以把视频文件存放在记忆卡里，而记忆卡的空间有限，所以视频文件的质量都比较差。

数码相机拍摄短片的文件多为 AVI 格式的，少数相机可以 MPEG-4 格式来储存视频文件。以 AVI 格式记录的视频文件分辨率为 640×480，记录图片的速度为每秒 30 帧，这样的视频文件非常大，10 分钟就可以消耗 2 G 的存储空间。MPEG-4 格式的视频文件，其分辨率为 320×240，记录速度为每秒 30 帧，其体积较小。因为画质高，存储所占容量小，所以 MPEG-4 的记录模式已经在多款数码相机上使用。

3. 电池及节能措施

锂离子电池性能较好，但价格略高，且必须使用专用充电器。锂离子电池不能与其他电池的充电器兼容。碱性锌锰电池虽然价低，但寿命短，长期使用也难以承担费用。相比之下，镉镍电池、氢镍电池是目前在制造技术上较成熟、价格也较合理的蓄电池。

以下方法可以节省电池用量：

(1) 尽量避免使用不必要的变焦操作。

(2) 避免频繁使用闪光灯，因闪光灯较耗电。

(3) 调整画面构图时最好使用取景器，而不要使用液晶显示屏(LCD)。因为液晶显示屏取景会消耗更多电量，将它关闭可使电池备用时间增长两三倍。

(4) 尽量少用连拍功能。因为数码相机的连拍功能大都利用机身内置的缓存来暂时保存数码相片，如果经常使用这些缓存，所需的电量很多。另外，减少动态影像短片的拍摄，也有助于节省电量。

4. 视频输出接口

AV OUT 即视频输出。通过视频输出接口，可在电视机上欣赏所拍摄的图片。用电缆连接相机的视频输出接口到电视机的视频输入插口，同时将相机调到"查看"模式，就可以在电视机上欣赏所拍摄的图片。有的相机提供了 IrDA 红外线接口，而不再需要数据电缆；有的相机则提供了 USB(通用串行总线)接口，可以即插即用。

5. 闪光灯、镜头和取景器

数码相机如果没有内置闪光灯，那么在拍摄室内对象时效果可能不好。镜头是影响图像质量的重要部件，分为固定聚焦(拍摄时不用对焦)镜头、自动聚焦镜头和手动聚焦镜头。固定聚焦镜头使用方便，但适用的拍摄对象受到限制；手动聚焦镜头使用复杂，但可以由用户来调节聚焦过程，因而受到专业用户的青睐；自动聚焦镜头若使用得当，可保证图像清晰，但缺乏灵活性。有的相机手动与自动聚焦并存，增加了额外的灵活性。LCD 显示屏可用来取景与浏览照片，进行选择性删除，为数码相机提供了传统相机无可比拟的优越性。

　　此外，选购数码相机时还可考虑如下参数：所配处理图像软件、图像压缩率、最大闪光距离及最小拍摄距离(前者越大越好，后者越小越好)、快门速度范围、光圈大小范围、是否具有曝光补偿及自动白平衡功能、支持哪些文件格式、是否具有连拍功能、是否具有遥控功能等。

　　部分数码相机的主要性能参数如表 10-1 所示。

表 10-1　部分数码相机的主要性能参数

产品名称	佳能 IXUS 105	索尼 T99	尼康 D90	三星 ST600
数码相机类型	卡片，广角	卡片，广角	单反(APS-C)	卡片，广角
有效像素数	1210 万	1410 万	1230 万	1420 万
最大像素数	1270 万	1450 万	1290 万	1440 万
最高分辨率	4000 pixel×3000 pixel	4320 pixel×3240 pixel	4288 pixel×2848 pixel	4320 pixel × 3240 pixel
光学变焦倍数	4 倍	4 倍		5 倍
数码变焦倍数	4 倍	8 倍		5 倍
传感器类型	CCD	Super HAD CCD	CMOS	CCD
传感器尺寸	1/2.3 inch	1/2.3 inch	23.6×15.8 mm	1/2.33 inch
传感器描述	采用 DIGIC 4 处理引擎	搭载 BIONZ 引擎	Nikon DX 格式 CMOS 感应器	RGB 原色 CCD
对焦方式	智能面部优先，中央	多重 AF(9 点)，中心，定点，触摸	自动对焦，单次伺服，连续伺服，自动伺服，手动对焦，11 种对焦点选择	面部检测，多点对焦，中心对焦
焦距(相当于 35 mm 相机)	28～112 mm	25～100 mm	换算倍率为 1.5 倍	27～135 mm
实际焦距	f = 5.0～20 mm	f=4.43～17.7 mm	视镜头而定	f=4.9～24.5 mm
普通对焦范围	广角：5 cm～无穷远；长焦：50 cm～无穷远	广角：1 cm～无穷远；长焦：50 cm～无穷远	视镜头而定	80 cm～无穷远
微距对焦范围	广角：3～50 cm	广角：8 cm～无穷远；长焦：50 cm～无穷远	视镜头而定	广角：5～80 cm；长焦：50～80 cm
光圈范围	F2.8～F5.9	F3.5～F6.3	视镜头而定	F3.5～F5.9
广角端	28 mm	25 mm	单机身镜头需另购	27 mm

续表一

产品名称	佳能 IXUS 105	索尼 T99	尼康 D90	三星 ST600
镜头型号	佳能变焦镜头	卡尔·蔡司 Vario-Tessar 镜头	支持	施奈德镜头
镜头说明	镜头结构：5 组 6 片 (1 片非球面镜片，1 片 UA 镜片)	镜头结构：10 组 12 片 (6 片非球面镜片，1 片棱镜)	支持 2 秒、5 秒、10 秒、20 秒延迟拍摄	
自拍功能	支持 2 秒、10 秒延迟拍摄	支持 2 秒、10 秒延迟拍摄	4.5 张/秒	支持 2 秒、10 秒延迟拍摄
连拍功能	0.9 张/秒	0.69 张/秒		
防抖功能	IS 光学防抖	光学防抖	无防抖功能	双重图像稳定(OIS+DIS)
面部识别	支持面部识别功能	支持面部识别功能	支持面部识别功能	支持面部识别功能
防红眼	支持防红眼闪光拍摄	支持防红眼闪光拍摄	支持防红眼闪光拍摄	支持防红眼闪光拍摄
图像尺寸	4000×3000，4000×2248，3264×2448，2592×1944，1600×1200，640×480	4320×3240，4320×2432，3648×2736，2592×1944，1920×1080，640×480	4288×2848，3216×2136，2144×1424	4320×3240，4000×3000，3264×2448，2560×1920，2048×1536，1024×768
视频拍摄	320×240(30 帧/秒)，640×480(30 帧/秒)	640×480(30 帧/秒)，1280×720(30 帧/秒)	320×216(24 帧/秒)，640×424(24 帧/秒)，1280×720(24 帧/秒)	320×240(30 帧/秒)，640×480(30 帧/秒)，1280×720(30 帧/秒)
视频输出	支持视频输出 (NTSC/ PAL)	支持视频输出 (NTSC/ PAL)	支持视频输出 (NTSC/PAL)	支持视频输出 (NTSC/PAL)
菜单语言	简体中文/英文等多种语言	简体中文/英文等多种语言	简体中文/英文等多种语言	简体中文/英文等多种语言
快门类型	电子快门+机械快门	电子快门+机械快门	电子控制焦平面快门	电子快门+机械快门
快门速度	15～1/1500 s	2～1/1600 s	30～1/4000(B 门)s	8～1/2000 s
液晶屏类型	TFT LCD 显示屏	轻触式 TFT LCD 显示屏	TFT LCD 显示屏	轻触式 TFT LCD 显示屏

续表二

产品名称	佳能 IXUS 105	索尼 T99	尼康 D90	三星 ST600
液晶屏尺寸	2.7 inch	3 inch	3 inch	3.5 inch
液晶屏像素数	23 万	23 万	92 万	115 万
取景器类型	LCD 取景	LCD 取景	眼平五棱镜取景	LCD 取景
取景器放大比率	100%	100%	约 0.94 倍	100%
曝光模式	程序自动曝光	程序自动曝光	自动，场景模式，程序自动，快门优先，光圈优先，手动	程序自动曝光
曝光补偿	±2EV(1/3EV 步进调节)	±2EV(1/3EV 步进调节)	±5EV(1/2 或 1/3EV 步进调节)	±2EV(1/3EV 步进调节)
曝光测光	评价测光，中央重点平均测光，点测光	多重测光，偏重中央测光，定点测光	矩阵测光，中央重点测光，点测光	面部检测 AE，平均测光，点测光，中央测光
场景模式	自动，P 程序，人像，夜景拍摄，儿童和宠物，室内，自动快门(笑脸，眨眼自拍，面部优先自拍)，低光照，色彩强调，色彩交换，鱼眼效果，微缩景观效果，创意灯光效果，海滩，植物，雪景，焰火，慢速快门，短片	高感光度，柔和快照，夜景人像，夜景，风景，高速快门，海滩，雪景，烟火，水中，美食	人像，风景，运动，近摄，夜间人像	智能场景识别：人像，夜景人像，逆光人像，微距人像，逆光，风景，白色，运动，三脚架，夜景，微距，微距文本，蓝天，日落，微距色彩，自然绿色；场景：人像，夜景，儿童，风景，文本，近距，夕阳，黎明，逆光，焰火，海滩与雪景等
感光度范围	自动，ISO 80/100/200/400/800/1600	自动，ISO 80/100/200/400/800/1600/3200	自动，ISO 200~ISO 3200，最高扩展为 6400	自动，ISO 80/100/200/400/800/1600/3200
白平衡调整	自动，预设置	自动，预设置	自动，手动，预设	自动，预设置
白平衡预设	日光，阴天，白炽灯，荧光灯，荧光灯 H，用户自定义	日光，阴天，白炽灯，荧光灯 1，荧光灯 2，荧光灯 3，闪光灯	白炽灯，荧光灯，直射阳光，闪光灯，阴天，阴影	日光，阴天，白炽灯，荧光灯，荧光灯 H，用户自定义

续表三

产品名称	佳能 IXUS 105	索尼 T99	尼康 D90	三星 ST600
相机闪光灯	内置	内置	内置(弹出式)，可外接闪光灯	内置
有效闪光范围	广角：30～400 cm；长焦：50～200 cm	广角：8～380 cm；长焦：50～310 cm	闪光指数：17/56 (ISO 200)	广角：20～340 cm；长焦：50～200 cm
闪光模式	自动，强制，关闭，防红眼，慢速同步，防红眼+慢速同步	自动，强制，关闭，防红眼，慢速同步	前帘同步，慢速同步，后帘同步，防红眼，防红眼慢速同步	自动，强制，关闭，防红眼，慢速同步，自动闪光+慢速同步
外置闪光灯	支持 HF-DC1 闪光灯		支持尼康 SB 系列外接闪光灯	
存储卡类型	SD/SDHC/SDXC 卡	SD/SDHC/SDXC 卡，记忆棒	SD/SDHC 卡	Micro SD/SDHC 卡
内置/随机存储卡容量/MB	32	32		30
照片格式	JPEG(Exif Ver2.2)	JPEG(Exif Ver2.2)	JPEG，NEF(RAW)	JPEG(Exif Ver2.2)
视频格式	AVI(Motion JPEG)	AVCHD/MP4	AVI(Motion JPEG)	MP4(H.264)
音频输入	单声道音频输入	单声道音频输入	单声道音频输入	单声道音频输入
其他特性	轻巧便携，5 种颜色可选	3.0 英寸全触摸操作屏幕，720P 高清视频拍摄功能，卡尔·蔡司潜望镜式镜头	支持实时取景拍摄功能，具备 HDMI 视频输出功能	双屏幕取景 5 倍光学变焦，720P 高清视频拍摄
随机附件	可充式电锂电池 NB-6L，电池充电器，USB 连接线，AV 连接线，电源线，光盘，腕带	可充式电锂电池 NP-BN1，电池充电器 BC-CSN，USB 连接线，AV 连接线，电源线，光盘，腕带，画笔，底座	可充式电锂电池 EN-EL3e，电池充电器 MH-18a，USB 连接线 UC-E4，AV 连接线 EG-D2，HDMI 视频连接线，屏幕保护壳 BM-10	可充式电锂电池 SLB-07，电池充电器，USB 连接线，AV 连接线，电源线，光盘，腕带

10.3.2　数码相机的使用

下面以适马数码相机(SIGMA DP2S)为例介绍其使用方法。

1. 拍摄前的准备工作

给电池充电(随机的锂电池必须使用随机附带的专用充电器充电)，安装电池，设定时间和日期，安装记忆卡，启动相机，移除镜头遮盖，启动电源开关。

2. 自动曝光拍摄的使用

(1) 选定曝光模式(见图 10-2)，将机械转盘设定为"P"(程序自动曝光)。自动曝光适合简易拍照方法，相机按照物体的光亮暗度，自动选择适合的快门、速度和光圈数值组合。

(2) 对焦。利用相机上的彩色显示屏，对要拍摄的影像进行构图，并半按下快门释放键以启动测光系统。DP2S 数码相机的快门释放键分两个部分：当按下快门键至一半时，相机的自动对焦功能和测光/曝光系统即生效；再继续按下快门键至尽头，快门即释放并进行拍摄。如果物体太亮或太暗，快门速度和光圈值指示便会闪动并显示限制值。若不调整此数值，所拍摄照片便会出现曝光过度或曝光不够。

(3) 拍摄。完全按下快门释放键以拍摄影像。

3. 手动曝光拍摄的使用

根据测光表指示，调校快门速度和光圈数值，均可依据个人喜好来更改曝光。

(1) 将模式转盘设定为 M。(快门值提示将以绿色显示，光圈数值以橙色显示。)

(2) 使用上下选择键设定所需的快门值。

(3) 使用◄►(左右选择键)设定曝光值(±0.0)，曝光误差值最大读数为+/−3 级，以每 1/3 级为单位。若误差值超越此范围，测光读数将会闪动。

(4) 半按下快门释放键获取焦距并锁定被摄对象，继而全按下拍摄。

4. 闪光灯的使用

当在夜晚、室内或阴影很浓的室外拍照时，需使用闪光灯。闪光灯的模式有正常闪光灯(标准闪光模式)；防红眼(减除红眼闪光模式)；慢速同步(慢速闪光同步模式)；防红眼+慢速同步(减除红眼闪光+慢速闪光同步模式)。

(1) 标准闪光模式。当内置闪光灯启用时，相机将以正常标准闪光灯模式操作。此模式可作为日常拍摄用。

(2) 减除红眼闪光模式。使用闪光灯进行人像拍摄时，被摄人物在照片中的眼睛不时会呈现红斑点现象，这种现象称为"红眼"。在该模式下，闪光灯正式发射前先以微弱光度向被摄对象闪亮数次，眼球适应后才正式发射，从而避免了红眼现象的出现。

防红眼功能根据被摄对象所处环境情况和光亮度的不同而不同，所以并不是任何情况下都可以产生满意的效果。

(3) 慢速闪光同步模式。在使用此模式时，快门值规定以 1/40 秒为最高值，慢速闪光同步值自 15 秒起，将视现场光亮度而变化。此模式特别适合夜景拍摄。

5. 图像的实时和快速预览

(1) 实时浏览图像。按动相机背面的"浏览图像"键，将以单张形式浏览存储卡中的图像。当以单张形式检视图像时，按动▶键，浏览下一幅图像；按动◀键，浏览上一幅图像。

(2) 快速浏览图像。DP2S 数码相机可设定在拍摄后，即时自动显示所拍摄的每幅图像，这样有利于即时浏览曝光和构图状况。调节快速浏览的时间，快速浏览图像可以自设置图像浏览时间或关闭功能。若需要停止快速浏览，轻轻地半按快门键即可。

6. 单一和多张照片的删除

(1) 删除单一照片。

① 使用四方控制盘，在相关页面或单一图片浏览时，选择所需删除的照片。

② 按下"删除"按钮，显示删除选单。

③ 按"OK"按钮，确定删除照片。

若照片没有锁定，按"删除"按钮将即时删除，不需按"OK"按钮。若照片已经锁定，在删除时画面将显现"此档案已被锁定，要删除？"，如确需要删除，使用◀▶键，选择"是"，然后按"OK"按钮确认；如不需删除可选择"否"，然后按"OK"按钮确认。

(2) 删除多张图像。

① 按"删除"按钮，显示删除选单。

② 使用上、下按钮，选择已全部标记。已锁定图像不能删除，如果要删除须先解锁。若存储卡中并没有标记的图片，便无法选用全标记。

③ 按"OK"按钮，显示确认对话框。

④ 删除所有图像，使用◀▶键，选择"是"，然后按"OK"按钮；若删除某一幅照片，选择"否"，然后按"OK"按钮。

在选择"删除已全部标记"时，已锁定和标记的照片将受保护，不会被删除。若被锁定的记号被解除，则全部照片和带有标记的均被删除。

7. 短片的拍摄和播放

可拍摄带有声音的短片，影像大小为 QVGA(320×240)，每秒拍摄速度(幅/秒)为 30 幅，短片以 AVI 格式储存。

(1) 短片的拍摄。

① 将模式设定于 位置。

② 按下快门释放键，启动拍摄短片。(进入拍摄时，短片模式标志和工作中显示灯将会闪动)。

③ 如需要停止拍摄，可按下快门释放键。

若对焦模式设定为 AF 自动对焦，在"半按"快门释放键时，焦点即自行锁定；以上若在短片摄录时，焦点将保持锁定不变。

(2) 重播短片。

① 在选定重播短片设定后，短片中首幅图像将以静止形式显视在屏幕上。(短片模式标志会在屏幕上部显示，操作标志同时在屏幕右下角出现。)

② 按▼键，启动重播短片。按▲键，停止重播。按▼键，暂停重播。按▶键，快速向前重播。按◀键，快速向后重播。

8. 单一照片的锁定和解锁

(1) 单一照片的锁定。

① 在四方控制盘上，使用方向键，便可在相联页面或单一图片中浏览，并将图像锁定。

② 按 MENU 键开启播放设定及选用"锁定"。

③ 在显示画面中用方向键选择锁定，然后按"OK"键。

④ 按 MENU 键进入关闭播放设定。在图像右上角呈现锁定标志，表示此图像已经被锁定。

(2) 解除单一照片锁定。先选定所需解除的锁定照片，按第③步选择解除锁定，然后按"OK"键。

9. 录音和重播的使用

(1) 录音(语音记录模式)，DP2S 相机内配备录音功能。语音文件将以 WAV 格式储存。

① 将模式转盘置于录音位置(录音画面即在屏幕上出现)。

② 按快门释放键进行录音。

③ 再按快门释放键停止录音。

(2) 语音重播，在录音模式中操作重播语音。

① 在语音重播设定后，屏幕上即出现录音画面。(按浏览图像键，操作标示在屏幕右下方显示。)

② 按▼键启动语音重播。当语音重播时，按▲键，可停止重播。按▼键，暂停重播。按►键，快速向前重播。按◄键，慢速向后重播。

10. 使用电视机浏览照片

DP2S 数码相机可利用附带的视频/音频连接线和电视机或录影机连接，直接在电视机上观看图像，或记录在录影机影带中。连接相机和视像设备的方法如下：

(1) 开启端子遮盖。

(2) 将视频/音频连接线与相机的 USB/AV 接口连接。

(3) 将黄色视频连接线接入电视机的 Video In 接口，白色线接入音频接口。

(4) 启动相机和视像设备。

11. 数码相机与计算机的连接

DP2S 数码相机可以使用 USB 连接线，直接连接到电脑。在连接电脑前，先关闭数码相机。数据传输速度与用户的电脑硬件和操作系统有关。

在相机的"USB 模式"已设定为"储存装置"的情况下，用附带的 USB 连接线将相机连接到电脑，然后就可以将数码相机中的照片传输到电脑中。当使用 USB 连接线时，快门键和彩色 LCD 显示屏将不能使用。

10.3.3　数码相机常见故障的处理

数码相机常见故障的表现、原因以及处理方法如表 10-2 所示，根据相机屏幕显示信息处理故障的方法见表 10-3，根据相机就绪指示灯状态处理故障的方法见表 10-4。

表 10-2　数码相机常见故障的表现、原因以及处理方法

故障表现	原　因	解　决　方　法
相机电源无法开启	电池未正确安装或电量已耗尽	为电池充电或安装新电池
相机未关闭，镜头未缩回	相机已锁定	取出电池，然后重新插入或者更换电池
拍照后，剩余可拍摄照片数目未减少	照片未占用足够的空间，无法减少数目	相机工作正常时，删除无用的照片，继续拍摄
照片方向不准确	在拍摄照片时，相机旋转或倾斜	正确掌握相机的方向
镍氢充电电池组使用寿命缩短	电池触点有污渍或有氧化层	电池装入相机之前，用一块洁净的干布擦拭触点
存储的照片被损坏	就绪指示灯闪烁时取出了存储卡或电池已耗尽	重新拍摄。请勿在就绪指示灯闪烁时取出存储卡，并保持电池电量充足
快门键不起作用	相机电源未打开	打开相机电源
	相机正在处理照片；就绪指示灯(取景器旁)呈红色闪烁状态	待红色就绪指示灯停止闪烁后再拍摄。就绪指示灯呈绿色闪烁状态时可进行拍摄
	存储卡或内存已满	将照片传输至计算机，或从相机中删除照片(删除照片和录像)，或插入具有可用存储空间的存储卡(将照片存储在 SD/MMC 存储卡上)
	未按下快门键	按下快门键
查看模式下，在相机屏幕上无法看到照片(或希望看到的照片)	相机可能未访问存储位置	检查照片存储位置的设置
查看模式下显示黑色显示屏而非照片	文件格式无法识别	将照片传输至计算机
无法在外部视频设备上放映幻灯片	"视频输出"设置不正确	调整相机视频输出设置(NTSC 或 PAL)
	外部设备的设置不正确	正确设置外部设备
照片色彩太亮	主体距闪光灯太近	移动位置，使相机与主体之间的距离至少为 60 cm
	光线传感器被盖住	拿好相机，使手或其他物体不要遮住光线传感器
	光线太强	减少曝光补偿(更改拍摄设置)
	不能实现自动曝光	为获得拍摄的最佳效果，请将快门键按下一半并保持不动；就绪指示灯变绿时，将快门键完全按下

续表

故障表现	原　因	解　决　方　法
照片不清晰	镜头上有污渍	清洁镜头
	拍摄照片时，主体距离太近	移动位置，使相机与主体之间的距离至少为 60 cm，在特写模式(广角)下至少为 13 cm
	拍摄照片时，主体或相机移动	将相机放置在平坦的表面上或者使用三脚架
	不能实现自动对焦	为获得拍摄的最佳效果，请将快门键按下一半并保持不动；就绪指示灯变绿时，将快门键完全按下。(如果黄灯闪烁，请松开快门键，重新为照片取景)
	相机处于特写模式	在广角模式下，主体距镜头 13～70 cm 时使用特写模式；在远摄模式下，主体距镜头 22～70 cm 时使用特写模式
照片色彩太暗或曝光不足	闪光灯未打开，或者拍摄对象距闪光灯太远	移动位置，使相机与主体之间的距离不超过 3.6 m；在远摄模式下不超过 21 m
	不能实现自动曝光	为获得拍摄的最佳效果，请将快门键按下一半并保持不动；就绪指示灯变绿时，将快门键完全按下
	光线不足	增加曝光补偿(更改拍摄设置)
相机无法识别 SD/MMC 存储卡	存储卡可能未经认证	请购买经过认证的 SD/MMC 存储卡
	存储卡可能损坏	重新格式化存储卡。(格式化会删除所有照片和录像，包括受保护的文件)
	存储卡未正确插入	将存储卡插入插槽，然后推入就位
插入或取出存储卡时，相机保持锁定状态	插入或取出存储卡时，相机检测到错误	关闭相机电源，然后重新打开。(确保在插入或取出存储卡之前关闭了相机电源)
存储卡已满	存储空间已满	插入新存储卡，或将照片传输至计算机，或删除照片(删除无用的照片和录像)
	已达到文件或文件夹的最大数量	将照片和录像传输至计算机，然后格式化存储卡或内存。(格式化存储卡会删除所有照片和录像，包括受保护的文件)

表 10-3　根据相机屏幕显示信息处理故障的方法

屏幕显示信息	原　因	解　决　方　法
没有显示影像	当前存储位置没有照片	更改照片存储位置设置
存储卡要求格式化	存储卡损坏或在另一部数码相机上进行了格式化	插入新的存储卡或格式化该卡
无法读取存储卡		
拔下相机上的 USB 电缆，如有必要，请重新启动计算机	USB 电缆已连接至相机	从相机上拔下 USB 电缆
内存要求格式化	相机内存已损坏	格式化内存。(格式化会删除所有照片和录像，包括受保护的文件，还会删除电子邮件地址、相册名称和收藏夹)
无法读取内存(请格式化内存)		
无存储卡(文件未复制)	相机中无存储卡。未复制照片	插入存储卡(将照片存储在 SD/MMC 卡上)
没有足够的空间复制文件(文件未复制)	复制目标位置(内存或存储卡)没有足够的空间	从复制目标位置删除照片(删除照片和录像)或插入新的存储卡
存储卡被锁定(请插入新存储卡)	存储卡被写保护	拍照时，插入一张新存储卡或将存储位置更改为内存
存储卡无法使用(请插入新存储卡)	存储卡速度较慢、被损坏或无法读取	插入新的存储卡或格式化该卡
在内存中录制录像，或更换存储卡	存储卡不能用于拍摄录像	将存储位置更改为内存。仅使用此存储卡来拍照
日期和时间已被复位	这是首次打开相机；或者电池已取出较长时间；或者电池已耗尽	重置时钟(设置日期和时间)
相机中没有地址簿	因为没有地址簿，所以未显示任何电子邮件地址	从计算机中创建并复制地址簿
相机中没有相册名	尚未从计算机中将相册名称复制到相机中	从计算机中创建并复制相册
相机温度过高(相机将被关闭)	相机的内部温度高，相机无法工作；取景器灯点亮为红色，相机关闭	使相机保持关闭状态，直到它冷却至可以触摸为止，然后再将其打开
无法识别的文件格式	相机无法读取该照片格式	将无法读取的照片传输至计算机(连接相机与计算机)，或者将其删除(删除照片和录像)
收藏夹中无影像。按 Review(查看)键查看当前影像	相机内存中无"收藏夹"	将照片标记为收藏
相机错误代号	检测到错误	关闭相机电源，然后重新打开

表 10-4　　根据相机就绪指示灯状态处理故障的方法

就绪指示灯状态	原　因	解 决 方 法
没有点亮，相机不工作	相机电源未打开	打开相机电源
	电池已耗尽	为电池充电或安装新电池
	重新装入电池时，模式拨盘已打开	请将模式拨盘旋转至 Off(关闭)位置，然后重新旋转到 On(打开)位置
呈绿色闪烁	正在处理照片，并将照片保存至相机	相机工作正常
呈橙色闪烁	闪光灯未充电	请等待。当指示灯停止闪烁并关闭时，继续拍摄
	自动曝光或自动对焦未锁定	松开快门键，重新为照片取景
为稳定红色	相机的内存或存储卡已满	将照片传输至计算机，或从相机中删除照片，或切换存储位置，或插入具有可用存储空间的存储卡
	相机处理存储器已满	请等待。指示灯关闭后继续拍摄
	存储卡为只读属性	将存储位置更改为内存，或使用其他存储卡
为稳定绿色	快门键按下一半。已设置了对焦和曝光	相机工作正常
为稳定橙色	模式拨盘设置为"收藏"	相机工作正常

10.4　实　　训

一、实训目的

1. 了解数码相机的类型；
2. 掌握某种数码相机的使用方法。

二、实训条件

不同类型的数码相机若干台。

三、实训过程

1. 连接数码相机与微型计算机，复制所拍照片；连接数码相机与电视机，浏览所拍照片。
2. 调节数码相机的焦距、光圈、快门、闪光灯，手动曝光拍摄物体和进行短片摄像。
3. 进行照片的锁定、删除、快速浏览、短片播放、录音等操作并进行各种正常的维护操作。

思考与练习十

一、填空题

1. 数码相机按用途主要分为单反数码相机、( )数码相机、( )数码相机等。

2. 卡片数码相机和其他相机相比,其优点是外观时尚,液晶屏( ),机身( ),操作便捷;其缺点是手动功能相对薄弱、超大的液晶显示屏耗电量较大、镜头性能较差。

3. 长焦数码相机指的是具有较大光学变焦倍数的机型,而光学变焦倍数( ),能拍摄的景物就( )。

4. 数码图片的储存方式一般以像素(Pixel)为单位,每个像素是数码图片里面积最小的单位。像素( ),图片的面积( )。

二、选择题

1. 单反数码相机一个最大的特点就是可以交换不同规格的( ),这是单反相机最主要的优点,是普通数码相机不能比拟的。

A. 镜片   B. 机架   C. 焦距   D. 镜头

2. 数码相机使用光敏元件将图像中的光学信息转换为数字信号。光敏元件目前有两种:一种是广泛使用的( )(电荷耦合)元件;另一种是新兴的 CMOS(互补金属氧化物半导体)器件。

A. CCD   B. ROM   C. RAM   D. 光电

3. 数码相机所拍摄文件的格式多为 AVI,少数照相机可以( )来存储视频文件。

A. 动画   B. MP3   C. MPEG-4   D. MPEG-2

三、简答题

1. 请叙述数码变焦的基本原理。

2. 数码相机的存储能力与什么因素有关?

3. 请叙述数码相机的基本原理。

4. 数码相机节省电池用量的措施有哪些?

5. 数码相机的图像输出接口有哪些?

第 11 章

投 影 仪

在当今信息社会，随着经济与信息的同步发展，先进的会议工具扮演着越来越重要的角色。多媒体投影仪是现代办公设备的主要工具之一，它能与电脑画面同步投影，能投影实物，使声音、动画、文字融为一体，极富感染力。

11.1 投影仪的分类和主要技术指标

11.1.1 投影仪的分类

目前市场上的投影仪种类繁多，特性各异。不同类型的投影仪具有不同的特点，即使同一个厂商生产的同类投影仪，也因技术组合和材料的差异以及加工精度、调试等因素造成特性不同。

从结构、色彩、安装方式、工作原理、技术性能等方面可对投影仪大致划分如下：

(1) 从结构上划分，投影仪分为便携式、台式和立式三种。

(2) 从色彩上看，投影仪有黑白与彩色之分。黑白投影仪出现在投影仪发展过程的较早时期，现在使用的主要是彩色投影仪。

(3) 按照安装方式划分，投影仪可分为整体式和分离式，其中整体式包括折射背投和折射前投，分离式包括正面投影和背面投影。

(4) 按照工作原理划分，投影仪有 CRT(阴极射线管)、LCD(液晶和光阀)、DLP 投影仪(单片机、两片机、三片机)之分。

(5) 按照技术性能划分，投影仪可分为视频投影仪与多用途投影仪，两者都能输入视频信号，后者与前者的区别主要在于能输入微机信号。

(6) 根据亮度划分，有 2000 流明以下、2000 流明到 4000 流明及 4000 流明以上几种。

(7) 投影仪的分辨率主要有 1280 × 800、1280 × 1024、1600 × 1200 等几种，目前已有 2500 × 2000 甚至更高分辨率的投影仪。

11.1.2 投影仪的主要技术指标

从技术指标上来讲，投影仪在亮度、带宽、分辨率、行扫描频率、像素点和色彩等方面有严格的要求。

1. 亮度与对比度

屏幕画面最重要的因素之一是亮度。除了整个画面的亮度吸引我们的双眼外，人眼还可以对画面亮度的一致性、均匀性进行识别。当用户确定需要多大的投影面积后，有经验的销售人员马上会推荐适合的投影显示亮度，他的推荐指标一般是能够使画面均匀一致的亮度指标。投影仪的亮度有流明、lux、foot 等单位。早期的 CRT 投影仪用 10%白峰值流明、LCD 投影仪用 lux 来标明亮度，这些指标存在极大的不科学性和不可比性。美国标准学会(ANSI)针对投影仪的亮度作了固定的测试标准，在确定了分辨率、色温、场频和对比度的情况下，从九个区域测量亮度，将求得的平均值作为 ANSI 标准流明。这种测量方式是科学的，它客观地反应了投影仪的亮度。现在投影仪的亮度指标已统一为 ANSI 流明。对比度最基本的形态是亮区对暗区的比例，但实际内容则丰富得多。良好的对比度使得画面显得有很高的分辨率，有助于我们观看画面的细微之处。如果一个画面只能显示白色和黑色，而不能显示出阴影区域或黑暗区域的细微层次变化，那么就失去了画面的精细效果。对比度反映了一个画面明暗变化的范围大小，而对比率则指最大亮度与最小亮度的数值比。和亮度一样，对比度也有几种测量方法。ANSI 对比度的测量规定在固定色温下将画面分为 16 个区域，求得各区域对比率的平均数。

2. 带宽

带宽是最容易被忽略的因素。带宽过窄会影响分辨率、对比度、电子聚焦、色彩甚至整个画面效果。正如在接口器件主要方面处于领先地位的美国 EXTRON 公司所说，带宽是设备运行的频率范围或频率宽度，是频率的宽度在设备中通过时不至于明显损失或受到阻碍的频宽。最简单的原则是尽可能选择高带宽的设备，带宽越高，画面越精确，过低的带宽容易引起图像模糊而使画面分辨率不高或聚焦不良。常见的 800 × 600 分辨率的图像需要 432 MHz 的带宽，而 1280 × 1024 的信号需要 135 MHz 的带宽，并且通常带宽都是在 60 Hz 垂直扫描频率下测得的，如果高过此频率，就需要更大的带宽。

3. 分辨率

分辨率就是显示画面细节的能力。高分辨率具有显示画面丰富细节的能力，而低分辨率使画面细节丢失，缺乏完整的效果。今天所采用的显示媒体中还没有哪一种已经超过电影的显示效果，但某些电子投影设备如 CRT 和 ILA 的显示效果已非常接近电影效果。在大屏幕显示领域，分辨率就是精细线化图像的能力，也就是在视觉上能够最小区分度量画面细节的能力，而这种辨别能力和使用的技术有直接的关系。在大屏幕投影领域里，最常见的两种衡量分辨率的技术是：

(1) 对于平面显示器件(LCD)或微晶片器件(DMD、DLA、DLV)，最精确的衡量分辨率的方法是像素密度，即采用每英寸或每厘米像素的多少来表达分辨率。像素越多，分辨率越高。

(2) 对于阴极射线管(CRT)或光阀(ILA)这类显示方式，衡量分辨率高低的主要方法是电视线 TVU。这种衡量方法根据显示器件能够表达的图线数的多少来决定其分辨率，该测试方法是电子工业联盟提供的非常有效的方法。

CRT 和 ILA 类投影设备也可用像素密度来衡量。为了使每块平板器件或微晶片能显示更高的分辨率，就必须提高它们的像素密度。许多显示器件和微晶片生产商都能通过电子方法将略高于平板和微晶片分辨率的输入分辨率转化调整到实际信号源的核心设备分辨率。例如，一个 640 × 480 的平板晶体投影仪可以通过电子转换，将 800 × 600 的输入信号转换为 640×480 输出，但这样做的结果必定使得部分信号丢失。

4. 行扫描频率

行扫描频率也称水平扫描频率，指的是每秒钟完整地扫出和回扫出完整水平线的数量，通常用 kHz 表示。每种信号源都对行扫描频率有特定的要求，如视频信号的行扫描频率为 15.7 kHz，VGA(640×480)的行扫描频率为 31.5 kHz，SVGA 或 MACII(800×600)的行扫描频率为 37.8 kHz，XGA(1024×768)的扫描频率为 48.4 kHz，XGA(1280×1024)的行扫描频率为 64.5 kHz，XGA(1600×1200)的行扫描频率为 75 kHz。通常人们乐于采用高垂直刷新频率如 75 Hz，以减少闪烁和提高亮度，从而增大带宽。

5. 像素点

大屏幕投影仪也可分为固定像素(或矩阵)显示类和非标准矩阵像素显示类。LCD、DMD、DL、DLV 技术采用固定像素显示，CRT 和 ILA 投影仪采用非标准矩阵像素显示。固定像素显示投影仪都有其固定的显示分辨率。当输入信号的分辨率和投影仪的固定分辨率完全一致时，因显示屏的效应，获得的输出画面最佳。当该类投影仪显示和固定分辨率不一致的信号源时，画面效果就不能真实再现输入信号源的画面。为解决这个问题，人们采用了一些频率转化装置，虽然解决了一时之需，但长久观看这种被重置的画面是很不舒服的。

6. 色彩

色彩也是优良画面的一个重要因素。显然，明亮、丰富、真实的色彩留给观众的印象是最深的，但同时也不能忽略细微的阴影等色彩的重现。

7. 投影技术

投影仪按投影技术分，有 LCD 液晶投影仪、DLP 数字光处理机投影仪和 CRT 阴极射线管投影仪三种。CRT 投影仪因技术上的限制已经被淘汰。LCD 技术是透射式投影技术，色彩还原真实，色彩饱和度高，其缺点是黑色层表现不够好。DLP 是反射式投影技术，其画面质量细腻，播放视频时图像流畅，缺点是还原不如 LCD 投影仪。

11.2　投影仪的基本工作原理

CRT 式投影仪属于早期产品，使用三支红、绿、蓝的高亮度 CRT 作为影像的来源，其缺点是系统体积庞大、重量重，且使用 3 个投影镜头，汇聚调整十分困难，需要专门的技术人员花费许多时间方能安装完成。

LCD 投影仪是可以避免 CRT 投影仪缺点的后起之秀。它因为本身不发光，因此使用光源来照明 LCD 上的影像，再使用投影镜头将影像投影出去。

从 LCD 投影仪的主要结构来分，有使用单片彩色 LCD 的单片式投影仪和使用三片单色 LCD 的三片式投影仪。单片式投影仪组装简单，但因使用的是单片彩色的 LCD，所以红色的点仅穿透红光而吸收绿光及蓝光，绿点和蓝点同样也仅通过三分之一的光，所以有透光效率不佳的缺点。同时，因为一个全彩的点需由红、绿、蓝三个基本色点所组成，所以画面解析度降低。此外，因为使用的是吸收性的滤光材料，三原色的光谱特性已由所使用的滤光材料决定，完全没有视需要调整的自由度，因此单片式投影仪的色彩较为呆板且缺少层次。

三片式 LCD 投影仪可以避免单片式 LCD 投影仪的缺点。三片式 LCD 投影仪使用双色镜(Dichroic Mirror)进行分光。以红色的双色镜为例，它反射红光以供红色影像的 LCD 使用，剩下的绿光和蓝光继续穿透前进而不是被吸收。利用光学系统设计，在三片式 LCD 投影仪中，所有的红、绿、蓝光都分别全部到达相对的 LCD 上，并没有被吸收，再利用同样的原理把三原色的影像重合起来经由投影镜头投射出去。由此可以很明显地看出，光的使用效率比单片式投影仪高，这样可以表现更亮的画面。同时，因为三片式投影仪使用双色镜来做三原色影像重合的工作，因此画面上每一个点都是全彩的点，不需要用 3 个点的位置来组成一个全彩的点，所以画面的解析度提高了，也就有了更好的画质。因为三原色使用镀膜元件来产生，其光谱分布可以很容易地根据实际需要来设计，所以三片式 LCD 投影仪的色彩饱和度更高、层次感更好、色彩更自然。

DLP 投影仪有一块 DLP 电脑板，该电路板由模数解码器、内存芯片、一个影像处理器以及几个数字信号处理器(DSP)组成，所有文字图像通过这块板产生一个纯粹的数字信号。经过处理，该数字信号转到 DLP 系统的核心部件——DMD(Digital Micro-mirror Device，数字微镜仪)。DMD 的运行很简单，就像一个电灯开关。一台 SVGA 投影仪由超过 500 000 块微型反射镜组成，每块镜子根据数字信号的输入情况在两种状态(开或关)下不断切换每个像素的光线。通过非常快速地开、关这些小镜子，在 DMD 的反射表面就会形成一幅影像。

对于投影仪，通过一个色彩环系统过滤掉部分光线所产生的色彩进入影像中。该色彩环依次送入 DMD 数字信号的红、绿、蓝数字信号，按顺序旋转，小镜子根据像素的位置及色彩的多少被打开或关闭。

此时，DLP 变成只由一个光源和一组投影镜头组成的简单光路系统。镜头放大了 DMD 的反射影像并直接投射在屏幕上，将一幅生动、精细、明亮的演示效果展现在我们面前。

11.3　投影仪的选购与功能

11.3.1　投影仪的选购

选购投影仪，应根据自身使用要求和经济条件从以下几个方面做出选择。

1. 投影仪的亮度

投影仪的亮度越高，则价格越贵，因此应根据使用要求选择合适的亮度。投影仪的亮度选择可参考表 11-1 所示。

表 11-1　投影仪的亮度选择参考

演 示 环 境	投影仪最佳亮度
200 平方米以下	1000 到 2000ANSI 流明
200 至 900 平方米左右	2000 到 4000ANSI 流明
900 平方米以上	4000ANSI 流明以上

2. 分辨率

代表投影仪性能的另一个重要指标就是分辨率。投影仪的分辨率通常指该投影仪内部核心显像器件的物理分辨率。当前投影仪的物理分辨率(又称真实分辨率)一般为 SVGA(800 像素×600 像素)、XGA(1024 像素×768 像素)、SXGA(1280 像素×1024 像素),其兼容分辨率一般比其物理分辨率高一级。例如,若一台投影仪的物理分辨率是 XGA,则它的兼容分辨率最高为 SXGA,当然也可向下兼容。在兼容分辨率下显示的图像可能丢失部分信息。

分辨率越高,表示投影仪显示精细图像的能力越强,当然其价格也越高。建议根据自身使用要求,选择可以满足一般应用的分辨率。当然,在资金条件允许的条件下,建议购买物理分辨率为 XGA 标准的投影仪。

3. 投影仪光源

灯泡作为投影仪的唯一耗材,是选购投影仪时必须考虑的重要因素。目前投影仪普遍采用的是金属卤素灯泡、UHE 灯泡、UHP 灯泡。

金属卤素灯泡的优点是价格便宜,缺点是半衰期短,一般使用 2000 小时左右亮度就会降低到原先的一半左右。同时,由于其发热高,对投影仪散热系统要求高,导致投影仪工作时的风扇噪音较大。

UHE 灯泡的优点是价格适中,在使用 2000 小时以前亮度几乎不衰减。由于其发热量低,习惯上被称为冷光源。UHE 灯泡是目前中档投影仪中广泛采用的理想光源。

UHP 灯泡的优点是使用寿命长,一般可以正常使用 4000 小时以上,并且亮度衰减很小。UHP 灯泡也是一种理想的冷光源,但由于价格较高,一般应用于高档投影仪上。

4. LCD 投影仪或者 DLP 投影仪

目前的投影仪主要是根据其核心显像原理来分类的,有 LCD 投影仪和 DLP 投影仪。

LCD(液晶)投影仪的优点是分辨率高、价格便宜、亮度高、画面亮度均匀;缺点是不宜长时间连续工作,需要定期维护保养。

DLP 投影仪的优点是体积小巧,可以胜任长时间工作;缺点是画面图像不均匀,分辨率不高,一般使用金属卤素灯泡。

5. 客观需求

1) 明确所要显示信号源的性质

明确投影仪的行频和显示卡输出的类型。根据所显示信号源的性质,投影仪可分为普通视频机、数字机、图形机三类。只显示电视信号时,如卡拉 OK 厅播放录像带,可选择普通视频机;要显示 VGA 卡输出的信号,可用行频 60 kHz 以下的数字机;当显示高分辨率图形信号时,须选择行频在 60 kHz 以上的图形机。

2) 确认安装方式

投影仪安装方式分为桌式正投、吊顶正投、桌式背投、吊顶背投几种。正投是投影仪和观众在一侧,背投是投影仪与观众分别在屏幕两侧。如果临时使用,可选择桌式正投,这种方法受环境光影响较大,布局凌乱;如果固定使用,可选择吊顶方式;如果空间较大,土建时有统筹安排,则选择背投方式整体效果最好;如空间较小,可选择背投折射的方式。

3) 搞清显示环境(如房间大小,照明情况)

如果房间面积较小,可选液晶投影仪;当对环境光要求不高,显示面积特别大,显示高分辨率图形信号时，可选择 LCD 光阀投影仪；当不必显示高分辨率图形信号，而追求显示画面的均匀性和色彩的锐利性时，可选择 DLP 投影仪。

此外，在购买 LCD 投影仪的时候，还要注意现场的检查，可以打出一个全白图像，观察颜色均匀度。一般来说，液晶投影仪的颜色均匀度很难达到较高标准，但质量好的投影仪颜色均匀度相对好一些。部分投影仪的主要性能参数如表 11-2 所示。

表 11-2　部分投影仪的主要性能参数

产品名称	索尼 VPL-CX161	中光学 T605	三洋 PLC-XU1060C	爱普生 EB-X7	明基 W1000+
投影类型	教育会议型	便携商务型	教育会议型	教育会议型	家庭影院型
投影技术	LCD	DLP	LCD	LCD	DLP
技术规格	0.79 inch 液晶面板×3	DMD 芯片×1	0.8 inch 液晶面板×3	0.55 inch 液晶面板×3	DMD 芯片×1
投影亮度	3600 流明	3300 流明	4500 流明	2200 流明	2000 流明
标准分辨率	1024×768	1024×768	1024×768	1024×768	1920×1080
对比度		2300：1	1000：1	2000：1	3500：1
投影镜头	手动聚焦/手动变焦		手动聚焦/手动变焦	手动聚焦/手动变焦	手动聚焦/手动变焦
光圈范围	F1.75～F2.17	F2.45～F2.62	F1.7～F2.5	F1.58～F1.72	F2.5～F2.76
实际焦距 mm	23.5～28.2	18.7～21.5	19.2～30.2	16.9～20.28	23.5～28.2
变焦比	1.2 倍变焦	1.15 倍变焦	1.6 倍变焦	1.2 倍变焦	1.2 倍变焦
灯泡规格	LMP-C200　200　W UHP 可换式灯泡	230 W 可换式灯泡 3000(标准), 4000(经济) 小时	275 W 可换式灯泡	E-TORL 175 W UHE 可换式灯泡 4000(标准), 5000 (经济)小时	180 W 可换式灯泡 4000(标准), 5000(经济)小时
屏幕比例	4：3(兼容 16：9)	4：3(兼容 16：9)	4：3(兼容 16：9)	4：3(兼容 16：9)	16：9(兼容 4：3)
投影尺寸	40～300 inch	31.3～350 inch	40～300 inch	30～300 inch	24～300 inch
投影距离	80 inch：2.4～2.8 m 100 inch：3.0～3.5 m	1.2～12 m	0.9～11.5 m		
梯形校正	±25° 垂直, ±15° 水平	自动梯形校正	±40° 垂直, ±30° 水平	±30° 垂直	自动梯形校正
输入	VGA×2, 复合视频×1, 音频×3	VGA×1, S 端子×1, 复合视频×1, 音频×1	VGA×2, 色差×1, S 端子×1, 复合视频×1, 音频×3	VGA×1, 色差×1, S 端子×1, 复合视频×1, 音频×1	HDMI×2, VGA×1, 色差×1, S 端子×1, 复合视频×1, 音频×3
输出	VGA×1, 音频×1		VGA×1, 音频×1	VGA×1, 音频×1	音频×1, 12V 继电器输出×1

续表

产品名称	索尼 VPL-CX161	中光学 T605	三洋 PLC-XU1060C	爱普生 EB-X7	明基 W1000+
控制	RS-232×1	RS-232×1	RJ45×1, RS-232×1	USB×1	USB×1, RS-232×1
扬声器	1 个(0.8 W)	1 个(0.5 W)	1 个(1 W)	1 个(1 W)	1 个(3 W)
噪音	38(标准)dB, 28(经济)dB	34(标准)dB, 28(经济)dB		34(标准)dB, 29(经济)dB	29(标准)dB, 27(经济)dB
正常功耗	285 W	300 W	327 W(100 V), 306 W(240 V)	234 W	250 W
待机功耗	7 W(标准), 0.5 W(低)		100 V: 8.0 W(标准), 0.5 W(经济); 240 V: 9.8 W(标准), 0.9 W(经济)	0.4 W	<1 W
其他功能	网络演示; APA 自动像素; 调整功能; 画面冻结; 4 倍数字放大; 密码认证系统; 即关即拔功能	数码放大; 定镜功能; 防尘保护; 强效前置散热; 演示计时	PJ Link(网络接口)兼容功能; 自定义用户界面(抓屏)冻结功能; 遮屏功能; 简报计时器	5 秒快速启动; 即时关机功能; USB 显示功能; 直接电源启动功能; 特设活门静音画功能	极致色彩技术; UNISHAPE; 3D 色彩管理; 兼容隐匿式字幕; 自动关闭(无信号时); HDTV 兼容; 密码保护; 高海拔模式; 快速冷却

11.3.2　投影仪的功能与外观

NEC 公司生产的 LT260k+/LT240k+型号是目前市面上较好的投影仪之一，有现代感的外型设计，轻巧简洁，方便携带，是办公室、会议室或演讲厅不可缺少的设备。下面以此投影仪为例介绍其性能与外观。

1. LT260k+/LT240k+投影仪的功能

(1) 可以连接微型计算机(台式或笔记本)、录像机、DVD 机、摄影机、雷射光盘机及阅读器。投射清晰、准确，影像最大可至 500 英寸(斜对角计算)。

(2) 可以将投影仪放置在桌面或手推车上，或在屏幕后方投影出来，也可以长期安装在天花板上使用。

(3) 口令及安全功能可以防止未经许可的人员使用投影仪。

(4) 内置的阅读器可以让用户立刻开始进行演示，在现场不需要有个人计算机也可以使用投影仪。

(5) 无线遥控器可在前方或后方操作投影仪。

(6) 在屏幕的前面或后面都可以投射出影像，投影仪可以安装在天花板上。影像可以在30 英寸至 500 英寸之间(斜对角计算)投影。

(7) 采用智慧图元组合技术和最准确的影像压缩技术，解像度为 1600×1200。

(8) 有 USB 接口，允许 USB 鼠标连接投影仪操作。

2. 投影仪各部件的名称及功能

(1) 投影仪的前视图如图 11-1 所示，后视图如图 11-2 所示。

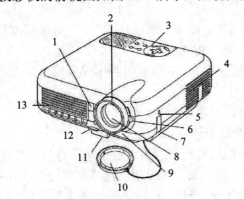

1—遥感器；2—聚焦环；3—控制器；
4—通风口；5—内置安全插口；
6—变焦调节杆；7—手柄；8—镜头；
9—虹彩光圈控制杆；10—镜头盖；
11—可调节的支脚；12—支脚调节钮；
13—通风口(热空气由此排出)

图 11-1 投影仪的前视图

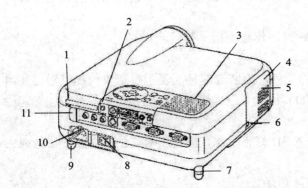

1—PC卡插口；2—PC卡退出键；3—单音扬声器；
4—灯盖；5—通风口；6—灯盖螺丝钉；
7—后脚(可旋转使投影仪平放)；
8—总开关 (POWER)指示灯呈亮橙色，表示投影
　仪进入待用状态；
9—后脚；10—交流电输入；11—遥感器

图 11-2 投影仪的后视图

(2) 投影仪的控制器部分如图 11-3 所示。

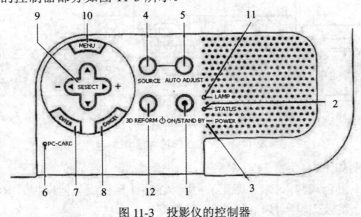

图 11-3 投影仪的控制器

各部分的说明如下：

1—POWER 键(ON/STAND BY)：插上电源后，按此键可以开启或关掉电源。开启时投影仪进入等待状态。开启或关掉投影仪，需按下按钮并维持至少两秒。

2—STATUS 显示灯：如灯为红色并且闪动，表示出现故障，例如灯盖没有完全盖上，或投影仪过热；如灯为橙色，表示在控制键盘锁上时，已按下机壳键。

3—POWER 显示灯：当灯为绿色时，表示投影仪正在开启；当灯为橙色时，表示在等待或处于空闲状态。

4—SOURCE 键：利用此键选择视频信号源，按一下即放开按钮，便可显示信号源清单。例如：RGB1→RGB2→视频→S 视频→阅读器→RGB1。

5—AUTO ADJUST 键：利用该键可调校位置-h/v 和像素时钟/位置，找出最合适的影像，有的是针对某一信号源设置的。

6—PC 卡连接显示灯：当连接 PC 卡时，显示灯会亮。

7—ENTER 键：用于执行选择菜单中的某一选项。

8—CANCEL 键：按下该键退出菜单，如果要重新进入设定菜单，再按一次该键。

9—SELECT(▲、▼、◄、►、＋、－)键：▲、▼键用于选择想调校的菜单选项，当没有菜单出现时，该键的功能为控制音量的大小；◄、►键用于改变菜单选项，按一下►键表示执行选项，如果菜单或阅读器工具没有显示，则该键可用来选择幻灯片或幻灯片清单，或移动文件清单的游标。

当显示指示符号时，▲、▼、◄、►键用作移动指示符号。

10—MENU 键：用于显示菜单的内容。

11—LAMP 显示灯：如果灯是闪动的红色，为警告信号，表示投影仪内的灯泡已使用超过 2000 小时(在节能状态下，最多为 3000 小时)，应尽快更换灯泡；如果灯是持续亮起绿色，表示灯泡被设定在节能状态。

12—3D REFORM 键：按下该键可进入 3D 修正状态，调校不对称的扭曲，使影像成为正方形。

(3) 投影仪的输入、输出接口如图 11-4 所示。

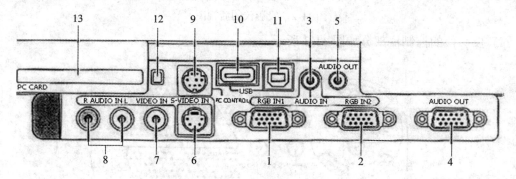

图 11-4　投影仪的输入输出接口

各接口的说明如下：

1—RGB IN 1 组合式输入接口(15 芯)：用作连接计算机或其他模拟式 RGB 设备。

2—RGB IN 2 组合式输入接口(15 芯)：功能同 1。

3—AUDIO IN 立体声接口：该接口需使用声频信号线与用户的计算机或 DVD 机的声频输出相连接。

4—AUDIO OUT 输出接口(15 芯)：可利用该接口将 RGB 1 或 2 的计算机影像输入信号

向外输出。

RGB 模拟信号可在空闲状态时在 RGB OUT 端子设定。

5—AUDIO OUT 立体声输出接口：用于连接其他音响器材，可将来自计算机、影像或 S 影像的声频输出。

6—S-VIDEO IN 接口(4 芯)：用于连接外来的 S 视频信号源输入，例如录像机。

S 视频与传统的复合视频格式相比，能提供更鲜明的色彩和更高的解像度。

7—VIDEO IN 接口：用于连接录像机、DVD 机、雷射光盘机或摄影机，以投射出影像。

8—R AUDIO IN L 接口：L 表示音频信号源的左声道输入，R 表示音频信号源的右声道输入。

9—计算机控制接口(8 芯)：用信号线连接用户的计算机，便可用计算机随机软件来控制投影仪。

10—USB 接口(a 型)：连接可支持 USB 的鼠标，可利用该鼠标操作菜单或阅读器。注意该 USB 接口不能接到计算机上。

11—USB 接口(b 型)：利用附带的 USB 线连接该接口和 USB 接口(a 型)，然后用遥控器操作计算机的鼠标。

12—PC 卡退出键：按下可退出 PC 卡。

13—PC 卡插口：用于插入 PC 卡、LAN 卡(本地区域网络卡)或 NEC 自选无线本地区域网络卡。

(4) 投影仪的遥控器如图 11-5 所示。

遥控器上各按钮的说明如下：

1—LED 灯：当按下任何一个键时，该灯都会闪亮。

2—POWER ON 键：插上电源后，按该键可以启动投影仪，只需按下该键并维持至少两秒。

3—POWER OFF 键：要关掉投影仪，只需按下该键并维持至少两秒。

4—VIDEO 键：按下该键，可从录像机、DVD 机或雷射光盘机等多种影像信号源中选择 NTSC、PAL、PAL-N、PAL-M、PAL60、SECAM 或 NYSC4.43 制式。

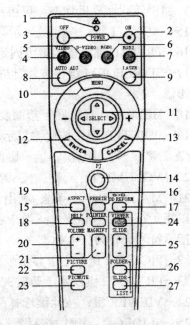

图 11-5 投影仪的遥控器

5—S-VIDEO 键：按下该键可从录像机选择 S 视频信号源。

6—RGB1 键：按下该键可从连接了 RGB IN L 接口的计算机或其他设备中选择视频信号源。

7—RGB2 键：按下该键可从连接了 RGB IN2 接口的计算机或其他设备中选择视频信号源。

8—AUTO ADJ 键：利用该键可调校 RGB 信号源，取得最佳画面效果。有些信号需要延迟一段时间才能显示。

9—LASER 键：按住该键可启动镭射指示灯，灯亮后，可利用镭射光结聚成一个红点在任何物件上，以吸引观众的注意力。

10—MENU 键：显示各种设定和调校的菜单选项。

11—SELECT(▲、▼、◀、▶)键：当进入计算机状态后，该键就等于计算机的鼠标功能，按下 PJ 键即进入投影仪状态。▲、▼键用于选择用户要调校的项目菜单；◀、▶键用于调出已选取项目，按 ▶ 键一下表示执行选择。当显示指示器时，这些键可移动指示器；当指示器没有显示时，这些键用来调校影像。

12—ENTER(左击)键：进入计算机状态后，该键就等于鼠标的左键。当按下该键并维持最少两秒时，即设定为拖拉状态，按下 PJ 键就进入投影仪状态。利用该键可进入选择菜单，与投影仪上的进入键功能相同。

13—CANCEL(右击)键：进入计算机状态后，该键就等于鼠标的右键。按下 PJ 键即进入投影仪状态，按此键可退出菜单，与投影仪上的取消键功能相同。

14—PJ 键：该键可在投影仪状态(红灯)和计算机状态之间转换。转换为投影仪状态时，PJ 键为红色，可按此键结合以下任何键使用：POWER ON/OFF，MENU，ASPECT，3D REFORM，HELP，POINTER，MAGNIFY，PICTURE，VIEWER，FOLDER LIST，SLIDE LIST；要再转回计算机状态，可再按 PJ 键。

15—ASPECT 键：按此键显示高宽比画面选择。

16—FREEZE 键：按该键可固定画面，再按一下则恢复动作。

17—3D REFORM 键：按此键进入 3D 修正状态，更正不等边四边形的扭曲，调节成正方形影像。

18—HELP 键：提供网上帮助及安装资料。

19—POINTER 键：按此键显示八款提示指示符号中的一款，再按一下就隐藏，可利用选择(▲、▼、◀、▶)键将显示影像移到画面的某部分。

20—VOLUME(+、−)键：按+键加大音量，按−键减低音量。

21—MAGNIFY(+、−)键：利用该键可调节影像尺寸最大为 400%。当指示符号显示时，影像以指示符号为中心放大；当指示符号没有显示时，影像以屏幕中心放大；当影像放大后，指示符号会转为放大标志。

22—PICTURE 键：用于显示画面调校，如光度、对比、颜色、色彩和亮度。

23—PICMUTE 键：用于暂时关闭影像和声音，再按一下则恢复影像和声音。

24—VIEWER 键：按此键选择阅读器的信号源。

25—SLIDE(+、−)键：按+键选择下一个资料夹或幻灯片，按−键选择前一个资料夹或幻灯片。

26—FOLDER LIST 键：按此键选择阅读器信号源，以显示 PC 卡所包括的资料夹清单。

27—SLIDE LIST 键：按此键选择阅读器信号源，以显示 PC 卡所包括的幻灯片清单。

11.4　投影仪的安装与使用

11.4.1　投影仪的安装

投影仪与台式电脑或笔记本电脑的连接如图 11-6 所示。

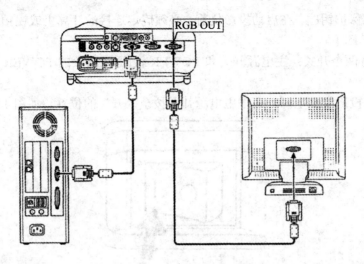

图 11-6 投影仪与台式电脑或笔记本电脑的连接

投影仪与录像机或雷射光盘机的连接如图 11-7 所示。

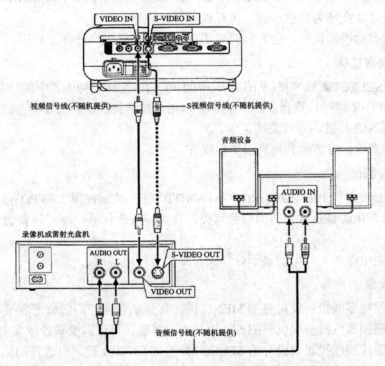

图 11-7 投影仪与录像机或雷射光盘机的连接

11.4.2 投影仪的使用

1. 启动投影仪

在插入或拔掉所供应的电源线时，主电源开关必须按至"关"的位置，否则可能导致投影仪损坏。

此投影仪备有一项特别功能，可预防被没有使用权的人随意使用。使用此功能，要先把 PC 卡登记成保护钥匙。在启动投影仪前，必须确定连接的计算机或视频源已打开，以及投影仪镜头盖已卸下。

投影仪设有两个开关：主电源开关和 POWER 键(遥控器上的 POWER ON 和 POWER OFF 键)。

(1) 要开启投影仪主电源，应把主电源开关按至"开"的位置，如图 11-8 所示。

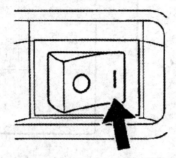

图 11-8　主电源开关

(2) 按下投影仪主机上的 ON/STAND BY 键,或遥控器上的 POWER ON 键至少两秒钟，然后电源显示灯才会转为绿色点亮，投影仪可开始使用。

当第一次启动投影仪时，会看到开机画面。该画面供用户选择七种语言中的一种。

2. 菜单语言选择

(1) 利用 SELECT▲或▼键(见图 11-5 中的 10～13)选择七种语言中的一种。

(2) 按 ENTER 键确认选择。基本菜单会以用户所选择的语言工作。

(3) 按 CANCEL 键，即可关闭菜单。

完成此步骤后，可继续其他高级菜单操作。

3. 关掉投影仪

(1) 把投影仪主机上的 POWER(ON/STAND BY)键，或遥控器上的 POWER OFF 键连续按下至少 2 秒，电源显示灯会转为橙色点亮。在关掉投影仪后，冷却风扇仍然继续运行 90 秒(冷却期)。

(2) 关掉主电源开关，电源显示灯熄灭，最后拔掉电源线。

4. 使用菜单

(1) 按下遥控器或投影仪机身的 MENU 键，可显示普通、高级或定制菜单。

(2) 按下遥控器或投影仪机身的 SELECT▲、▼键，可进入要调校或安装的菜单选项。

(3) 按下遥控器或投影仪机身的 SELECT▶键或 ENTER 键，可选择副菜单或项目。

(4) 利用遥控器或投影仪机身的 SELECT◀或▶键可调整水平或选取项目的开/关。

(5) 设置完成后，按 ENTER 键保存设定的值；接 CANCEL 键恢复到上一个屏幕，不保存进行的设置。

(6) 重复(2)～(5)步可重新设置项目，或按下投影仪机身或遥控器的 CANCEL 键以退出菜单显示。

5. 菜单主要目录

投影仪菜单的主要目录如图 11-9 所示。

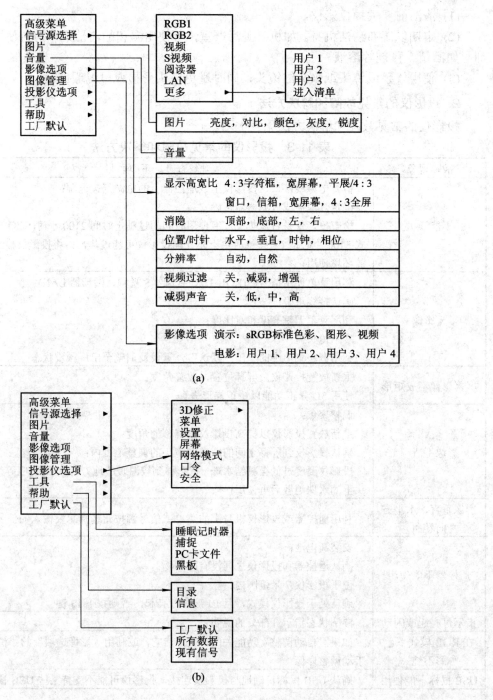

图 11-9　投影仪菜单的主要目录

11.4.3　投影仪的维护

1. 投影仪的日常维护

投影仪的日常维护主要是清洁机身和镜头。

(1) 清洁前要关掉投影仪。

(2) 定期以湿布清洁机身。如机身脏污严重，可使用温和的清洁剂，切勿使用强烈清洁剂，如酒精、释剂等溶液。

(3) 使用气泵或镜头纸来清洁镜头，同时避免镜头受损或出现瑕疵。

2. 投影仪的常见故障和解决方法

投影仪的常见故障和解决方法见表 11-3。

表 11-3　投影仪的常见故障和解决方法

故障现象	检 查 以 下 项 目
不能开机	检查电源线接口、投影仪上或遥控器上的电源开关电源； 确定灯泡盖或过滤器盖正确安装； 检查投影仪是否过热或灯泡使用时间超过额定时间 2100 小时(ECO 环保省电模式 3100 小时)。(若排气散热不充分则投影仪可能过热，请将投影仪移至散热良好的环境使用)
无影像	利用菜单使用信号源(RGB 1/2、视频、S 视频、阅读器 LAN)； 确认接线正确； 利用菜单调整亮度和对比度； 拿下镜头盖； 利用调整菜单中的"出厂默认"，重设及调整至出厂预设状态
屏幕影像不成矩形	重新放置投影仪及屏幕位置，改善角度； 使用 3D 修正功能以矫正梯形失真
影像不清晰	调整聚焦； 重新放置投影仪以提高投影仪到屏幕的角度； 确认投影仪到屏幕之间的距离在镜头的调整范围内； 投影仪温度过低会凝结水珠，把它移到较温暖的地方再次启动(应等待投影仪镜头上的水珠消散后再使用)
影像垂直、水平方向卷曲	利用遥控器或投影仪机身上的菜单或信号源按钮选择想要输入的信号源
遥控器不能使用	安装新电池； 确认遥控器和投影仪之间没有障碍物； 位于投影仪 7 米范围内； 确认处于投影仪模式，且 PJ 键红灯亮起，否则按下 PJ 键
指示灯亮起或闪动	参阅状态指示灯部分的说明
在 RGB 模式下色彩不纯	如果"自动调整"功能关闭，应开启它，或利用"影像选项"的"位置/时钟"手动调整影像
USB 鼠标不能使用	确认 USB 鼠标正确地与投影仪连接，投影仪可能不支持某些 USB 鼠标

11.5　实　　训

一、实训目的

1. 了解投影仪的类型；

2. 掌握某种投影仪的使用方法。

二、实训条件

各种类型的投影仪若干台。

三、实训过程

1. 连接投影仪与微型计算机，熟悉各种接口的作用。

2. 掌握投影仪遥控器各个按键的作用和操作方法。

3. 进行投影仪的各种维护操作。

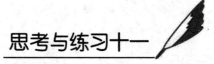

思考与练习十一

一、填空题

1. 投影仪从结构上划分，有便携式、( )和( )三种。

2. 按照技术性能划分，投影仪可分为( )投影仪与( )投影仪，两者都能输入视频信号，后者与前者的区别主要在于能输入电脑信号。

3. 按照投影仪的工作原理划分，有 CRT(阴极射线管)、( )(液晶和光阀)、( )投影仪(单片机、两片机、三片机)之分。

4. 大屏幕投影仪也可分为固定像素(或矩阵)显示类和非标准矩阵像素显示类。LCD、DMD、DL、DLV 技术采用( )显示，CRT 和 ILA 投影仪采用( )显示。

5. LCD 技术是透射式投影技术，色彩还原真实，色彩( )高，缺点是黑色层表现不是很好。DLP 是反射式投影技术，其画面( )，播放视频时图像流畅，缺点是还原不如 LCD 投影仪。

6. 按投影仪的安装方式划分，有桌式( )、吊顶( )、桌式背投、吊顶背投等几种。

二、选择题

1. 按照安装方式划分，投影仪可分为整体式和分离式，其中整体式包括折射( )和折射前投，分离式包括正面投影和背面投影。

A. 背投 　　　　　　　　　　　　B. 后投

C. 面投 　　　　　　　　　　　　D. 正投

2. ANSI 对比度的测量规定在固定色温下将画面分为( )区域，求得各区域对比率的平均数。

A. 5 个 　　　　　　　　　　　　B. 8 个

C. 12 个 　　　　　　　　　　　D. 16 个

3. 投影仪的亮度越高，则价格越贵。900 平方米以上使用( )流明以上的投影仪。

A. 1000ANSI 　　　　　　　　　　B. 4000ANSI

C. 2000ANSI 　　　　　　　　　　D. 3000ANSI

4. 投影仪连接录像机、DVD 机、雷射光盘机或摄影机以投射出影像，使用( )接头。

A. VIDEO AUDIO IN 　　　　　　　B. AUDIO OUT

C. VIDEO IN　　　　　　　　　　　　D. VIDEO OUT

三、简答题

1. 投影仪带宽会造成什么影响？

2. 简述投影仪水平扫描频率的含义。

3. 简述投影仪使用的 UHE 灯泡和 UHP 灯泡的优缺点。

4. 投影仪如何进行日常维护？

第 12 章

数 码 摄 像 机

12.1　数码摄像机的类型和主要技术指标

12.1.1　数码摄像机的类型

数码摄像机按记录介质和方式划分，一般有 Mini DV、Digital 8、CMOS 超迷你型摄像机和数码摄录放一体机。

数码摄像机按使用范围一般划分为民用级、专业级、广播级三类。

民用级或称家用级，是以普及家用为目标设计的，一般体积小，重量轻，价格便宜，性能稳定，操作方便，画面质量比广播级和专业级低，主要满足家庭使用。DV 格式和索尼公司的 D8 格式的数码摄像机属于民用级数字格式。

专业级或称准广播级，其各种指标均比广播级的要低，但清晰度、信噪比、色彩重现的准确度都能够满足一般企事业单位及学校教育电视系统对图像质量的要求。目前，索尼公司的 DVCAM 和松下公司的 DVCPRO25 属于专业级数字格式。

广播级摄像机的图像技术指标和调整精度都比较高，图像质量很高，价格也较高，主要用于电视台、广告公司和电视剧制作单位的拍摄使用。部分数码摄像机的主要技术参数如表 12-1 所示。

表 12-1　部分数码摄像机的主要技术参数

产品名称	索尼 HDR-XR550E	松下 HDC-TM700	佳能 LEGRIA HF S21	三星 HMX-H205	三洋 VPC-HD2
存储介质	硬盘	高清闪存	高清闪存	高清闪存	闪存
视频信号	PAL 彩色，CCIR 标准	NTSC	PAL	PAL 标准	PAL 标准
有效像素数	动画：415 万；静像：600 万	视频：759 万 静态：789 万	动画：601 万		约 710 万
数码摄像机显示屏	3.5 inch	3 inch	3.5 inch	2.7 inch	2.7 inch
显示屏像素数	92.1 万	23 万	92.2 万		23 万

产品名称	索尼 HDR-XR550E	松下 HDC-TM700	佳能 LEGRIA HF S21	三星 HMX-H205	三洋 VPC-HD2
液晶显示屏类型	液晶显示屏	宽幅 LCD 监视屏	100%显示,鲜艳宽屏液晶显示屏(支持广视角,广色域)	宽触摸屏	2.2 inch 多晶硅 TFT 彩色液晶显示屏
取景器	0.2 inch 彩色取景器	彩色取景器	彩色取景器		彩色取景器
取景器像素数	20.1 万	12.3 万	12.3 万		
接口属性	USB 2.0	USB 2.0	USB 2.0	USB 2.0	USB 2.0
感光器类型	Exmor CMOS	3MOS	CMOS	CMOS	CCD
感光器尺寸/inch	1/2.88 inch	1/4.1 inch	1/2.6 inch	1/4.1 inch	1/2.5 inch
感光器数量	1	3	1	1	1
感光器像素数	663 万	915 万	859 万	332 万	700 万
光学变焦倍数	10 倍	12 倍	10 倍	20 倍	10 倍
数字变焦倍数	120 倍	30～700 倍	200 倍	220 倍	58 倍
焦距	3.8～38 mm	3.45～41.4 mm	58 mm		6.3～6.3 mm
镜头描述	F1.8～F3.4,当转换为 35 mm 照相机时,动态模式:(16:9)—29.8～298 mm,(4:3)—36.5～365 mm;静态模式:(16:9)—28.7～287 mm,(4:3)—26.3～263 mm	光圈范围:F1.5～F2.8;视频/静态:35～420 mm(16:9)	9组11片镜片,采用两片双面非球面镜片,虹膜光圈,镜片直径58 mm,ND 滤镜,光圈范围:F1.8～F8.0	自动聚焦,手动聚焦	相当于35 mm焦距38 mm～380 mm
滤光镜	37 mm	43 mm		37 mm	
对焦系统	自动调焦,手动调焦	自动聚焦,手动调焦	即时自动对焦,面部优先自动对焦,TTL(通过镜头)	自动聚焦,手动聚焦	自动对焦
闪光灯	内置闪光灯	LED 摄像灯	内置闪光灯(弹出式)	无	自动
录制格式	静态图像:JPEG(Exif Ver.2.2);动态 HD:MPEG-4 AVC/H.264;SD:MPEG-2	MPEG-4 AVC/H.264	静态图像:JPEG;视频压缩:AVCHD(符合MPEG-4 AVC/H.264High Profile 标准)	静态:JPEG;动态视频:MPEG-4(H.264)	MPEG-4

续表二

产品名称	索尼 HDR-XR550E	松下 HDC-TM700	佳能 LEGRIA HF S21	三星 HMX-H205	三洋 VPC-HD2
最低照度	3 lux(1/30 s 快门速度)	1 lux	0.3 lux	3 lux	7 lux (1/15 s 快门速度)
夜摄功能	红外夜摄功能	彩色夜摄功能	超级夜摄功能	无	无
防抖系统	光学防抖系统	O.I.S.(光学防抖)	光学影像稳定系统	光学图像稳定	数字图像稳定器
照片模式	4000×3000， 4000×2250， 2880×2160， 1600×1200， 640×480	4032×3024， 3200×2400， 2560×1920， 640×480， 4608×3072， 3600×2400， 2880×1920 等	3264×1840(LW)， 3264×2456(L)， 1920×1440(M)， 640×480(S)	1920×1080/60i， 1280×720/60p， 720×480/60p	程序自动曝光模式
录音功能	Dolby Digital 5.1ch	内置 5.1 声道麦克风，外置 2.0 声道麦克风	Dolby Digital AC-3 2 声道	Dolby Digital 2 声道	支持录音功能
内置麦克风	有	立体声变焦麦克风，风噪声消减	立体声电介体电容式麦克风	全向立体声麦克风	内置麦克风
存储卡类型	HDD，记忆棒，SD/SDHC	SD/SDHC/SDXC	SD/SDHC	SD/SDHC	SD/SDHC 卡
存储容量	240 GB	32 GB	64 GB	32 GB(SSD)	无
AV 端子	多功能 AV 接口(视频接口/S 视频接口/音频接口/组合接口/控制线接口)，耳机接口	HDMI 接口，音频/视频/耳机输出接口	HDMI、分量输出接口、复合输出接口、麦克风接口、AV 接口/耳机接口	AV 输出端子，复合端口，HDMI	AV,COMPONENT,HDMI，耳机接口
HDMI 接口	MINI HDMI	USB 2.0		USB 2.0	USB 2.0

12.1.2　数码摄像机的主要技术指标

1) CCD 的类型

数码摄像机的关键在于 CCD。CCD 数码摄像机的感光器件(即数码摄像机感光成像的部件)能把光线转变成电荷，通过模数转换器芯片转换成数字信号。目前数码摄像机的核心成像部件有两种：一种是广泛使用的 CCD(电荷耦合)元件；另一种是 CMOS(互补金属氧化物半导体)器件。CCD 器件具有信噪比高、图像解像度和灵敏度高、不受地磁影响、体积小、耗电少等优点而被广泛使用。

2) CCD 尺寸

CCD 有 2/3 英寸、1/1.8 英寸、1/2.7 英寸、1/3.2 英寸四种。尺寸越大，图像的感光区越大，像素数越多，图像细节越丰富。

3) CCD 像素数

CCD 像素数是体现 CCD 器件解析能力的主要指标。CCD 像一块集成电路，上面有许多微细的感光元件，感光元件的多少直接影响到摄像机的画面质量，这些感光元件称为"像素"。CCD 像素数是体现摄像机性能的决定性因素。像素数值越高，构成画面的微粒就越小，解像度就越高。

4) CCD 的片数

一般的民用数码摄像机只有一片 CCD，专业级、广播级数码摄像机多采用三片 CCD，即三棱镜将摄入镜头的光源分为三原色(红、绿、蓝)，将它们输进不同的 CCD。由于每一个 CCD 都有一个很大的光线采集区域，因而所形成图像的颜色比单片的准确程序要高，色彩还原效果好。

5) 水平清晰度

清晰度是描述摄像机在重现被摄物体的细节时所能达到某种程度的技术指标。水平清晰度是指在水平方向上实际显示的线条数。为了在同一系统中用相同的度量方法表示不同方向上的清晰度，在电视技术中把画面宽高比与水平方向上显示线条数的乘积称为电视线。民用数码摄像机的水平清晰度在 500 线以上，专业、广播级摄录一体机和便携式摄像机水平清晰度在 750 线以上，高清晰度 HDTV 摄像机清晰度在 1000 线以上。

6) 压缩编码方式

数据压缩的目的是在保证一定图像质量的前提下，以最小的数据来表达和传递图像信息。视频数据压缩一般采用有损压缩的方法，利用人的视觉对图像中的某些频率成分不敏感的特性，允许压缩过程中损失一定的信息。虽然压缩不能完全恢复原始数据，但所损失的部分对理解原始图像的影响较小，同时能够得到大得多的压缩比。

7) 压缩比

在理想的情况下，无穷多的数据可以无穷快的速度传送。但实际上，数据受记录、传输和机械工艺的技术限制，既不可能无限多，也不可能无限快，所以数据在记录前必须先进行压缩，重放时再解压缩。

8) 信噪比

信噪比表示有用的视频信号和混入视频信号的干扰噪声之间的比例，一般用对数表示。信噪比越低，图像的清晰度越差；信噪比越高，图像的清晰度越好，传输图像信号质量越高。目前，民用数码摄像机的信噪比一般大于 54 dB，专业摄像机的信噪比大于 60 dB。

9) 灵敏度

灵敏度是反映摄像机光电转换性能高低的指标，灵敏度越高，在同样环境下拍摄的图像越清晰、透彻，层次感越强。民用摄像机一般不标出摄像机的灵敏度，专业摄像机灵敏度在 F8.0 以上。摄像机的高灵敏度使景深加深，并能得到满意的聚焦，即使在最快的快门速度下，也可以在一定的光线下进行拍摄。

10) 量化比特

量化是指将模拟信号在幅度上划分为多少个等间隔的数量级，用二进制表示，即 2 的 n 次幂，n 称为量化比特数值。数码摄像机噪声更小，动态扫描范围更大。广播级数码摄像机的量化水平一般为 10～18 bit。

11) 最低照度

被拍摄物体的最低照度指拍摄所需的最低照明度，表示必须达到多少亮度才能进行拍摄。最低照度越小，对拍摄环境照度要求越低，可以在较暗的照明条件下得到干净的图像，适应性强。

12.2　数码摄像机的结构与工作原理

数码摄像机大多是将摄像部分和录像部分合为一体，即摄录一体机，其内部基本结构可以概括为三个部分：光电转换摄像头部分、数字化处理部分、数字化存储和录像部分。

1. 光电转换摄像头部分

镜头相当于摄像机的眼睛，它由透镜系统组合而成，包含许多片凹凸不同的透镜。拍摄物体时，被摄物体的光线透过摄像机的镜头感应在固体摄像器件板上。

影像通过镜头聚焦成像，透过光学过滤器落在带有电荷耦合器件(CCD)的成像感应头上。这个感应头是由大约 300 万个被称为“像素”的图像单元阵列组成的。像素以光亮度的色彩的方式分析影像，然后将信息转化为电流信号。

光电转换系统是摄像机的核心，其中固体摄像器件即电荷耦合器便是摄像机的“心脏”，上面排列有上万个像素点。通常家用摄像机都使用一块 1/5～1/3 英寸(5～8.47 mm)大小的CCD，像素数为 80 万～500 万。

2. 数字化处理部分

数码摄像机数字化处理部分电路，多采用大规模集成电路进行数字运算处理。由于摄像机记录的是活动的彩色图像信息，图像数据量非常大，因此必须采用压缩技术处理才能把大量的数据记录到小尺寸的磁带上。

3. 数字化存储和录像部分

DV 格式的数码摄像机数据采用帧内压缩技术，大大提高了压缩和解压缩的效率，可在编辑中达到每一帧的精确度，作“特技重放”。其压缩比为 5∶1，即可以再次压缩信号的80%至 25 Mb/s。这就是录制到 DV 格式数字磁带上的视频数据率。

录像部分的工作非常重要，其记录方式直接影响图像信号和声音信号的质量。DV 格式的数码摄像机其机芯只有常规录像机机芯的 1/6。这种机芯的优点是，其低磁带张力可以减少磁带、磁鼓和磁头之间的摩擦力，减少磁粉脱落，延长磁带和磁头的寿命。

DV 格式的数码摄像机录像系统将数字分量视频信号压缩到原始数据量的 1/5，同时还能保证卓越的数字质量和很长的记录时间。

12.3　数码摄像机的使用

12.3.1　数码摄像机的外观

SONY 数码摄像机 DCR-TRV60E 的外观如图 12-1 所示。

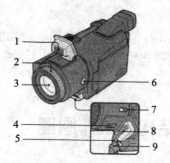

1—闪光灯；2—聚焦环；3—镜头；
4—NIGHTSHOT(夜间摄像)开关；
5—DC IN(直流输入)插孔；
6—FOCUS(聚焦)键；
7—BACKLIGHT(逆光)键；
8—麦克风；9—DC IN插孔盖

(a) 前视图

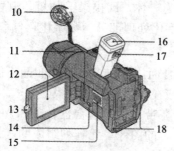

10—镜头盖；11—RESET(重设)键；
12—液晶显示屏/触摸板屏幕；
13—OPEN(打开)键；
14—DISPLAY/BATT INFO(显示/电池信息)键；
15—扬声器；16—取景器
17—取景器镜头调整杆；18—肩带挂钩

(b) 后视图

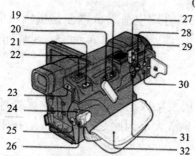

19—DV接口；20—USB插孔；
21—PHOTO (像片)键；22—电动变焦杆；
23—BATT(电池)松开键；
24—LOCK(锁定)开关；
25—START/STOP(开始/停止)键；
26—POWER(电源)开关；
27—LANC插孔；28—S-VIDEO(S视频)插孔；
29—AUDIO/VIDEO(音频/视频)插孔；
30—耳机插孔；31—MIC(话筒)；32—腕带

(c) 右侧图

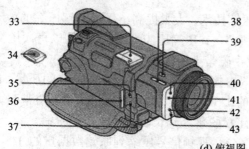

33—智能附件插槽；34—插槽盖；
35—存取指示灯；
36—"MEMORY STICK"插槽；
37—CHARGE(充电)指示灯；
38—EDIT SEARCH(编辑查找)键；
39—闪光灯键；40—遥控感应器；
41—红外线发射器；42—摄像指示灯；
43—HOLOGRAM AF(全息自动聚焦)发光器

(d) 俯视图

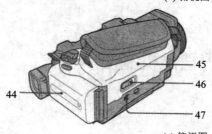

44—充电式电池；
45—录像带舱；
46—OPEN/EJECT(打开/退出)杆；
47—三脚架接口

(e) 仰视图

图 12-1　DCR-TRV60E 数码摄像机

12.3.2 数码摄像机的使用与保养

1. 拍摄图像

使用数码摄像机拍摄图像的步骤如下：

(1) 取下镜头盖并拉动镜头盖带子将其固定。

(2) 接通电源并装入录像带。

(3) 按 POWER 开关上的小绿色键，将其设定于 CAMERA 位置，摄像机处于待机状态，如图 12-2 所示。

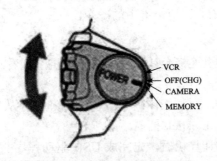

VCR
OFF(CHG)
CAMERA
MEMORY

图 12-2　开关设置的位置

(4) 按 OPEN 开关打开液晶显示面板，图像出现在屏幕上。

(5) 按 START/STOP 键，摄像机开始拍摄，REC 指示出现，位于摄像机前面的摄像指示灯点亮。若要停止摄像，再按一下 START/STOP 键。

摄像完毕后，将 POWER 开关设定于 OFF(CHG)位置，关闭液晶显示面板，退出录像带，最后切断电源。

2. 使用变焦功能

(1) 移动电动变焦杆进行缓慢变焦，大幅度地移动它则可进行快速变焦。要获得更好的摄影效果，应有节制地使用变焦功能。"T"侧用于望远拍摄(使拍摄对象变近)，"W"侧用于广角拍摄(使拍摄对象变远)。

(2) 若使用大于 10 倍的变焦，须在 MENU 设定中将 D ZOOM 值设定为 20～120 倍。大于 10 倍的变焦以数位方式进行。

3. 逆光拍摄

(1) 拍摄背后有光源或背景明亮的对象时，可使用逆光拍摄功能。

(2) 在待机、拍摄或记忆方式下按 BACKLIGHT 键。

(3) 若要取消此功能，再按一下 BACKLIGHT 键。

4. 在黑暗中摄影

(1) 利用夜间摄影功能可以在暗处拍摄物体。

(2) 在待机、拍摄或记忆方式下，将 NIGHTSHOT 开关推至 ON 位置。

(3) 若取消夜间拍摄功能，将 NIGHTSHOT 开关推至 OFF 位置。打开夜间摄影灯，拍摄的影像将更清晰。

5. 自拍定时器的使用

(1) 在待机状态按 SELFTIMER 键，自拍定时器指示出现在液晶显示屏或取景器中。

(2) 按 START/STOP 键，自拍定时器以倒数计秒到 10 秒钟(或 2 秒钟)后自动开始摄影。

(3) 要取消自拍摄影，在摄影机处于待机状态时按下 SELFTIMER 键。

6. 在液晶显示屏上监视播放影像

(1) 按 POWER 开关上的小绿键，将其设定于 VCR 位置。

(2) 按◀◀键倒带。

(3) 按▶键开始播放。液晶显示板可以朝取景器侧转动约 90°，朝镜头侧转动约 180°。要调节亮度，按 LCD BRIGHT 上两个键中的一个。

7. 用计算机观看图像

可以用以下方法将摄像机连接至计算机，在计算机上观看存储在 memory stick(记忆棒)或录制在录像带上的图像。

(1) 要在带 memory stick 插槽的计算机上观看图像时，先从摄像机上退出 memory stick，然后将其插入计算机的 memory stick 插槽。

(2) 连接带 USB 端口的计算机时，先完成 USB 驱动程序的安装，然后再将摄像机连接至计算机。若先将摄像机连接至计算机，可能无法正确安装 USB 驱动程序。

8. 使用数码摄像机的注意事项

(1) 拍摄时避免镜头长时间直对阳光。虽然摄像机使用的 CCD 对光强度有较大的容许范围，但长时间处在大型聚光灯或太阳的照射下，难免损伤 CCD 板，甚至造成不可恢复的损伤。

(2) 拍摄完毕后要取出磁带，卸下电池。如果主录像带留在摄像机中，录像带可能会变松弛而受损。若将电池长时间留在摄像机内，可能导致电池电压降得过低，甚至再也无法使用。

(3) 避开磁性设备。如果在电视机、计算机附近使用摄像机，电磁辐射可能会引起图像和声音失真，扬声器和大型电动机产生的强磁场，可能会损坏录像带的拍摄内容或使图像失真。如果靠近无线电发射台或高压电线进行拍摄，拍摄的图像和声音可能会受到不利影响。

(4) 谨防受潮。摄像机保存时应放置在干燥地方，避免机器受潮。应尽量避免在雨天、雪天拍摄，如要拍摄应妥善防护。在雨雪之中或海边使用时，应小心勿让摄像机进水，否则摄像机和录像带可能受损(可能无法维修)。

在海边或类似之处使用时，小心勿让沙子或微小尘埃进入摄像机内。沙子和尘埃可能会损坏摄像机和录像带(插入和取出录像带时须多加小心)，发现后应及时清理。

(5) 回避高温、低温环境。在高温、低温或过于潮湿的环境下长时间拍摄，容易使机器老化。CCD 摄像机在 40℃以上高温环境中使用，可能会出现信噪比下降、疵点数目增加和固定图形杂波加重现象。

(6) 防止凝露。寒冷的冬天从室外进入室内，机器容易结露，正确的方法是将摄像机罩在密封的塑料袋中，待机器与室内温度一致时再取出。

(7) 定期清洗磁头。一般拍摄 30～50 小时后应清洗一次。请使用专用清洗带，清洗时不要超过 10 秒。

切勿在摄像机上喷洒杀虫剂、挥发剂或稀释剂进行清洁,这些物质可能会使机壳变形,或引起表面涂层剥落。切勿使摄像机长时间与橡胶或塑料制品接触。

(8) 避免电池的记忆效应。镍镉电池充电时,一定要待电能使用完后再充电,防止产生记忆效应。锂电池不在此列。电池使用前一定要充足电,单块镍镉电池一般充电 2~4 小时,最长充电时间不应超过 12 小时。

使用中若想节省电源,应尽量少变焦,关闭液晶显示屏,关闭摄像机前、后录像工作指示灯。不要在摄像机电源开关处于接通状态时,连通外接电源或更换电池,因为此时电涌脉冲很可能损坏固态器件,至少会缩短这些器件的寿命。

(9) 不应挪作他用。不要将摄像机用作监视器和其他工业目的。民用摄像机并非为工业目的而设计,如果使用时间太长,内部温度会升高,有可能导致功能失常。

9. 数码摄像机的整体保养

数码摄像机需要经常清洁,定期进行测试和维护,才能保证处于最佳状态。

检查、维护周期可根据摄像机的使用频度和周围环境情况确定。为了确保最佳画质,建议在使用 500 小时后,清洁磁鼓及相关的磁带通路;在使用 1000 小时后,更换录像磁头等已经磨损的部件(当然,这在很大程度取决于温度、湿度和灰尘等使用状况)。

在存放摄像机之前,应取出录像带和电池,将所有的设备存放在温度相对比较稳定的干燥处(推荐温度为 15~25℃,相对湿度为 40%~60%),绝对不要将摄像机放置在高温场所。

清洁数码摄像机之前,请取出电池或从交流电源插座上拔下交流转换器,然后再吹扫透镜或滤光镜表面的尘垢,如果摄像机本身脏了,请用软干布擦净。如果很脏,则用干净布蘸中性洗涤剂溶液擦拭,随后擦干。切不可用酒精等溶剂擦拭,否则会造成机器表面脱色或表面损坏。

在存放或携带摄像机时,应将其放入有柔软护垫的包或盒中,以防止机壳外层受到磨损。

12.4 实 训

一、实训目的

1. 了解数码摄像机的类型;
2. 掌握某种数码摄像机的使用方法。

二、实训条件

不同类型的数码摄像机若干台。

三、实训过程

1. 掌握数码摄像机各个按键的作用和操作方法。
2. 进行摄像机逆光摄影、黑暗中摄影、自拍定时器摄影等操作。
3. 连接摄像机与微型计算机,观看拍摄的影像。
4. 进行摄像机的各种维护操作。

思考与练习十二

一、填空题

1. 专业级数码摄像机或称准广播级数码摄像机，其各种指标均比广播级的要低，但（　　　）、（　　　　）、色彩重现的准确度都能够满足一般企事业单位及学校教育电视系统对图像质量的要求。

2. 目前，数码摄像机的核心成像部件有两种：一种是广泛使用的（　　　　　）(电荷耦合)元件；另一种是（　　　　）(互补金属氧化物半导体)器件。

3. 一般的民用数码摄像机只有一片 CCD，专业级、广播级数码摄像机多采用（　　　）CCD，即（　　　）镜将摄入镜头的光源分为三原色(红、绿、蓝)，将它们输进不同的 CCD，由于每一个 CCD 都有一个很大的光线采集区域。

4. 数码摄像机信噪比越低，图像的（　　　　）越差；信噪比越高，图像的（　　　）越好，传输图像信号质量越高。

5. 数码摄像机的内部基本结构可以概括为三个部分：光电转换摄像头部分、（　　　）处理部分、数字化（　　　）部分。

二、选择题

1. 数码摄像机按使用范围一般划分为民用级、（　　　）、广播级三类。

　　A. 高档级　　　　　　B. 基础级　　　　　　C. 专业级　　　　　　D. 企业级

2. CCD 像一块集成电路，上面有许多微细的感光元件，感光元件的多少直接影响到摄像机的画面质量，这些感光元件称为（　　　）。

　　A. 亮点　　　　　　　B. 扫描线　　　　　　C. 像素　　　　　　　D. 数字

3. CCD 有 2/3 英寸、1/1.8 英寸、1/2.7 英寸、（　　　）英寸四种。尺寸越大，图像的感光区越大，像素数越多，图像细节越丰富。

　　A. 1/2.9　　　　　　　B. 1/3.8　　　　　　C. 1/4.0　　　　　　D. 1/3.2

4. DV 格式的数码摄像机数据采用（　　　）压缩技术，大大提高了压缩和解压缩的效率，可在编辑中达到每一帧的精确度，作"特技重放"。

　　A. 帧外　　　　　　　B. 帧内　　　　　　　C. 线性　　　　　　D. 数字

三、简答题

1. 数码摄像机的灵敏度作用是什么？

2. 什么是量化比特？

3. 为什么数码摄像机要避开磁性设备？

4. 如何做好数码摄像机的清洁工作？

第13章

电　话　机

　　随着微电子技术的进步，电话机正向着大规模集成化、高性能化、多功能化和高可靠性方向发展。今后将有越来越多的电话机采用集拨号、通话、振铃为一体的单片集成电路。而随着程控电话交换机的发展和蜂窝移动电话网的使用，电话的应用将更为广泛。

13.1　常用电话机

13.1.1　电话通信与电话机的分类

1. 电话通信的分类

　　图 13-1 是电话通信按所用交换机的制式进行分类的情况。人工电话设备简单，但劳动效率低、接续速度慢，且服务种类和容量发展都很有限，现在已基本被自动电话和程控交换机取代。自动电话的制式很多，按交换机的接线器件可分为机电式与电子式两类。程控交换机是随着电子技术的发展与计算机在电信领域里的应用而出现的一种新的交换方式，其适应性强、灵活性大，便于增加新的电话服务项目，如缩位拨号、自动回叫、三方通话、转移呼叫、叫醒服务、电话留言等。

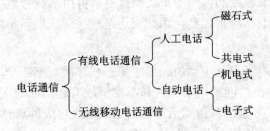

图 13-1　电话通信分类简图

2. 电话机的分类

　　电话机按接续方式可分为人工电话机和自动电话机两大类型。人工电话机包括磁石式电话机和共电式电话机；自动电话机包括机械拨号电话机和电子拨号电话机。自动电话机按拨号制式又可分为直流脉冲电话机、双音频电话机和脉冲与音频兼容电话机。

电话机按适用场合可分为桌式、墙式、桌墙两用和袖珍式四种。电话机还可按其功能划分普通电话机以及免提、扬声、录音、无绳、投币、磁卡、音乐保持、电子锁、书写、液晶显示屏和可视电话等特种电话机，如图 13-2 所示。

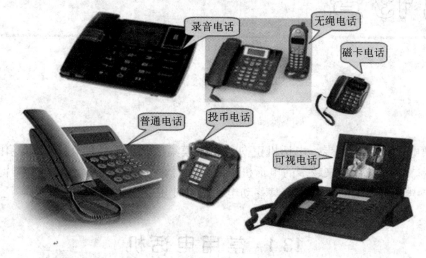

图 13-2　电话机的类型

13.1.2　常用电话机的功能

1. 拨盘式电话机

　　拨盘式电话机是自动电话机，属于电话机的第二代产品。它由通话、信号发送、信号接收三部分组成，通话与信号接收功能与共电式电话机相同，而信号发送部分则由机械式旋转拨号盘来实现。电话主叫用户利用拨号盘将被叫用户的电话号码告诉交换机，其控制原理为：拨号盘上有一对与电话机供电回路串接的脉冲接点，当拨盘被拨动后自动回转时，脉冲接点以通断状态形成电流脉冲，从而每拨一次号盘即形成一个脉冲串，每个脉冲串内的脉冲个数就是对应的拨号数字，脉冲串的个数代表所拨电话号码的位数。交换机据此自动地完成接续动作，接通相应的被叫用户。拨盘电话机由于拨号效率低且脉冲号数易变化、脉冲接点易损坏，需要经常维护调整，因此正逐渐被按键式电话机所代替。

2. 按键式电话机

　　按键式电话机是全电子自动电话机，属于第三代产品。其三个基本组成部分(通话、信号发送、信号接收)均由高性能的电子器件和部件组成。通话部分采用频响特性好、寿命长的声电/电声转换器件作为送话器和受话器，由集成电路构成的送话、受话放大器来完成通话功能；信号发送部分由按键号盘、发号集成电路等组成；信号接收部分由振铃集成电路和压电陶瓷振铃器(或扬声器)组成。按键式电话机除了发号脉冲参数稳定、发号操作简单、通话失真小、振铃声音好等优点外，还可以根据交换机的功能，完成缩位拨号功能、三方通话功能、挂机持线功能、首位锁号功能等操作。此外，电话机本身还有号码重发功能、受话增音和发送闭音等功能。

3. 免提发号与免提扬声电话机

免提电话机是普通按键式电话机的改进型，分为半免提和全免提两种类型。免提发号电话机在发号时用户可不拿起手柄，只需按下免提开关即可完成全部发号过程；免提扬声电话机无论发话还是受话均无需拿起手柄，因为在电话机的送话和受话电路中分别加有送话和受话放大器。为了解决受话音量和送话振鸣之间的矛盾，新式的免提电话机采取了半双工工作方式，即电话机处于受话状态时，受话放大器的增益高而送话放大器的增益低；当电话机处于送话状态时，送话放大器的增益高而受话放大器的增益低。免提电话机一般均带有手柄，必要时也可利用手柄进行通话。

4. 投币式与磁卡式电话机

投币式电话机与磁卡式电话机都是专门用于公共场所的计时收费电话机。投币式电话机是自动收费公用电话机的早期产品，一般只能拨叫市内电话，其控制功能包括对投入硬币的控制和判别、电路的通断控制、通话时间限制、告警与显示、收取和退找硬币等，有的还可显示收取的硬币面值和通话计费情况，甚至可以对不同的电话业务按不同的费率计费。

磁卡式电话机是自动收费公用电话的换代产品。不仅可以拨叫市内电话，而且可以拨叫长途电话。磁卡式电话机与投币式电话机的重要区别在于不能直接使用硬币，而必须预先购买好电话磁卡，用户通话时先将磁卡插入电话机上的磁卡入口，经电话机判别真伪和是否有效后才能开启电话功能。通话完毕挂机后载有剩余信息的磁卡会自动退出。

5. 留言电话机

留言电话机包括三种类型：自动应答电话机、自动录音电话机和自动应答录音电话机。自动应答电话机是在普通电话机上装一个自动应答器，利用磁带或集成电路存储器，将主人需要通知对方的话预先记录下来，当对方电话打来时，振铃数次后可自动应答，把主人留言送给对方；自动录音电话机是电话机与录音机的组合，当对方来电话而主人不在家时，录音机可自动开启将对方给主人的留言记录下来，主人回家后通过放音听取对方的留言；自动应答录音电话机是自动应答器、自动录音机和电话机相结合的产物，当有电话呼叫主人而主人又不在场时，电话机可利用自动应答器将事先记录在磁带或随机存储器中的留言告诉对方，然后启动模拟或数字录音装置将对方的留言记录下来。录音结束有两种方式，一种是定时结束录音，另一种是自动识别对方留言结束后停录并自动挂机。主人回来后可利用放音键收听对方留言。早期的留言电话机采用模拟录音放音方式，即利用盒式磁带作为对方留言的记录媒体。现代的留言电话机均采用数字录音放音方式，即利用随机存储器作为双方留言的记录媒体。录音时，利用模数转换器将语音信号转换成数字信息写入随机存储器；放音时，将数字信息从随机存储器读出并经数模转换器转换成语音信号。

6. 无绳电话机

无绳电话机由主机(座机)和副机(手机)组成，主机和电话交换机之间采用有线通信方式连接，副机和主机之间采用无线通信方式连通。由于手机与座机之间没有一般电话机的四线绳，因此手机可以拿到远离座机的地方。无绳电话机的手机内装有送话器、受话器、按键盘、蜂鸣器，用户利用这些功能部件可以像使用普通电话机一样呼叫电话网中的任一用户，也可以随时接收通过座机传送过来的其他用户的呼叫信号并与之通话。

功能较强的无绳电话机除具有无绳手机外，在座机上还配有一套通话装置(拨号盘、有绳手柄或免提通话装置)，当手机拿走以后，座机本身可以像普通电话机一样使用。无绳电话机的座机和手机之间也可以进行内部通信联络，随时可以利用座机呼叫手机持有人并与之建立通话联系。有的无绳电话机采用了密码呼叫方式，即手机和座机相互接收到约定的密码后才能相互启动，减少了相距较近的无绳电话机之间发生错呼的机会。

7. 电视电话机

电视电话机由电话机、电视机、摄像机和控制器四部分组成。电话机用于语言传输；摄像机和电视机(监视器)用于图像的摄取和显示；控制器用于电视电话机的操作控制。电视电话系统的传输线路可以是微波接力线路，也可以是卫星通信线路、光纤通信线路等宽频带线路，当传输距离较近时也可利用普通的市内电话线路传输(需采用数据压缩技术)。

8. 无线寻呼系统

无线寻呼系统是一种单向无线电通信系统，主要起寻人呼叫的作用。带有寻呼接收机(简称寻呼机)的个人，当有人寻找他时，可用电话通过寻呼中心台操作员将被寻呼人的寻呼机号码由中心台的无线寻呼发射机发出，只要被呼者在该中心台的覆盖范围之内，其所佩带的寻呼机接收到信号之后即发出响声。寻呼机一般均有液晶显示器，可以显示简短信息，如主叫者的电话号码、主叫者给机主的留言等等。这种单向通信只能通知被呼者有人找、速回电话或速去某处等简单信息。无线寻呼系统目前主要用于某种特殊场合，如酒店、医院。

13.1.3　程控电话常用特殊功能的使用方法

1. 缩位拨号

用户可将对方号码缩编为 1 位或 2 位的数字代码来替代原来的多位号码。缩位拨号的使用方法如下：

(1) 登记：按"*51*缩位代码*电话号码#"。

(2) 注销：按"#51#"。

(3) 使用：听到拨号音后按"**缩位代码"。

2. 热线服务

把最常用的对方号码置成热线，使用时摘机保持 5 s 不拨号即可自动接通对方，5 s 之内拨号便与普通呼叫相同。热线服务的使用方法如下：

(1) 登记：按"*52*被叫号码#"。

(2) 注销：按"#52#"。

(3) 使用：摘机 5 s 不拨号即可接通对方。

3. 呼叫等待

在与对方通话中，如有另一电话呼入时，可以听到一种特殊的等待音，这时可根据需要任意或交替保留一方而与另一方通话。呼叫等待的使用方法如下：

甲正与乙通话，丁拨打甲的电话时，甲可以听到特殊等待音，甲若想接听丁的电话，只需按一下叉簧听到拨号音后按"*58#"，此时甲与丁通话，乙听到等待音。甲若再想与乙通话，可再按叉簧，丁听到等待音，甲与乙通话，如此可反复操作。

4. 转移呼叫

当有事外出，为了避免耽误接听电话，可将电话号码转移到临时去处的电话机、移动电话或寻呼机上，如果有电话呼入即可自动转往。转移呼叫的使用方法如下：

(1) 登记：按"*57*临时去处的电话号码#"。

(2) 注销：按"#57#"。

5. 遇忙回叫

当拨叫对方电话而遇忙音时，可不用再拨号，在对方电话空闲时即能自动回叫接通。遇忙回叫的使用方法如下：

(1) 当甲拨叫乙电话遇忙音时，按一下叉簧听到拨号音后按"*59#"，听到证实音后挂机，待乙用户挂机后即可自动回叫接通甲。

(2) 注销：按"#59#"。

6. 缺席服务

当用户外出有电话呼入时，由交换机为用户受理记录或替用户代答。

缺席服务的使用方法如下：

(1) 登记：按"*50*"，听到回音铃，登记成功；如无回音铃，需重新登记。

(2) 注销：按"#50#"。

(3) 使用：注销操作结束后，将传出回音铃，如由交换机代理记录，此时话务员会告之呼入的留言，本次服务随即结束。

7. 闹钟服务

如用户担心忘记约定的时间，可利用电话铃声，以提醒用户按约定的时间去办事。使用本功能，在预定的时间电话机会自动响铃。闹钟服务的使用方法如下：

(1) 登记：听到拨号音后，按"*55*HHMM#"。HH 为预定的起闹小时(范围为 00~23)；MM 为预定的起闹分钟(范围为 00~59)。可登记多次和登记多个时间。登记结束后耳机中传出证实音，登记被接受，否则需重新登记。

(2) 注销：按"#55#"，多次登记的多个时间全部注销。

(3) 更改：如仅需要改变某一时间，可按"#55#HHMM#"，然后按登记的方法，登记新的时间即可。

8. 三方通话

主叫用户可同时拨叫两个被叫用户，实现三方同时通话或单独与两方中的任一方通话。三方通话的使用方法如下：

如需三方通话，甲用户取机听到拨号音后，先拨乙用户号码，通话后按"R"键(或按叉簧)，再次听到拨号音后，再拨丙用户号码，通话后再按"R"键(或按叉簧)，即可三方通话。

主叫用户的操作有误时，只要按"#53#"即可取消当时输入的被叫用户号码。

9. 会议电话

当需三方以上共同通话时，可用此功能实现。呼叫方法可由主持会议的一方将会议内容与数人共享，实现共同通话，一般以 10 户为限。

10. 呼叫代答

同一单位的某一分机无人应答时，若隔壁房间有代答功能的分机，可拨特殊代码及被代答的分机号码，将呼叫自动转移至代答分机上，进行应答处理。

11. 免打扰

对于因某种原因不希望有电话来打扰的用户，可借助此功能得到一个安静的环境。

12. 查找恶意电话

当用户接到恶意骚扰电话时，可在本话机上操作，由交换机将骚扰者电话锁住，电话局即能自动打印出骚扰者的电话号码和时间。

13. 号码重拨

用户在拨完对方号码而遇忙音时，交换机会重复发送被叫用户号码，直到被叫空闲后接通。

13.2　移　动　电　话

　　移动通信是近十几年来，国际上发展起来的一种新型通信工具，是能随时随地传递信息的理想通信方式。随着社会的进步和超大规模集成电路技术、网络技术、软件技术的发展，各种高性能、小型化的移动通信设备不断涌现。移动通信正从一种辅助的通信手段变为重要的通信手段之一。

　　移动通信业务主要有公众移动电话、无线寻呼系统、无绳电话、集群无线电话、卫星移动通信业务、个人移动通信或个人通信、无中心通信系统等。

　　移动电话网是与公用市话网相连的，它由电信部门建设，大中城市一般为蜂窝小区制，小城市或业务量不大的中等城市常采用大区制。用户有车台和手持台两类。手持台俗称"手机"，我国用户以手持台占多数，在基台的覆盖范围内均可与网内任一移动电话用户或任何地方的固定电话用户相通，在移动通信中的作用最广泛。

13.2.1　手机制式

　　目前，手机制式主要有 GSM、CDMA、3G 三种。

　　GSM 数字移动通信系统是由欧洲主要电信运营者和制造厂家组成的标准化委员会设计的，它在蜂窝系统的基础上发展而成，包括 GSM 900 MHz、GSM 1800 MHz 及 GSM 1900 MHz 等几个频段。GSM 系统的特点有：防盗拷能力佳、网络容量大、号码资源丰富、通话清晰、稳定性强、不易受干扰、信息灵敏、通话死角少、手机耗电量低等。

　　CDMA(Code Division Multiple Access)码分多址是在数字技术的分支——扩频通信技术上发展起来的一种新而成熟的无线通信技术。它能够满足市场对移动通信容量和品质的高要求，具有频谱利用率高、语音质量好、保密性强、掉话率低、电磁辐射小、容量大、覆盖广等特点，可以大量减少投资和降低运营成本。

3G 是第三代移动通信技术，是新一代移动通信系统的通称。3G 系统致力于为用户提供更好的语音、文本和数据服务。与现有的技术相比，3G 技术的主要优点是能极大地增加系统容量、提高通信质量和数据传输速率。此外，利用在不同网络间的无缝漫游技术，可将无线通信系统和 Internet 连接起来，从而可对移动终端用户提供更多、更高级的服务。

13.2.2　手机种类

第一代手机(1G)是指模拟的移动电话。第二代手机(2G)也是最常见的手机。通常这些手机使用 PHS、GSM 或者 CDMA 这些十分成熟的标准，具有稳定的通话质量和合适的待机时间。在第二代中为了适应数据通信的需求，一些中间标准也在手机上得到支持，例如支持彩信业务的 GPRS 和上网业务的 WAP 服务，以及各式各样的 Java 程序等。

第三代手机(3rdGeneration，3G)是指第三代移动通信技术。相对第一代模拟制式手机(1G)和第二代 GSM、CDMA 等数字手机(2G)，第三代手机一般来说是指将无线通信与国际互联网等多媒体通信结合的新一代移动通信系统。它能够处理图像、音乐、视频流等多种媒体形式，提供网页浏览、电话会议、电子商务等多种信息服务。为了提供这种服务，无线网络必须能够支持不同的数据传输速度，也就是说在室内、室外和行车的环境中能够分别支持至少 2 Mb/s、384 kb/s 以及 144 kb/s 的传输速度。第三代与前两代的主要区别在于传输声音和数据速度的提升上。

手机外观上一般都包括至少一个液晶显示屏和一套按键(部分采用触摸屏的手机减少了按键)。部分手机除了典型的电话功能外，还包括 PDA、游戏机、MP3、照相、录音、摄像、定位等功能，有向带有手机功能的 Pocket PC 发展的趋势。

从手机的外在类型来分，有折叠式(单屏、双屏)、直立式、滑盖式、旋转式等几类。手机除了基本功能外，按其侧重点的不同，主要有以下几种。

1. 商务手机

商务手机，顾名思义，就是以商务人士或就职于国家机关单位的人士作为目标用户群的手机产品。由于功能强大，商务手机倍受青睐。业内专家指出："一部好的商务手机，应该帮助用户既能实现快速而顺畅的沟通，又能高效地完成商务活动。"

2. 相机手机

相机手机也就是内建有相机功能的手机。相机手机使用了 CMOS 影像感光模组(简称 CMOS)。CMOS 比数位相机所用的 CCD 影像感光模组更为省电。

3. 学习手机

学习手机是在手机的基础上增加了学习功能，以手机为辅，"学习"为主。学习手机是主要适用于初中、高中、大学以及留学生使用的专用手机。它是集教材、实用教科书学习为一体的全能化教学工具，以"教学"为目标。学习手机对学习有着明显的辅助效果，并且可以随身携带。

4. 老人手机

老人手机针对的是老年群体，在功能上力求操作简便。在实用功能方面，要求大屏幕、大字体、大铃音、大按键、大通话音量。在方便生活方面，要求具备专业的软件(可视化、菜单简单、结构清晰明了)、一键拨号、验钞、手电筒、助听器、语音读电话本、读短信、读来电、读拨号等功能。

此外，还要有提高老年人生活品质的功能，如外放收音机、京剧戏曲、一键求救(按键后发出高分贝的求救音，并同时向指定号码拨出求救电话、发出求救短信)、日常菜谱(可以下载和在线更新)、买菜清单等。

5. 音乐手机

音乐手机其实就是除了电话的基本功能(打电话、发短信等)外，更主要的是音乐播放功能。其特点是音质好、播放音乐时间持久、有音乐播放快捷键。目前较好的音乐手机是 NOKIA XM 系列和索爱的 WALKMAN 系列，其他品牌也在这类手机中有所涉及。

6. 电视手机

电视手机是指以手机为终端设备，传输电视内容的一项技术或应用。目前，手机电视业务的实现方式主要有三种：第一种是利用蜂窝移动网络实现，如美国的 Sprint、我国的移动公司和联通公司已经利用这种方式推出了手机电视业务；第二种是利用卫星广播的方式，韩国的运营商计划采用这种方式；第三种是在手机中安装数字电视的接收模块，直接接收数字电视信号。

7. 游戏手机

游戏手机也就是较侧重游戏功能的手机。其特点是机身上有专为游戏设置的按键或方便于游戏操作的按键，屏幕一般也较大。

8. 智能手机

随着 IT 技术的不断发展，嵌入式终端设备的处理能力越来越强，本世纪初出现了一种带个人数据助理(PDA)功能的电话机——智能电话。

智能电话除了具有完整的固定电话功能外，通常还具有大容量的名片管理功能、来去电管理功能、防止电话骚扰(电话防火墙)功能、企业集团电话名片(内部名片)管理功能以及辅助办公的许多功能，例如，日程安排、便笺、日历、计算器等功能。早期的智能电话通过拨号上网，具有一定的信息交换能力，实现了简单的发送短信、接收文字信息的功能。随着固网智能电话在中国近十年的发展，其处理能力也大大加强，逐渐增加了智能手机(Smartphone)的许多功能。

现在的智能电话已经具有了通过因特网上网的能力，以及较强的多媒体功能，可以进行网络浏览、音视频的播放，并具有电子书、电子相框等功能。智能电话软件运行和内容服务提供了广阔的舞台，很多增值业务可以就此展开，如股票、新闻、天气、交通、商品、应用程序下载、音乐图片下载等等。融合 3C(Computer、Communication、Consumer)的智能手机必将成为未来手机发展的新方向。同时，智能电话在辅助办公、辅助营销、娱乐等方面的功能也大大加强了。

13.2.3　手机使用与维护

许多初级用户由于对手机的特性或者某些设置不熟悉，经常遇到各种各样的故障，其实这些故障中许多并不是真正的故障，而是手机使用者因错误操作造成的。下面就将一些常见的故障介绍如下。

1. 手机按键失效

当用手指按住手机按键上的某个键位时，如果对应键位上的数字或者符号没有出现在手机屏幕上，则最好先检查一下手机设置中是否启动了手机按键锁定功能。

2. 无法启动手机

如果在按下手机电源开关后，手机无法启动，请检查手机 SIM 卡的安装是否正确。

3. 手机出现乱码或者不断发出警告

WAP 手机在使用的过程中，如果遇到一些非正常的情况，就会给出一些乱码和警报信息。一款能够连接到互联网的 WAP 手机，在从网上下载手机铃声或者访问网上资源时，手机就可能会和计算机一样感染到手机病毒。一旦手机染上病毒，这些病毒会在手机屏幕上出现乱码字样，或者不断地发出各种警告提示信息，有时还会自动启动电话录音功能并将录音四处传送；病毒也会自动打出电话、删除手机上的档案内容，以及制造出金额庞大的电话账单等。出现上述各种状况时，只要通过无线网站对手机进行杀毒或者通过手机的 IC 接入口或红外传输口进行杀毒，就可以解决问题。

4. 某些功能不能使用

现在的新手机层出不穷，每一款新手机在硬件设备或者软件系统方面都有变化，如果用户搞不清楚，就可能会认为手机出现了故障。例如，有的新型手机带有手机屏幕保护功能，这个功能在手机暂时不使用时，会出现各种屏幕保护图案，此时如果按一下手机上的任一按键，手机就会恢复正常。

5. 手机找不到网络系统

现在大部分手机用户，主要是联通网和移动通信网。从实践使用的效果来看，由于移动通信网发展时间比较长，各方面的技术比较成熟，该网络系统的稳定性也较强，而联通网刚刚才开始起步，通信技术和设备还不是很完善和成熟，该网络系统的稳定性相对来说要差一点。一旦手机搜寻不到对应的网络系统，手机就会无法正常工作，表现出来的外在现象就是手机一接通就断线，常需重复打两三次；或者是手机屡打不通，既无忙音，又非关机。

6. 手机不能拨也不能接

手机是一种电子设备，它在工作的过程中会发出电磁波，通过这个电磁波来传递信息，一旦这些信息在传输的过程中遇到另外的电磁波干扰，手机就不能接听也不能拨打。对于这种情况，应该尽量远离那些有较强电磁波发射源的地方。另外，电磁波干扰的产生可能是高层建筑物的反射所致，因此如果遇到手机出现断断续续的声音时，应尽量远离高层建筑物。

7. 不能发送短信息

在使用新购手机发送短信息时，一般都需要事先设置参数，否则手机就不允许发送短信息。自己设置时，可以进入到手机信息设置界面，把短消息服务中心号码设置为+8613800***500，其中***代表手机所在地电话区号的后三位数字。如果当地电话区号是三位的，那么用户应去掉区号最前面的"0"，并在区号后面补"0"。

8. 手机信号突然消失

在通话的过程中，如果突然走进了一个偏僻的角落或者一个密封性很强的建筑物里，或者手机电池耗尽，或者手机电池与手机板接触松动了，就很有可能出现手机信号突然消失的现象。

9. 手机不能充电

充电时的电压不稳，或者电池插入充电器时的位置出错，或者接触不良等，均可能造成手机电池不能正确充电。

13.3　集团电话(小交换机)

集团电话(如图 13-3 所示)也称小总机或小交换机，能将一条电话外线或多条电话外线扩展为较多个分机来使用，灵活多样的功能设计满足用户的所有需求。由于采用了独特的信号检测和转换技术，通话质量不受外线距离的限制。不管接入多少分机(包括传真机)都不会对电信局造成任何影响，分机可以是电话机、传真机、答录机和电脑等任何电讯产品，而其本身固有的功能依然有效。集团电话特别适合小型公司、工厂、学校、机关以及要求多分机的家庭使用，是单位和家庭理想的现代化通信设备。

图 13-3　集团电话

13.3.1　集团电话的分类

目前在售的集团电话有模拟集团电话、数字集团电话两种。

1. 接入集团电话的常用分机种类

(1) 普通分机：目前所使用的大多数电话机及传真机可接入集团电话。

(2) 数字分机：指各品牌电话系统中专用的数字分机(主要起编程作用及特殊功能的实现，家用普通话机不可接入此类型分机端口中)。

2. 用户进入市话网的类型

(1) 半自动入网方式：在这种方式下，用户交换机的分机用户呼叫市话局外线用户时，可自动拨号，外线用户呼入本用户交换机的分机用户时，则要由话务员人工代拨。目前，在我国多数采用这种入网方式，其优点是节省号码资源，缺点是对长途自动化和计费不利。

(2) 全自动入网方式：在这种方式下，用户交换机的呼出和呼入是全自动的，不需经话务员人工转接。呼出时，只要听用户交换机一次拨号音即可；外线用户拨入用户交换机的分机用户时，拨市话网同等位数的号码，而且直接自动拨入。这种方式有利于长途自动化和自动计费。

3．接入集团电话中的常用外线种类

(1) 普通外线：电话局普通局用线。

(2) 普通中继线：与普通局用线相同，但可自动联选。

(3) ISDN 线路：一线通(ISDN)线路。

(4) E&M 专线：各地电话系统联网专线。

(5) 一号通：使用电话局普通用线，可以将若干条线路绑定在一起，实现自动联选，形成普通中继线的功能。

13.3.2　集团电话的功能

集团电话外线指接入集团电话中的外线总数，分机是为员工所安排的电话数量。

安装集团电话的优点是：内部之间的通话可以不经过上级市话局，减轻了市话局及其到用户交换。

安装集团电话设备，为公司每一名员工安排一部分机，外线打入由前台(或电脑话务员)进行信息处理，这样在节约费用的同时，对于外线打入者来说，也能以最快的速度与要找的人联系上。

在分机占线或无人接听时，集团电话会按需要把电话转到另一处分机；如安装了语音信箱设备，会把此电话转到信箱中让客户留言。话费管理也是集团电话的一大功能。它会按需要为每一部分机安排一个密码，如果离开，其他人将无法使用该分机。安装计费功能可以加强对电话费用的管理。

1．集团电话的常用功能

(1) 分机话务处理：包括转接电话、代接电话、保留电话、遇忙转接、无人接听转移、无应答转移、免打扰、经理秘书、会议等基本的应用功能。

(2) 中继话务处理：包括中继呼入的应答模式、振铃分机的设定等功能。

(3) 话务控制管理：包括限拨号码、限制呼出等级、呼出记录、呼出的路由选择、记录话单、控制费用等功能。

(4) 语音提示处理：包括呼入引导处理直拨分机、分机忙、无人接听等状态提示及留言功能。

(5) 网络电话处理：主要是基于以太网宽带技术的网络电话应用(VOIP)。

(6) 数字中继处理：主要是 E1、30B+D 等专线语音电话业务的接入组建模块局、企业虚拟网等。

根据应用侧重点的不同，可将集团电话组建成普通办公通信系统、客服呼叫中心系统、应急调度系统、工厂生产通信系统、酒店客房通信系统等。

2．集团电话的主要功能

(1) 弹性编码：各分机可编制分机号码。

(2) 等级限制：限制拨打国际、国内、市话等 7 级。

(3) 中继热线：提机免拨出外线。

(4) 呼入选择：外线呼入直拨、转接、群呼选择。

(5) 强插服务：在特殊情况下总机对正在通话的分机进行强插通话。

(6) 代拨长途：总机可代低等级的分机拨打长途。

(7) 区分振铃：能区别振铃来自外线还是内线。

(8) 征询转接：外线转接实现征询和音乐等待。

(9) 计费方式：提供反极计费方式或延时计费方式。

(10) 打印选择：中、英文打印选择。

(11) 语音信箱：查询自身等级、号码、话费、日期、时间等。

3. 集团电话的扩展功能

(1) 内置电脑话务员(IVR)：通过语音导航，可把电话转接到制定的分机。语音引导可以是单级导航，也可以是多级导航。最大级数可以达到 16 级。总语音提示时长为 120 秒。通过语音引导，可以引导客户进行电话转移，也可以进行信息查询。

(2) 来电弹屏：有来电时，在来电显示电话上显示来电号码，同时在电脑的右下角弹出一个框，显示来电人的号码、姓名和单位。

(3) CTI 接口：与电脑通信集成，可实现 CRM 系统集成。

(4) 自定义转接音乐。

(5) 通话录音：内置 16 路数字录音功能，只需把录音软件安装到可连接到公司局域网的任何一台 PC 即可。系统自动接入到交换机进行录音。

(6) 语音导航 ACD 功能：外线进入语音导航(IVR)后需要人工座席服务，IVR 通过请求做转移座席，将话路转移给指定座席。

(7) 不限人数会议电话：超强会议功能，简单易用，支持异化会议方式，可以按需要实现分级和分组会议；会议用户数不受限制，单组可支持最多 64 人会议，可同时召开 128 组会议。

13.3.3　集团电话的主要技术指标

1. 外线容量

外线容量作为集团电话的重要参数指标，是指最大可以扩充的外线数，也即这个交换机能够从外接入的直拨电话的数量(模拟)。数量越多，则出现占线的几率越小，允许同时通话的人数就越多。

2. 分机容量

分机容量是集团电话的重要参数指标，就是最大可以扩充的分机数，也即能够提供给单位内部使用电话机的个数。在外线容量一定的情况下，支持的分机越多，说明交换机的容量越大，提供的服务越多。

3. 专用话机数

专用话机是提供给集团电话设定用的，集团电话的设定一般支持当地设定和远程设定。当地设定可以用专用端口加计算机设定，也可以通过专用话机设定，专用话机有话机的所有功能。所有交换机的参数设定都可以通过专用话机来完成。一般不同型号的交换机有自己专用的话机，可以提供强大的功能。

4. 普通话机数

普通话机数就是交换机可以支持的普通电话机的数量。普通话机根据快捷键的多少可以分为普通型、部门经理型和总经理型。总经理型的话机有很多功能，同样有很多的功能集成在快捷键上。

5. 分机等级限拨

分机等级限拨就是交换机可以限制分机拨打电话的权限的个数，比如分为国际长途、国内长途、市话、内线电话等，其中又可以限制某个分机可以拨某个地方的电话，不可以拨某个地方的电话，可以拨某些特服的号码，不可以拨某些特服的号码等。

6. IP 电话功能

通常的电话交换分为电路交换和分组交换。传统的电信网络是电路交换，每个电话确实分配了一条 64 K 的线路用于通话。分组交换就是分组打包交换，把语音分别打成不同的数据包，通过不同的线路送到目的地，然后解包。分组交换只占用 8 K 的带宽，节省了带宽和成本。平常所用的 IP 电话就是分组交换，是一种不同于传统电信网络的交换方式。

7. 拨号模式

拨号模式指的是集团电话采用的两种拨号模式：音频拨号(DTMF)和脉冲拨号(Pulse)。音频拨号就是用大小不一的波幅来表示不同的数字，而脉冲拨号是用不同数量的脉冲个数来表示不一样的拨号数字。音频拨号比脉冲拨号速度快，因此现在集团电话普遍采用的是音频拨号。应根据本地交换机来选择音频拨号或脉冲拨号。

8. 其他特性

交换机除了上述最基本的功能外还具有其他特性，如全数字 ISDN 分机线路、IP 传真功能、自动录音功能、远端遥控编程、自动总机语音服务等。

部分集团电话产品的主要参数如表 13-1 所示。

表 13-1 部分集团电话产品的主要参数

产品名称	NEC Aspila TOPAZ	西门子 Hipath1800	国威 WS824 9	松下 KX-TES824CN
外线容量	6 台	8 台	8 台	8 台
分机容量	48 台	32 台	48 台	24 台
普通话机数	48	32	48	24
分机等级限拨	5	5	6	多等级
IP 电话功能	支持	支持	支持	不支持
拨号模式	音频/脉冲	音频/脉冲	音频/脉冲	音频/脉冲
电源	AC180～264 V	220 V，50 Hz	AC 220 V±5%，50～60 Hz	AC110～240V，50/60 Hz
功耗	740 W	80 W	50 W	45 W
尺寸	419 mm×394 mm×270 mm	368 mm×430 mm×134 mm	485 mm×300 mm×110 mm	368 mm×284 mm×102 mm

产品名称	NEC Aspila TOPAZ	西门子 Hipath1800	国威 WS824 9	松下 KX-TES824CN
重量	25 kg	5 kg	10 kg	3.5 kg
集团电话特性	综合语音信箱功能，ISDN 兼容，PC 编程(本地/远程)	内置的"数字芯"技术，HiPath 1800 可以提供更为稳定和流畅的通话，支持中/英文双语界面，内置的 CLIP 功能能够看到对方的来电号码	3S 话务管理软件(随机赠送)；可配接 12 部中/英文显示专用话机，专用话机和普通话机都可编程；内置内线来电显示功能，来电显示制式选用 DTMF 制式；中继联号功能等	带语音提示的 3 级自动应答，灵活的短信息路由
配件/选件	机柜，专用话机，数字普通话机，连接线缆，使用手册	产品说明书，电源线，维护电缆，软件光盘等	产品说明书，电源线，维护电缆，软件光盘等	产品说明书，电源线等

13.4　实　　训

一、实训目的

1. 了解各种电话、手机的类型；
2. 掌握某种手机、集成电话的设置方法和使用方法。

二、实训条件

有集成电话的场所。

三、实训过程

1. 进行手机主要功能的设置操作。
2. 进行集成电话主要功能的设置操作。

思考与练习十三

一、填空题

1. 交换机是随着电子技术的发展与计算机在电信领域里的应用而出现的一种新的交换方式，其适应性强、灵活性大，便于增加新的电话服务项目，如缩位拨号、自动回叫、(　　　)、转移呼叫、(　　　)、电话留言等。

2. 自动电话机按拨号制式又可分为直流脉冲电话机、(　　　)电话机和(　　　)电话机。

3. 电话机还可按其功能划分为普通电话机以及免提、扬声、录音、(　　)、(　　)、磁卡、音乐保持、电子锁、书写、液晶显示屏和可视电话等特种电话机。

4. 留言电话机包括三种类型：自动应答电话机、(　　)电话机和(　　)电话机。

二、选择题

1. 按键式电话机是全电子自动电话机，属于(　　)产品。其三个基本组成部分(通话、信号发送、信号接收)均由高性能的电子器件和部件组成。

A. 第二代　　　　　　B. 第三代　　　　　　C. 第四代　　　　　　D. 第五代

2. (　　)是一种既能用于通话又能传送书写信号的新型通信工具，既可在市内电话网上使用，也可以在长途电话网上工作。

A. 书写电话　　　　　B. 传真电话　　　　　C. 复写电话　　　　　D. 留言电话

3. 用户可将对方号码缩编为 1 位或 2 位的数字代码来替代原来的多位号码，这称为(　　)。

A. 简单拨号　　　　　B. 简化拨号　　　　　C. 缩位拨号　　　　　D. 压缩拨号

4. 平常所用的 IP 电话就是(　　)交换，是一种不同于传统电信网络的交换方式。

A. 电路　　　　　　　B. 分组　　　　　　　C. 模块　　　　　　　D. 数字

三、简答题

1. 简述无绳电话机的作用。

2. 第三代移动通信技术(3G)有什么优点？

3. 老人手机主要有哪些功能？

4. 集团电话全自动入网方式的主要功能有哪些？

5. 集团电话的主要功能有哪些？

6. 简述集团电话分机等级限拨的含义。

第14章

存 储 设 备

现代办公室的资料越积越多，占用的空间越来越大，若能够将图片、视频(录像带)、文字制作成 DVD 或刻录在光盘上，可实现永久保存，而且占用的空间小，便于查阅，需要时可打印；也可以将资料保存在移动硬盘上，随身携带，随时查阅。本节叙述现代存储设备的有关问题。

14.1　移 动 硬 盘

移动硬盘(见图 14-1)，顾名思义，是以硬盘为存储介质的可与计算机之间交换大容量数据的、强调便携性的存储产品。市场上绝大多数的移动硬盘都以标准硬盘为基础，其数据读/写模式与标准 IDE 硬盘相同。

图 14-1　移动式硬盘

14.1.1　移动硬盘的特点

1) 容量大

移动硬盘可以提供相当大的存储容量，是具有高性价比的移动存储产品，有 80 GB、120 GB、160 GB、320 GB、640 GB 等容量，最高可达 5 TB。

2) 传输速度高

移动硬盘大多采用 USB、IEEE 1394、eSATA 接口，能提供较高的数据传输速度。USB 2.0 接口的传输速率是 60 MB/s，IEEE 1394 接口的传输速率是 50～100 MB/s，而 eSATA 可达到 1.5～3 GB/s。在与主机交换数据时，读 GB 数量级的大型文件只需几分钟，特别适合视频与音频数据的存储和交换。

3) 使用方便

主流的个人电脑基本都配备了 USB 功能，主板通常可以提供 2～8 个 USB 接口，一些显示器也提供了 USB 转接器，USB 接口已成为个人电脑中的必备接口，所以移动硬盘连接方便。

4) 可靠性高

移动硬盘与笔记本电脑硬盘的结构类似，多采用硅氧盘片。这是一种比铝、磁更为坚固耐用的盘片材质，并且具有更大的存储量和更好的可靠性，提高了数据的完整性。采用以硅氧为材料的磁盘驱动器，以更加平滑的盘面为特征，有效降低了盘片可能影响数据可靠性和完整性的不规则盘面的数量，更高的盘面硬度使 USB 硬盘具有很高的可靠性。另外，移动硬盘还具有防震功能，在剧烈震动时盘片自动停转并将磁头复位到安全区，防止盘片损坏。

14.1.2 移动硬盘的分类

移动存储设备按照存储容量划分，有小容量存储设备、中等容量存储设备和大容量存储设备。小容量存储设备主要指 U 盘(如图 14-2 所示)，一般容量小于 60 GB；中等容量存储设备其容量一般在 60～500 GB；大容量存储设备其容量超过 500 GB。

图 14-2　　U 盘

移动存储设备按尺寸划分，有 1.8 英寸、2.5 英寸和 3.5 英寸三种。1.8 英寸的移动硬盘大多提供 10 GB、20 GB、40 GB、60 GB、80 GB 等容量。2.5 英寸的移动硬盘主要有 120 GB、160 GB、200 GB、250 GB、320 GB、500 GB、640 GB、1000 GB(1 TB)等容量。3.5 英寸的移动硬盘有 500 GB、640 GB、750 GB、1 TB、1.5 TB、2 TB 等容量。

移动存储设备按与主板的接口划分，主要有 USB、IEEE 1394、eSATA 接口三种。USB 接口有 USB 1.1、USB 2.0 和 USB 3.0 等版本，各 USB 版本间能很好地兼容。USB 1.1 的传输速率为 12 Mb/s，USB 2.0 的传输速率达到了 480 Mb/s(接近 60 MB/s)，USB 3.0 的传输速率理论上最高可达 4.8 Gb/s(即 600 MB/s)。

14.1.3 移动硬盘的使用

移动硬盘除了能保存各种数据外，还可在其中安装虚拟操作系统。虚拟操作系统即所谓的口袋操作系统，它可以实现在任何 U 盘、移动硬盘等移动设备上安装应用程序(不仅指绿色软件，还有那些必须用到注册表系统服务的一些功能强大、经常使用的软件)，当需要在其他计算机上运行这些程序时，不需要再在这些计算机上安装，插上已装有这些程序的移动硬盘、U 盘等移动设备就可以轻松运行所需软件。目前，"口袋操作系统"已在发达国家和国内的大中型城市流行开来。

1. 虚拟操作系统的特点

(1) 文件数据加密。可实现重要资料的多重保护。

(2) 无痕迹办公。在任何一台电脑上使用后，不留痕迹，个人隐私完全保密。

(3) 强大的兼容能力。能安装上千种软件，包括各种邮件收发工具、证券工具、即时通信工具、杀毒防卫工具、加密保护工具等。

(4) 移动办公。所有程序可随身携带，即插即用，支持 Windows Me，Windows 2000、Windows XP、Windows Vista、Linux 等操作系统。

(5) 适用于经常需要出差的人员，如财会人员、高层管理人员、移动办公人员、经常重装操作系统的人员等。

2. Hopedot V3 虚拟操作系统

Hopedot V3 是一款虚拟的操作系统，可以实现任何非 Windows 系统分区或移动存储设备上安装使用应用程序。推荐安装在移动硬盘中达到最佳使用效果。

(1) 当在移动存储设备上安装 V3 虚拟系统时，可将常用的软件装入 V3，实现即插即用。

(2) 官方网站下载中心列出了上千种 V3 兼容的软件程序，直接安装即可。

(3) 特有的开放式链接功能，可选择任一程序极其方便地在其上运行，如同 Windows 一样方便。

(4) 最新的右键加密功能使用户不再担心泄密重要文件(采用美国最新的 AES256 算法)。

(5) 可同时安装多款杀毒软件，最大限度地保证病毒不能入侵，也可用来制作杀毒盘。

Hopedot V3 安装方法较简单，下载安装程序后，插入个人希望安装 V3 的移动存储介质，安装程序会首选列出的移动存储设备的盘符(本地盘安装直接指定盘符即可)，然后指定所选盘符的根目录。

V3 是绿色虚拟系统，安装完成后不会在注册表和 Windows 系统目录下写入任何文件。为了方便应用，会提示在桌面建立快捷方式。

在本机硬盘安装 Hopedot V3 虚拟系统时，建议在运行该系统后，在"设置"→"安全"中关闭"容许 V3 创建 autorun.inf"，而从桌面快捷方式直接运行该系统。

14.2　光盘驱动器

光盘驱动器简称光驱，是读/写光盘片的设备，包括 CD 驱动器和 DVD 驱动器。

光盘存储的最大优点是存储的容量大，而且光盘的读/写一般是非接触性的，所以比一般的磁盘更耐用。

14.2.1　光盘驱动器的分类

1. 根据光盘驱动器的使用场合和存储容量分类

(1) 内置式光盘驱动器：尺寸大小为 5.25 英寸，直接使用标准的四线电源插头，使用方便。这是最常见的一种光盘驱动器。

(2) 外置式(外接式)光盘驱动器：SCSI 接口的一般需要一个 SCSI 接口卡，需要一条长电缆线；USB 接口和 IEEE 1394 接口常用的是 USB 接口的外置式光驱。

(3) CD 光盘驱动器和 DVD 光盘驱动器：DVD 的单面容量约为 CD 容量的 6 倍。

2. 根据光盘驱动器的接口分类

(1) E-IDE 接口：普通用户采用的都是这种接口的光盘驱动器。它通过信号线直接可以连到主板的 E-IDE2 接口上。目前的主板 E-IDE 接口有两个，可连接四台 IDE 外部设备。一条信号线连接两台设备时要注意主、从跳线。

(2) SCSI 接口：该光驱需要一块 SCSI 接口卡，该卡可以驱动多达 16 个包括光盘驱动器在内的不同的外设，且没有主次之分。

(3) USB 接口和 IEEE 1394 接口：主要用于外置式光驱。USB 有两个规范，即 USB 1.1 和 USB 2.0。USB 1.1 是普遍的 USB 规范，其高速方式的传输速率为 12 Mb/s，低速方式的传输速率为 1.5 Mb/s。USB 2.0 规范是由 USB 1.1 规范演变而来的，其传输速率达到了 480 Mb/s。IEEE 1394 接口的传输速率达到了 400 Mb/s。

3. 根据光盘驱动器的读/写方式分类

(1) 只读型：即通常所说的 CD-ROM 或 DVD-ROM，其光盘上存储的内容具有只读性。

(2) 单写型：即通常所说的光盘刻录机，所使用的光盘可以一次性地写入内容，写入后即与只读型光盘一样了。单写型光盘是利用聚集激光束，使记录材料发生变化实现信息记录的。信息一旦写入不能再更改。

(3) 可擦、可读、可写型：即光盘具有和软盘一样的多次擦写的功能，可反复使用。目前这类光盘分为相变型光盘和磁光型光盘两大类。

相变型：利用激光与介质薄膜作用时，激光的热和光效应使介质在晶态、非晶态之间的可逆相变来实现反复读、写。

磁光型：利用热磁效应使磁光介质微量磁化取向向上或向下来实现信号的记录和读出。

14.2.2 光盘驱动器的外观和传输模式

1. 光驱的外观

CD 光驱和 DVD 光驱的外观基本一样，如图 14-3 所示。

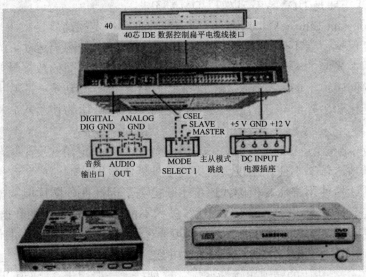

图 14-3 光盘驱动器的外观与背面

由于生产厂家及规格品牌的不同，不同类型驱动器各部分的位置可能会有差异，但常用按钮和功能基本相同。各部分的名称及作用如下：

(1) 光盘托盘(Disc Drawer)。用于放置光盘。

(2) 耳机插孔(Headphone Jack)。插入耳机，可以听光盘播放出来的音乐。

(3) 音量旋钮(Headphone Volume Control)。用于播放音乐时，调节耳机音量的大小。

(4) 工作指示灯(Busy Indicator)。该灯亮时，表示驱动器正在读取数据；不亮，表示驱动器没有读取数据。

(5) 紧急弹出孔(Emergency Eject Hole)。当停电时，插入曲别针，能够推出光盘托盘。

(6) 播放/向后搜索按钮(Play/Skip Button)。要播放音乐时，按此按钮开始播放第一首；如果要播放下一首，再按此按钮，直到播放所需的音乐。

(7) 打开/关闭/停止按钮(Open/Close/Stop Button)。此按钮可以打开或关闭光盘托盘。如果正在播放，按此钮将停止播放。

光盘驱动器的背面，有下列插口：

(1) 数字音频输出连接口(Digital Audio Output Connector)。可以连接到数字音频系统或声卡。

(2) 模拟音频输出连接口(Analog Audio Output Connector)。可以连接音频线，音频线的另一端连接到声卡或主板的音频插座上。

(3) 主盘/从盘/CSEL 盘模式跳线(Master/Slave/CSEL Jumper)。用来设置两台 E-IDE 设备的主从位置。

(4) 数据线插座(Interface Connector)。用于连接数据线，数据线的另一端连接 E-IDE2 接口。

(5) 电源插座(Power-in Connector)。用于连接四线电源线，提供光盘驱动器的电能。

2. 光驱的传输技术

光驱的速度与数据传输技术和数据传输模式有关。目前的传输技术有 CLV、CAV 和 PCAV。传输模式主要是 UDMA 模式(如 UDMA33)。

(1) CLV(Constant Linear Velocity)——恒定线速度。恒定线速度是指激光头在读取数据时，传输线速度保持恒定不变。光盘在光驱马达内旋转是一种圆周运动，光盘上数据轨道与半径有关，即在光驱的转速保持恒定时，由于光盘的内圈每圈的数据量要比外圈少，所以读取光盘最内圈轨道上的数据比外圈快得多。这样就很难做到统一的数据传输速率。而马达转速频繁变化和内外圈转速的巨大差异，都将会缩短马达的使用寿命和限制光盘数据传输速率的增加。

(2) CAV(Constant Angular Velocity)——恒定角速度。恒定角速度是指马达的自转速度始终保持恒定。马达转速不变，不仅大大提高了外圈的数据传输速率，改善了随机读取时间，也提高了马达的使用寿命。但因线速度不断提高，因此在外圈读取数据时激光头接收的信号微弱，甚至有时无法接收到信号。这种技术不能实现全程一致的数据传输速率。

(3) PCAV(Partial-CAV)——部分恒定角速度。它结合了 CLA 和 CAV 的优点，在内圈用 CAV 方式工作，在马达转速不太快的情况下，其线速度不断增加；当传输速度达到最大时，再以 CLV 方式工作，马达的转速再逐渐变慢。这种技术一般用于 24 倍速以上的光驱。

14.2.3 光盘驱动器的基本工作原理

1. 只读光驱的基本工作原理

一般的光盘盘片直径为 120 mm，这些数据被记录在高低不同的凹凸槽上。盘片中心有一个 15 mm 的孔，向外有 13.5 mm 的环是不保存任何东西的，再向外的 38 mm 区才是真正存放数据的地方，盘的最外侧还有一圈 1 mm 的无数据区。

在光盘的生产中，压盘机通过激光在空的光盘上以环绕方式刻出无数条数据道，数据道上有高低不同的"凹"进和"凸"起，每条数据道的宽度为 1.6 μm。

光盘驱动器采用特殊的发光二极管产生激光束，然后通过分光器来控制激光光线，用计算机控制的电机来移动和定位激光头到正确的位置读取数据。在实际盘片读取中，将带有"凹"和"凸"的那一面向下对着激光头，激光透过表面透明的基片照射到"凹"、"凸"面上，然后聚焦在反射层的"凹"进和"凸"起上。其中，光强度由高到低或由低到高的变化被表示为"1"，"凸"面或"凹"面持续一段时间的连续光强度表示为"0"。这样，反射回来的光线则被感光器采集并进一步解释成各种不同的数据信息，生成相应的数字信号。数字信号产生之后首先经过数/模转换电路转换成模拟信号，然后再通过放大器放大，最终将它们解释成为我们所需要的数据。光盘的简要工作原理如图 14-4 所示。

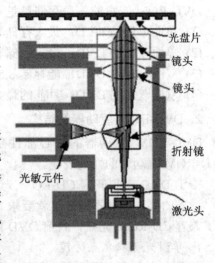

图 14-4 光盘的简要工作原理

2. 一次刻多次读光驱的基本工作原理

一次刻多次读光驱就是在空白的盘片上烧制出"小坑"，这些"小坑"也就是记录数据的反射点。

当光盘片被记录时，光驱发出高功率的激光照射到盘片的一个特定部位上，其中有机染料层就会被融化并发生化学变化，烧制出"小坑"记录数据。

3. 多次刻多次读光驱的基本工作原理

多次刻多次读光驱即能擦写的光驱，采用先进的相变(Phase Change)技术。刻录数据时，高功率的激光束反射到盘片的特殊介质，产生结晶和非结晶两种状态，制作出能够提供读取的反射点。通过激光束的照射，介质层可以在这两种状态中相互转换，达到多次重复写入的目的。

14.2.4 DVD-ROM 驱动器

DVD(Digital Video Disk)即数字视频光盘或数字影盘，如图 14-5 所示，它利用 MPEG-2 的压缩技术来存储影像。DVD 驱动器能够兼容 CD-ROM 盘片。

DVD 光盘不仅已在音/视频领域得到了广泛应用，而且将会带动出版、广播、通信、WWW 等行业的发展。

图 14-5　DVD 驱动器

1. DVD-ROM 光盘的存储容量

DVD-ROM 光盘的信息存储量是 CD-ROM 光盘的 25 倍或更多，主要有如下几类。

(1) 单面单层的 DVD：最大存储容量为 4.7 GB。

(2) 单面双层的 DVD：最大存储容量为 9.4 GB。

(3) 双面单层的 DVD：能存储 8.5 GB 的信息。

(4) 双面双层的 DVD：目前的最大存储量为 17.8 GB。

2. DVD-ROM 驱动器的结构

DVD-ROM 驱动器的核心部件是 DVD 激光头组件，它在很大程度上决定着一台 DVD-ROM 驱动器的性能表现。

由于 DVD 必须兼容 CD-ROM 光盘，而不同的光盘所刻录的坑点和密度均不相同，因此对激光的要求也就不同，这就要求 DVD 激光头在读取不同盘片时要采用不同的光功率。为了兼容 CD-ROM 光盘，目前 DVD 的激光头读取方式可以分为以下几种：

1) 单激光头双焦点透镜

单激光头双焦点透镜方式是松下公司采用的一种方式，它采用特别的全息技术，在透镜上做环状切割。通过透镜中间部分的激光束形成 CD 的聚焦点，在透镜边缘部分的激光束形成 DVD 的聚焦点。

2) 单激光头双透镜

单激光头双透镜采用同一个镜头、同一组激光接收/发射器，利用液晶快门的技术分别产生 650 nm、780 nm 波长的激光信号，来达到控制焦距的目的，分别读取 DVD 和 CD。Pioneer(先锋)公司的产品大多采用这种方式。

3) 双激光头单透镜

双激光头单透镜是东芝公司最早应用的方式。它采用两个激光头，透镜则利用棱镜实现公用，通过转换不同的透镜来分别读取 DVD 和 CD。

4) 独立双激光头

SONY 公司采用独立双激光头的方式来分别读取不同的光盘(如图 14-6 所示)，将两个波长不同、焦距不同的激光头和透镜连为一体，来分别读取 DVD 和 CD。

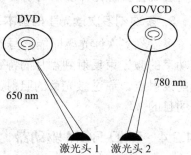

图 14-6　独立双激光头结构

3. DVD-ROM 驱动器的基本工作原理

DVD-ROM 驱动器的主要部件是激光头，是从 DVD 光盘拾取信息的执行部件。激光头工作时，首先将激光二极管发出的激光经过光学系统分成束光射向盘片，然后从盘片上反射回来的光束再照射到光电接收器上，变成电信号。

激光头在读取信号的过程中，就是让激光在盘上扫过时与信号相遇。DVD 盘上有肉眼看不见的、排得密密麻麻称做坑点的小"凹"点，这些小"凹"点就是数据信息的所在，它们排列成一圈一圈的同心圆。因为光盘的读取效率是与激光的波长二次方成反比的，激光的波长越短读取效率就越高，所以，激光头发出的激光光波波长被聚焦得很短(只有 0.65 μm 左右)。DVD 机必须兼容 CD 和 VCD 光盘。不同的光盘因为结构不同，对激光的要求也就不同，这就要求 DVD 激光头在读取不同盘片时要采用不同的光功率和光波长。目前，DVD 机普遍采用的是红色半导体激光器。但是，蓝色半导体激光的波长更短，所以，蓝色半导体激光器将成为 DVD 激光源的发展方向。

14.2.5　DVD 刻录机

常见的 DVD 刻录机(如图 14-7 所示)规格有 DVD-RAM、DVD+R/RW、DVD-R/RW 和 DVD-Dual 等。DVD-RAM 是一种由先锋、日立以及东芝公司联合推出的可写 DVD 标准，它使用类似于 CD-RW 的技术。由于在介质反射率和数据格式上的差异，目前多数标准的 DVD-ROM 光驱还不能读取 DVD-RAM 光盘。

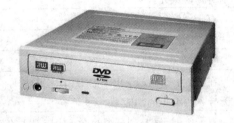

图 14-7　DVD 刻录机外观

1. DVD-R 规范

DVD-R 是一种类似于 CD-R 的一次性写入介质，对于记录需存档的数据是相当理想的介质。DVD-R 光盘可以在标准的 DVD-ROM 驱动器上播放，其单面容量为 3.95 GB，约为 CD-R 光盘容量的 6 倍，双面盘的容量还要加倍；这种盘使用一层有机燃料刻录，因此降低了材料成本。

2. DVD-RW 规范

DVD-RW 是由先锋公司于 1998 年提出的，并得到了 DVD 论坛的大力支持，其成员包括苹果、日立、NEC、三星和松下等厂商，并于 2000 年中完成 1.1 版本的正式标准。DVD-RW 刻录原理和普通 CD-RW 刻录类似，也采用相位变化的读写技术，是恒定线速度 CLV 的刻录方式。

DVD-RW 的优点是兼容性好，而且能够以 DVD 视频格式来保存数据，因此可以在影碟机上进行播放。但一个很大的缺点是格式化需要花费一个半小时的时间。另外，DVD-RW 提供了两种记录模式：一种是视频录制模式；另一种是 DVD 视频模式。前一种模式功能较丰富，但与 DVD 影碟机不兼容。用户需要在这两种格式中选择其一，使用不甚方便。

3. DVD+RW 规范

DVD+RW 是目前最易用、与现有格式兼容性最好的 DVD 刻录标准，且价格也较低。DVD+RW 标准由 RICOH(理光)、PHLIPS(飞利浦)、SONY(索尼)、YAMAHA(雅马哈)等公司联合开发，这些公司成立了一个 DVD+RW 联盟(DVD+RW Alliance)的工业组织。DVD+RW 采用与现有的 DVD 播放器、DVD 驱动器全部兼容，也就是在计算机和娱乐应用领域的实时视频刻录和随机数据存储方面完全兼容的可重写格式。DVD+RW 不仅可以作为个人电脑(PC)的数据存储，还可以直接以 DVD 视频的格式刻录视频信息。随着 DVD+RW 的发展和普及，DVD+RW 已经成为将 DVD 视频和 PC 上 DVD 刻录机紧密结合在一起的可重写式 DVD 标准。

　　DVD+RW 具有 DVD-RAM 光驱的易用性，而且提高了 DVD-RW 光驱的兼容性。虽然 DVD+RW 的格式化时间需要一个小时左右，但是由于可以在后台进行格式化，因此一分钟以后就可以开始刻录数据，是实用速度最快的 DVD 刻录机。同时，DVD+R/RW 标准也是目前唯一获得微软公司支持的 DVD 刻录标准。DVD-RW 与 DVD+RW 的比较如表 14-1 所示。

表 14-1　　DVD-RW 与 DVD+RW 的比较

特　　性	DVD + RW	DVD-RW
有无防刻死技术	有	无
有无纠错管理功能	有	无
CLV(恒定线速度)	有	有
CAV(恒定角速度)	有	无
在 PC 上对已刻录出来的 DVD 视频盘片有无导入再编辑的功能	有	无
有无类似于 CD 刻录中的格式化拖拽式的刻录方式	有	无
光盘刻录封口时间	较短	较长

4. DVD-Multi 规范

　　DVD-Multi 在媒体格式上支持 DVD-Video、DVD-ROM、DVD-Audio、DVD-R/RW、DVD-VR，CD-R/CD-RW 等。严格地说，DVD-Multi 并不是一项技术，而是 "DVD 论坛" 的影音与刻录规范进行结合后的设计规范。由于 DVD-RAM 与 DVD-R/RW 是两种互补性非常强的标准，所以将它们结合在一起，显得非常有生命力。

5. DVD-Dual 规范

　　DVD-Dual 又称 DVD-Dual RW 标准，由 SONY 公司设计并率先推行，包括 SONY、NEC 等在内的厂商针对 DVD-R/RW 与 DVD+R/RW 不兼容的问题，提出了 DVD Dual 这项新规格，也就是 DVD±R/RW 的设计。DVD-Dual 并没有 DVD-Multi 那样统一的规范，可以让厂商们自由发挥。DVD±RW 刻录机可以同时兼容 DVD-RW 和 DVD+ RW 两种规格。

6. DVD 刻录机的性能指标

1) DVD-ROM 读取速度

最大读取速度是指光存储产品在读取 DVD-ROM 光盘时，所能达到的最大光驱倍速。该速度是以 DVD-ROM 倍速来定义的，DVD 的单倍速是指 1358 KB/s(CD 的单倍速是 150 KB/s)，大约为 CD 的 9 倍。DVD 刻录机所能达到的最大 DVD 读取速度是 16 倍速。

2) DVD 平均读取时间

DVD 平均读取时间是指光存储产品的激光头移动并定位到指定将要读取的数据区后，开始读取数据到将数据传输至缓存器所需的时间，单位是毫秒。目前大部分的 DVD 光驱的

CD-ROM 平均读取时间大致为 75～95 ms,而 DVD-ROM 的平均读取时间则大致为 90～110 ms。

3) 可支持的盘片标准

可支持的盘片标准是指该 DVD 刻录机所能读取或刻录的盘片规格。DVD 刻录机能支持较多标准的盘片,不但能读出 CD 类和 DVD 类光盘,而且还能刻录相应的光盘。

4) 高速缓存存储器容量

光存储驱动器都带有内部缓冲器或高速缓存存储器。刻录机一般有 2 MB、4 MB、8 MBr 的缓存容量。COMBO 产品一般有 2 MB、4 MB、8 MB 的缓存容量。受制造成本的限制,缓存不可能制作得足够大,但适量的缓存容量还是选择光存储产品需要考虑的关键因素之一。

7. 刻录机的使用

下面以 Nero Burning ROM(以下简称 Nero)为例,介绍 DVD 刻录机的使用方法。

1) 普通数据盘的刻录

(1) 启动 Nero,在"新编辑"对话框中选择光盘类型为"DVD",然后双击"DVD-ROM(ISO)"选项。

(2) 点击"ISO"选项卡,如图 14-8 所示,可在"文件名长度"选项中设置刻录方式可支持的文件、文件夹命名方式。如果需要刻录中文文件名的文件,建议选择"放宽限制"选项。"放宽限制"选项组中可设置刻录所允许的文件夹和文件命名方式,建议全部选中,这样可保证刻录的文件路径最大限度保持不变。

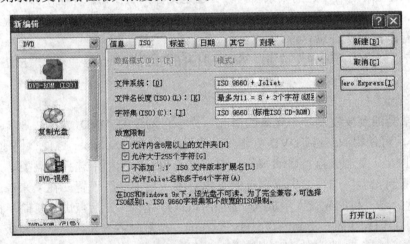

图 14-8 刻录机的设置

(3) 点击"标签"选项卡,可在这里设置刻录光盘的卷标描述信息。

(4) 点击"日期"选项卡,可在这里设置刻录文件的原始创建日期、光盘的创建日期等相关信息。

(5) 点击"其它"选项卡,这里有两个选项,一般使用程序的默认设置"硬盘或网络缓存文件"选项。

(6) 点击"刻录"选项卡,可在这里设置刻录方式。在"操作"选项组中可设置刻录方式,有"确定最大速度"、"模拟"、"写入"、"结束光盘"等选项。此外还有"写入方式"、"刻录份数"等选项,可以根据自己的需要选择。

(7) 完成设置后,在刻录机中放入一张空白的刻录盘,然后点击"新建"按钮,进入程序的主界面，如图 14-9 所示。

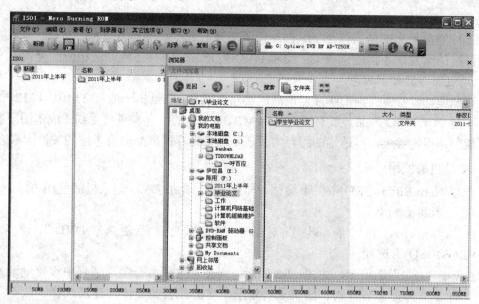

图 14-9　程序的主界面

(8) 主界面左边是所创建的刻录窗口，右边是文件列表窗口。现在在界面右边选择需要刻录的文件，然后用鼠标拖曳到左边的界面刻录窗口中，以添加刻录对象。程序会在界面下边给出所有添加的文件总容量。

(9) 点击"刻录当前编译"按钮，然后在打开的对话框中点击"刻录"按钮，即开始光盘的刻录。

2) 复制光盘

我们经常会遇到要复制多个光盘的情况，为了将刻录的 DVD 光盘快速复制到另外的 DVD 光盘中，可使用 Nero 或 DVD 复制光盘工具(比如 DVD-Cloner)方便、快速地完成。

(1) 使用 Nero 复制光盘。启动 Nero，在"新编辑"对话框中选择光盘类型为"DVD"，然后双击"复制光盘"选项，根据自己的需求对刻录选项进行设置。在"来源光驱"中放入 DVD 光盘，在"目的光盘"中放入一张新的 DVD 光盘，之后点击"复制"按钮。

(2) 使用 DVD-Cloner 复制光盘。DVD-Cloner 是复制多个光盘的一个超级实用工具。DVD-Cloner 复制 DVD 光盘的方法很简单，运行 DVD-Cloner，将 DVD 光盘放入 DVD 光驱中，在源光驱中选择该光驱。然后将一张 DVD 盘片放入 DVD 刻录机中，并选择相应的盘符，点击"Start"按钮即可。

3) 刻录 DVD 视频光盘

随着 DVD 播放机的普及，可将 DVD 视频刻录到光盘中，在任一有 DVD 播放机的地方与其他人共享。但因 DVD 视频文件结构的不同，其操作有别于普通 DVD 数据盘的刻录。

下面以 Nero Vision Express(以下简称 Nero Vision)进行视频编辑，使用 Nero 刻录为例，介绍制作过程。

(1) 了解 DVD 视频文件的结构。实际上，能在 DVD 播放机上识别的盘片都采用的是 Micro-UDF 格式。Micro-UDF 格式是 UDF 文件系统的一个子集，由于 Micro-UDF 格式并没有指定一个头信息排序，所以如果要让DVD播放机可以识别，就必须通过固定的文件存放规范或格式。例如，所有的DVD视频内容都存放在Video-TS目录中，一个标准的Video-TS目录中包含有三种类型的文件。

● VOB文件。VOB(Video Objects，视频目标文件)文件主要用来保存DVD影片中的视频数据流、音频数据流、多语言字幕数据流以及供菜单和按钮使用的画面数据。

● IFO文件。IFO(InFOrmation，信息文件)文件主要用来控制VOB文件的播放。

● BUP文件。BUP(BackUP，备份文件)文件和IFO文件的内容完全相同，是IFO文件的备份。

(2) 制作DVD视频文件。因为DVD视频数据流为MPEG-2格式，所以在进行DVD视频制作以前必须将这些视频文件转换成MPEG-2格式。

① 启动Nero Vision，在主窗口右侧依次点击"制作光盘"→"视频光盘"选项，然后点击"下一个"按钮。

② 在"目录"窗口中点击"添加视频文件"选项，在打开的对话框中选择需要添加的视频文件(可同时添加多个)。添加后视频文件的第一帧图像及视频属性将显示在左边的项目内容框中，如图14-10所示。右键点击添加的文件，在出现的菜单中可进行"编辑"、"删除"、"重命名"等操作。

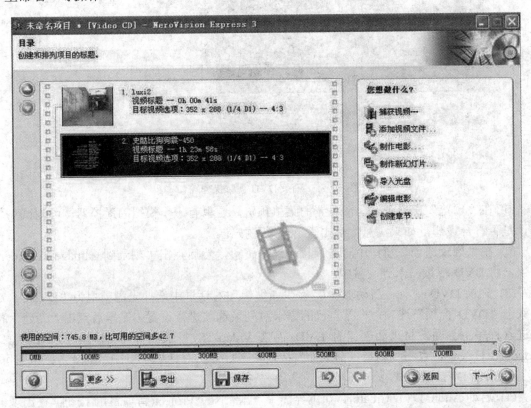

图14-10 刻录DVD视频主窗口

添加的视频文件可以是MPEG-2文件，也可以是.avi、.asf、.wmv文件。还可以点击"编辑电影"选项，对电影进行简单编辑。

③ 针对项目中的单个文件，点击"创建章节"选项，在出现的对话框中对文件进行添加、修改和自动检测标题的章节，即将文件分为多段，每段为一个章节，制作每章的菜单，DVD 播放时分章播放。拖动播放条到需要分段的位置，点击"添加章节"按钮即可将分段位置后的视频单独列为一章。另外，也可点击"自动检测章节"按钮，让程序自动检测。操作完毕，点击"下一个"按钮。

④ 在"选择菜单"窗口中点击"编辑菜单"按钮，在出现的对话框中设置视频的播放菜单、背景、按钮和文字等属性。操作完毕，点击"下一个"按钮，如图 14-11 所示。

图 14-11　刻录 DVD 视频操作窗口

⑤ 在"预览"窗口中对上面设置的菜单预览。这里有一个模拟的遥控器，可测试菜单设计是否符合设想，如果满意，点击"下一个"按钮。

⑥ 在"刻录选项"窗口中查看项目的详细资料，然后点击"刻录到→Image Recorder"选项，将 DVD 视频写入到硬盘中。

(3) 刻录 DVD 视频。启动 Nero，在"新编辑"对话框中选择光盘类型为"DVD"，然后双击"DVD-视频"选项，根据自己的需求对刻录选项进行设置。完毕后点击"新建"按钮进入程序主界面，将上面创建的 DVD 视频 Video-TS 目录中所有文件拖曳到刻录窗口 Video-TS 目录中。点击"刻录当前编译"按钮，在打开的对话框中点击"刻录"按钮即可。

4) 刻录 DVD 音频光盘

(1) 启动 Audio DVD Creator，在主界面中点击"New Project(新项目)"按钮，在出现的对话框中点击"Audio DVD"按钮，新建一个项目。

(2) 在打开的设置界面中的"Project Name(项目名称)"框中输入项目名称，如"我的 DVD-Audio"。在"Audio Format(音频格式)"选项组中选择音频格式，这里选择"PCM"或

"AC3"选项。在"TV Mode(电视模式)"选项组中选择 TV 模式,这里选择"NISC"或"PAL"选项。在"Theme(主题风格)"选项中选择封套背景图片。然后点击"Next"按钮,如图 14-12 所示。

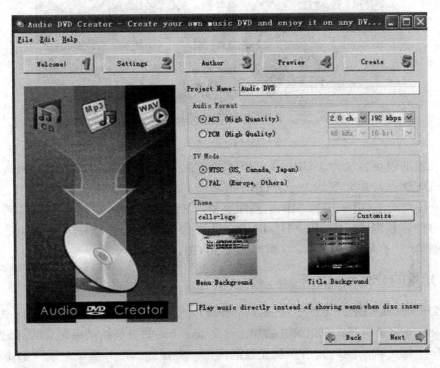

图 14-12 刻录 DVD 音频设置窗口

(3) 在打开的设置界面中点击"Add Audio CD(添加音频 CD)"按钮,在出现的对话框中添加 CD 光盘中的文件。点击"Add Music Files(添加音乐文件)"按钮,在出现的对话框中选择添加 mp3、wav 文件。添加完毕后,点击"Next"按钮。

(4) 在打开的设置界面中选择"Bum Audio DVD directly(立即刻录 DVD 音频)"选项,在"DVD Writer"列表中选择 DVD 刻录机,然后点击"Go!"按钮即开始刻录。

8. DVD 刻录机的选购

对于经常要进行数据备份的用户来说,其刻录碟片的次数会非常多,这就对 DVD 刻录机的使用寿命提出了不同要求。当前市场上不同品牌 DVD 刻录机的质保时间也有着差别,一般小品牌的质保时间较短,而大厂提供的服务相对来说更好。因此可根据 DVD 刻录机的质保时间,参考自己的使用频率进行选择。

14.3 光   盘

高密度光盘(如图 14-13 所示)是近代发展起来的不同于磁性载体的光学存储体,以聚焦的氢离子激光束处理记录介质的方法来存储和再生信息,又称为激光光盘。

图 14-13　光盘

现在一般的硬盘容量为 3 GB～3 TB，软盘已经基本被淘汰，CD 光盘的最大容量约为 700 MB；DVD 盘片单面容量为 4.7 GB，最多能刻录约 4.59 GB 的数据(DVD 的 1 GB = 1000 MB，硬盘的 1 GB = 1024 MB)，双面容量为 8.5 GB，最多能刻约 8.3 GB 的数据；蓝光(BD)光盘的容量则比较大，其中 HD DVD 光盘单面单层容量为 15 GB、双层容量为 30 GB；BD 光盘单面单层容量为 25 GB、双面容量为 50 GB。

14.3.1　光盘的分类

(1) CD(Compact-Disc)：CD 是由 liad-in(资料开始记录的位置)，而后是 Table-of-Contents 区域，由内及外记录资料；在记录之后加上一个 lead-out 的资料轨结束记录的标记。在盘基上浇铸了一个螺旋状的物理光道，从光盘的内部一直螺旋到最外圈，光道内部排列着一个个蚀刻的"凹陷"，由这些"凹坑"和"平地"构成了存储的数据信息。

(2) CD-DA(CD-Digital Audio)：用来存储数位音效的光碟片。1982 年，SONY、PHILIPS 公司共同制定红皮书标准，以音轨的方式来存储声音资料。CD-ROM 都兼容此规格的音乐片。

(3) CD-ROM(Compact-Disc-Read-Only-Memory)：只读光盘。1986 年，SONY、PHILIPS 公司一起制定的黄皮书标准，定义档案资料格式。定义了用于电脑数据存储的 MODE1 和用于压缩视频图像存储的 MODE2 两种类型，使 CD 成为通用的存储介质，并加上帧错码及更正码等位元，以确保电脑资料能够完整无误地读取。

(4) CD-PLUS：1994 年，Microsoft 公司公布了新的增强的 CD 标准，又称为 CD-Elure。它是将 CD-Audio 音效放在 CD 的第一轨，而后放资料档案。如此一来，CD 只会读到前面的音轨，不会读到资料轨，达到电脑与音响两用的好处。

(5) CD-ROM XA(CD-ROM-eXtended-Architecture)：这是 1989 年 SONY、PHILIPS、MICROSOFT 等公司对 CD-ROM 标准扩充形成的白皮书标准，又分为 FORM1、FORM2 两种和一种增强型 CD 标准(CD+)。

(6) VCD(Video-CD)：即激光视盘，是指全动态、全屏播放的激光影视光盘。由 SONY、PHILIPS、JVC 等公司共同制定，属白皮书标准。

(7) CD-I(Compact-Disc-Interactive)：是互动式光盘系统，于 1992 年实现全动态视频图像播放。是 PHILIPS、SONY 公司共同制定的绿皮书标准。

(8) Photo-CD：是 KODAK 公司于 1989 年推出的相片光盘的橘皮书标准，可存 100 张具有五种格式的高分辨率照片，加上相应的解说词和背景音乐或插曲，可成为有声电子图片集。

(9) CD-R(Compact-Disc-Recordable)：是 PHILIPS 公司于 1990 年发表的多段式一次性写入光盘数据格式，属橘皮书标准。在光盘上加一层可一次性记录的染色层，可以进行刻录。

(10) CD-RW：在光盘上加一层可改写的染色层，通过激光可在光盘上反复多次写入数据。

(11) SDCD(Super-Density-CD)：是由东芝(Toshiba)、日立(Hitachi)、先锋、松下(Panasonic)、JVC、汤姆森(Thomson)、三菱、Timewamer 等公司制定的一种超密度光盘规范。双面提供 5 GB 的储存量，数据压缩比不高。

(12) MMCD(Multi-Mdeia-CD)：是由 SONY、PHILIPS 等公司制定的多媒体光盘，单面提供 3.7 GB 的数据存储量，数据压缩比较高。

(13) HD-CD(High-Density-CD)：即高密度光盘，容量大，单面容量为 4.7 GB，双面容量高达 9.4 GB，有的达到 17 GB。HD-CD 光盘采用 MPEG-2 标准。

(14) MPEG-2：是 ISO/IEC 组织于 1994 年制定的运动图像及其声音编码标准，主要是针对广播级的图像和立体声信号的压缩和解压缩。

(15) DVD(Digital-Versatile-Disk)：数字多用光盘，以 MPEG-2 为标准，拥有 4.7 GB 的容量，可存储 133 分钟的高分辨率全动态影视节目，包括杜比数字环绕声音轨道，图像和声音质量是 VCD 所不及的。

(16) DVD+RW：可反复写入的 DVD 光盘，又叫 DVD-E。它是由 HP、SONY、PHILIPS 公司共同发布的一个标准，容量为 3.0 GB，采用 CAV 技术来获得较高的数据传输率。

(17) PD(PowerDisk2)光驱：松下公司将可写光驱和 CD-ROM 合二为一，有 LF-1000(外置式)和 LF-1004(内置式)两种类型。其容量为 650 MB，数据传输率达到 5.0 MB/s，采用微型激光头和精密机电伺服系统。

(18) DVD-RAM：DVD 论坛协会确立和公布的一项商务可读写 DVD 标准。其容量大而价格低、速度快且兼容性高。

14.3.2 光盘的结构

光盘的结构同制造过程密切相关。众所周知，光盘只是一个统称，它分成两类，一类是只读型光盘，包括 CD-Audio、CD-Video、CD-ROM、DVD-Audio、DVD-Video、DVD-ROM 等；另一类是可记录型光盘，包括 CD-R、CD-RW、DVD-R、DVD+R、DVD+RW、DVD-RAM、Double layer DVD+R 等类型。

根据光盘的结构，光盘主要分为 CD、DVD、蓝光光盘等几种，它们在结构上有所区别，但主要结构原理是一致的。只读的 CD 光盘和可记录的 CD 光盘在结构上没有区别，主要区别在于材料的应用和某些制造工序的不同，DVD 光盘也是同样的道理。下面以 CD 光盘为例进行讲解。

常见的 CD 光盘非常薄，只有 1.2 mm 的厚度。它主要分为五层，包括基板、记录层、反射层、保护层和印刷层。CD、DVD 光盘的主要结构是一致的，只是厚度和用料有所不同。

实际应用中，读取和烧录 CD、DVD、蓝光光盘的激光是不同的。CD 的容量只有 700 MB 左右，DVD 可以达到 4.7 GB，而蓝光光盘则可以达到 25 GB。它们之间的容量差别同其相关的激光光束的波长密切相关。

一般而言，光盘片的记录密度受限于读出的光点大小，即光学的绕射极限(Diffraction Limit)，其中包括激光波长 λ、物镜的数值孔径 NA。所以传统光盘技术要提高记录密度，一般可使用短波长激光或提高物镜的数值孔径来使光点缩小，例如 CD(780 nm，NA：0.45) 提升至 DVD(650 nm，NA：0.6)，再到 Blu-ray Disc 盘片(405 nm，NA：0.85)。

现已出现了单面双层的 DVD 盘片。单面双层盘片(DVD+R Double Layer)是利用激光 (Laser beam)聚焦的位置不同，在同一面上制作两层记录层，单面双层盘片在第一层及第二层的激光功率(Writing Power)相同(激光功率<30 mW)，反射率(Reflectivity)也相同(反射率为 18%～30%)，刻录时可从第一层连续刻录到第二层，实现资料刻录不间断。

14.4　实　　训

一、实训目的

1. 了解外置硬盘的类型；
2. 掌握某种 DVD 刻录机的使用方法。

二、实训条件

不同类型的 DVD 刻录机若干台，外置硬盘若干台。

三、实训过程

1. 在外置硬盘上安装虚拟操作系统。
2. 用 DVD 刻录机刻录 CD-R 和 DVD-R 光盘。
3. 用 DVD 刻录机刻录音乐光盘和视频光盘。

思考与练习十四

一、填空题

1. 移动硬盘大多采用 USB、(　　　)、(　　)接口，能提供较高的数据传输速度。

2. 移动存储设备按照存储容量划分，可以分为小容量存储设备、(　　)存储设备和(　　)存储设备。

3. USB 接口有 USB 1.1、(　　)和 USB 3.0 等版本，USB 3.0 的传输速率理论上最高为 (　　)。

4. 光驱的速度与数据传输技术和数据传输模式有关。目前的传输技术有 CLV、(　　)、(　　)。

5. DVD-ROM 光盘单面单层的最大存储容量为(　　)GB，单面双层的最大存储容量为 (　　)GB。

6. 根据光盘的结构，光盘主要分为 CD、(　　)、(　　)等几种类型，它们在结构上有所区别，但主要结构原理是一致的。

二、选择题

1. USB 2.0 接口的传输速率是(　　)，IEEE 1394 接口的传输速率是 50～100 MB/s，而 eSATA 达到 1.5～3 Gb/s。

　　A. 20 MB/s　　　　　B. 60 Mb/s　　　　　C. 40 MB/s　　　　D. 60 MB/s

2. 移动存储设备按尺寸分为(　　)英寸、2.5 英寸和 3.5 英寸三种。

　　A. 1.5　　　　　　B. 1.8　　　　　　C. 1　　　　　　D. 2

3. 目前，DVD-ROM 光盘双面双层的最大存储量为(　　)。

　　A. 11 GB　　　　　B. 15 GB　　　　　C. 17.8 GB　　　　D. 23.8 GB

4. 最大读取速度是指光存储产品在读取 DVD-ROM 光盘时，所能达到的最大光驱倍速。该速度是以 DVD-ROM 倍速来定义的，DVD 的单倍速是指(　　)。

　　A. 1100 KB/s 1.5　　B. 1358 Kb/s　　　C. 1300 KB/s　　　D. 1358 KB/s

5. 蓝光(BD)光盘的容量比较大，其中 HD DVD 光盘单面单层的容量为 15 GB、双层的容量为 30 GB；BD 光盘单面单层的容量为 25 GB、双面的容量为(　　)。

　　A. 50 GB　　　　　B. 40 GB　　　　　C. 35 GB　　　　D. 20 GB

三、简答题

1. 虚拟操作系统有哪些特点？

2. PCAV 部分恒定角速度是如何工作的？

3. 请叙述多次刻多次读光驱的基本工作原理。

4. DVD+RW 光驱有什么优点？

5. 可记录型光盘主要有哪些？

第 15 章

办公的其他设备

15.1　考　勤　机

15.1.1　考勤机的类型

　　考勤机分两大类：第一类是简单打印类，打卡时，原始记录数据通过考勤机直接打印在卡片上，卡片上的记录时间即原始的考勤信息，初次使用者无需任何培训即可使用；第二类是存储类，打卡时，原始记录数据直接存储在考勤机内，然后通过计算机采集汇总，再通过软件处理，最后形成所需的考勤信息，或查询或打印，其考勤信息灵活丰富，对初次使用者需做一些培训才能逐渐掌握其全部使用功能。

　　自 20 世纪 70 年代开始，考勤机经历了五代。第一代是插卡式考勤机。第二代是条形码考勤机。第三代是磁卡型考勤机，在当时最为普遍。第四代是生物身份识别考勤机，利用人的生物特征来识别的。这种考勤机只需人的一个手指、手掌、人脸放在或面向读头就可以识别，非常方便，而且可以防止代打卡现象，强化了管理制度。第五代是摄像考勤机、拍照考勤机，有效解决了生物识别对环境和使用人群的限制。智能卡管理和人工管理相结合，可有效适应机关、工厂、企业等环境。

　　打印类考勤机分为电子类打卡机和机械类打卡机。存储类考勤机分为磁卡/条码类、接触/非接触 IC 卡类、生物指纹/虹膜类电脑考勤机。部分考勤机的主要性能参数如表 15-1 所示。

表 15-1　部分考勤机的主要性能参数

名称	科密 331A-U	中控 H10	高优 CU-F360	高优 CU-K08	中控 M300
考勤门禁类型	指纹考勤机	指纹考勤机	指纹考勤机	感应卡考勤机(控制器)	感应卡考勤机 (ID)
认证方式	指纹, 密码	指纹	指纹, 密码	感应卡, 密码	刷卡
指纹采集	接受角度：±45°；拒真率：≤0.01%；认假率：≤0.0001%；反应时间：≤1 s；	考勤速度：≤2 s；误判率：≤0.0001%；拒登率：≤1%	验证速度：<1.5 s；拒真率：<1%；误判率：<0.00001%		
时钟功能	有	有	有	无	有

续表

名称	科密 331A-U	中控 H10	高优 CU-F360	高优 CU-K08	中控 M300
存储量	指纹存储量：1000 枚； 管理记录量：1000 条； 记录容量：30000 条	指纹容量：1500/ 2200/ 2800； 记录容量：50000/80000/120000	可存 2000 枚指纹，54000 条通行记录	500 张用户卡，500 组密码	登记容量：10000/30000/50000 记录条数：30000/50000/80000
其他特性	中文姓名显示，中文语音提示	识别速度达至 0.8 s，采用高可靠的工业级元器件和国际上认可最为可靠的光学采集器，超温性原理设计，光学采集器"增强膜"，图像质量高，接受干、湿手指，支持手指 360 度识别，网络初始化校正图像畸变，保证指纹识别的一致性及指纹模板的移植性	带中英文菜单及语音	具备常开、常闭以及提醒关门等强大功能；读卡距离为 5～15 cm	四行显示背光液晶屏。数据保存大于 3000 小时； 支持语言：简体中文，繁体中文，英文； 一次考勤通过时间：<0.2 s； 登记及比对方式：ID 卡(EM 兼容卡)序列号； 内置 WEB LINUX SERVER 浏览器，具有 U 盘下载考勤记录功能
接口	USB 接口，U 盘下载接口	UBS-Client	RS-485	RS-232，RS-485	RS-232，RS-485，TCP/IP
电源电压	DC 12 V		12 V±10%	12 V(±10%)	DC 5 V

1. 接触/非接触 IC 卡类考勤机

普通接触 IC 卡的主要优点是 IC 卡内可反复存储信息，适合考勤打卡、电子钥匙、扣款消费等一卡多用。接触卡考勤机的缺点是卡和卡头触点易磨损，插卡头不适合户外安装和使用。非接触 IC 卡考勤机价格低，加之非接触、全密封、不易磨损、响应快、打卡头可在户外安装和使用，已成为深受市场欢迎的主流系列考勤机。非接触卡考勤机的缺点是若遇到金属物安装环境，需安装配套的电磁屏蔽垫，增加了额外的安装成本。

2. 生物特征识别类考勤机

生物特征识别类考勤机包括指纹识别考勤机、虹膜识别考勤机、人脸识别考勤机等。

指纹识别考勤机主要优点是无需携带卡，能杜绝代打卡现象，没有卡片损耗；缺点是超过几百人使用时，处理时间较长，周围有静电干扰或手指汗液盐分、其他脏物、磨损、角度不对、压力不当时，采集头很难读取指纹，轻者识别效率低，重者识别失败。虹膜考勤机则受到硬件小型化和价格的限制，其主要用途仍限于重要区域的门禁管制、银行金库、保险箱等特殊领域。

目前最流行的是人脸识别考勤机。智能化的人脸识别考勤机，已在国内高档写字楼内随处可见，再次引发了考勤时代的变革。由于其唯一性的特点，以及价格上又比虹膜识别系统低廉得多，所以备受企业的青睐。

　　人脸识别考勤机的工作原理是：基于人的脸部特征信息进行身份识别的一种生物识别技术。首先用摄像机或摄像头采集含有人脸的图像或视频流，并自动在图像中检测和跟踪人脸，进而对检测到的人脸实施脸部的一系列相关技术，包括人脸图像采集、人脸定位、人脸识别预处理、记忆存储和比对辨识，达到识别不同人身份的目的。人脸识别考勤系统就是将人脸识别技术和考勤系统相结合，通过人脸识别来进行考勤管理。

15.1.2　指纹考勤机

　　指纹考勤机(如图 15-1 所示)基于指纹识别技术，将员工的指纹注册到指纹考勤机中，一人可以注册多枚指纹。当员工按指纹时，指纹考勤机在所注册的指纹库中寻找相似度达到一定标准的指纹号码。指纹考勤机相对于感应卡考勤机的最大优点就是可以避免代打卡现象，且不用购买卡片。

图 15-1　指纹考勤机

　　经过多年的发展，指纹识别技术已经比较稳定，使用面越来越广，目前市场上主要品牌有新时创、科密、中控等。

　　指纹考勤机的缺点是：少部分人的指纹识别效果不佳，经常打不上指纹，所以一般考勤机为此增加了密码考勤，当打不上指纹时可以输入自己的编号，再输入密码进行考勤，这样一来，员工可以用密码考勤来代替指纹考勤。对此，只能依靠考勤管理员的有效管理了。

1．指纹考勤机的特点

　　(1) 采用了并行高速芯片的 BIO 9.5 平台。

　　(2) 识别算法采用高速混合识别引擎 COME2，在系统可靠性、准确性、识别速度等方面有明显提高。

　　(3) 基于主板的嵌入式开发系统(EDK)是一个并行高速处理的嵌入式脱机指纹产品开发平台，运行稳定可靠。

　　(4) 光学采集器为晶体指纹仪，经久耐用，接受干、湿手指。

　　(5) 支持手指 360 度识别，易用性能良好。

　　(6) 主板设计可实现 24 小时不间断运行。

　　(7) 易挂口机身设计，方便安装于墙上或放置于台面使用。

(8) 全脱机功能，不受空间、方位限制，可随时随地使用。

(9) 全中文显示(机体菜单语言、后台软件)，指纹验证成功即显示签到者指纹姓名及工号。

(10) 语音提示，真人发声提示指纹验证成功与非；指纹考勤机通过 RS-232、RS-485 等多种方式与计算机通信，可多台联网使用，适合于办公室或工厂考勤。

2. 指纹考勤机的功能

(1) 正常出勤管理：自动统计迟到、早退等情况，提供迟到和早退次数、时间长度的统计。

(2) 异常出勤管理：如出差、外勤、工伤、旷工、中途外出等。

(3) 加班管理：登记加班、连班加班等，自动统计平时加班、周休加班、节假日加班的时间长度。

(4) 提供完善的考勤报表。

① 考勤汇总详情表：提供个人各个项目的统计，如迟到、早退、旷工、请假、出差、外出、平时加班、周休加班、节假日加班、实际出勤、出勤率等。该报表主要用于计算薪资。

② 出勤图略表：用符号形象地表示每人当月每一天的出勤情况。该报表使得每个员工每天的出勤情况一目了然。

③ 考勤日报表、月报表异常报表：通过该报表可以查看每个员工每天具体的出勤情况。

④ 班详情表：统计每个人每天加班的时间长度。可以对任意时间段进行统计，同时可以将每月统计的结果汇总，实现年统计等。考勤机同时也兼有门禁功能，只要配上专业的电源和电插锁就可实现。第一次被确认为考勤记录，中途外出被记录为外出记录，可随时查看出入记录，并可打印。

3. 刷指纹方法和注意事项

(1) 按指纹前，确保手指干净。

(2) 将已经存档的手指平放于刷指纹镜面上，指纹机语音提示"谢谢"即操作成功。如果不成功，再次放入手指，或使用备用手指。

(3) 刷指纹时要尽可能大面积地接触感应板，不要有翘、刮、滑、晃动、抠镜面等动作。

(4) 不要随便按动指纹考勤机上的其他按键；成功后，不得重复、随意乱刷。

(5) 手指干燥、太冷等会使指纹考勤机感应失灵，因此应提前处理(手指不可有水)。

(6) 刷指纹时，如考勤机不能识别指纹或不能正常工作，要及时采取补救措施，否则视为缺勤。

(7) 手指脱皮而无法准确采集指纹的暂实行密码考勤。

(8) 常用指纹和备份指纹因各类原因而不能正常使用时应重新采集。

15.2 幻灯机与投影器

15.2.1 幻灯机

幻灯机的种类很多，但其基本结构和原理大致相同。一般由光学部分、机身部分、机械传动部分、电气控制部分构成，如图 15-2 所示。

图 15-2　幻灯机的外观

1. 光学部分

光学部分是幻灯机的主要组成部分，其作用是用足够强的光线透射幻灯片，在银幕上呈现出放大了的清晰的影像。幻灯机的光学部分可分为聚光镜式和反光聚光混合式。聚光镜式幻灯机的光学部分主要由光源、聚光镜、反射镜、隔热玻璃和放映镜头等组成，如图 15-3 所示。

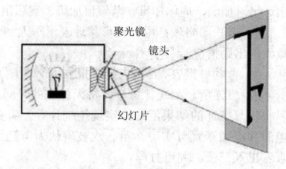

图 15-3　幻灯机的光学部分

(1) 光源。现代幻灯机能白昼放映，因此要求幻灯机的光源必须满足亮度高、发光效率高、温升低、寿命长的要求。目前常用的灯泡是溴钨灯。溴钨灯规格常见的有 24 V/150 W、24 V/250 W、30 V/400 W 等多种。在更换灯泡时，要换用相同规格的灯泡。

(2) 反射镜。反射镜是处于光源后的凹面镜，由金属抛光或玻璃镀银而成，其作用是把光源向后发射的光线反射回来加以利用，提高光源的利用率。

(3) 聚光镜。聚光镜由凸面相对的两块平凸透镜组成，其作用是将光线会聚并均匀地照射在幻灯片上，使光源得到充分利用，增加银幕上影像的亮度和均匀度。

(4) 隔热玻璃。隔热玻璃的作用是隔离自光源传来的热量，防止幻灯片受高温烘烤而变形。

(5) 放映镜头。放映镜头本质上相当于一个凸透镜，为了提高成像质量，一般由多层不同的透镜组成，并用镜头筒固定。其作用是将幻灯片上的画面放大，并成像在银幕上。在镜头上标有焦距值，近距离放映较大影像时，应选用焦距较小的放映镜头。

聚光反光混合式幻灯机的光学部分主要由光源(溴钨灯)、深椭球冷光反射镜、平面反射镜、聚光镜、放映镜头(投影物镜)等组成。在这种混合式光学系统中，由于深椭球反射镜的作用，提高了光源的利用率。聚光镜式光学部分常用在普及型的幻灯机中，而聚光反光混合式光学部分常用在较高档的幻灯机中。幻灯机在工作时，光源发出的光经反射镜反射到聚光镜上，聚光后使绝大多数的光线均匀而集中地照射到幻灯片上，透射光经过放映镜头，在银幕上呈现出放大的倒立的实像。由于凸透镜的成像是倒像，故在放映时幻灯片必须倒立在幻灯机的光路中。

2. 机身部分

机身部分由底座、外壳、灯箱、电源变压器、冷却风扇、镜头筒、升降足等组成，其主要作用是支撑光学部分和维持幻灯机的工作机能。

对幻灯机来说，有了光学部分和机身部分就可以进行放映了，但这种简易的幻灯机在使用时须有专人进行调焦和换片，使用起来很不方便。其优点是结构简单，价格低廉，故障率低。如果要实现自动调焦和换片，还须有机械传动部分和电气控制部分。

3. 机械传动部分

机械传动部分由传动机构、换片机构和调焦机构组成。其主要作用是实现自动换片和自动调焦操作。其部件有电机、传动轮、摩擦轮、蜗轮、蜗杆等。电机为幻灯机提供原动力。换片时，动力通过传动轮传动到片盒，产生前进或后退的动作，再传递到推拉片杆上，使幻灯片产生推进或退出的运动，从而完成换片操作。调焦时，电机的转动通过蜗轮、蜗杆的转换，变成放映镜头筒的前进或后退的直线运动，从而完成调焦操作。通过一系列的机械传动，电机的动力转变为换片和调焦动作，实现了换片和调焦的自动化。

4. 电气控制部分

幻灯机要实现自动控制，关键在于操作者如何把换片和调焦的命令传送给幻灯机。电气控制部分的作用就是将操作者换片和调焦的命令以电信号的形式传递给机械传动部分，其功能与幻灯机的种类有关，一般有有线遥控、无线遥控、定时控制、声控、讯控等功能。

无线遥控换片实际上是利用一台简易的无线电发射机和接收机控制换片。使用者按发射机上不同的按钮(调焦或换片)，发射机就发出单一频率的信号(如红外线或电磁波)，接收机接收到信号后，将信号进行转换放大处理，传给继电器，使机械部分发生动作。

15.2.2 投影器

投影器是在幻灯机的基础上发展起来的一种光学放大器。它的基本结构与幻灯机相似，但改进了光源和聚光镜，新增了新月镜和反射镜，从而使投影器不需要严格的遮光就可白天在室内使用。放映物也由竖直倒放改为水平正方且面积增至 250 mm×250 mm，使用更加方便。投影器的外观与光学原理如图 15-4、图 15-5 所示。

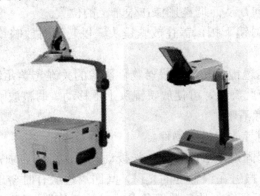

图 15-4 投影器的外观

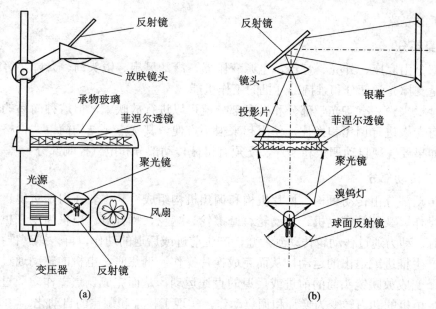

图 15-5　投影器的光学原理

1. 投影器的种类

投影器按光路可分为透射式和反射式两种。

透射式投影器先将光源发出的光线会聚，透射过被投影的图片、器具后，再由透镜成像，并投射在屏幕上形成影像。

反射式实物投影器将光源发出的光线直接照射到被投影的物体上，物体的反射光再经反射镜反射，并通过放映镜头在屏幕上成像。由于反射式投影器工作时到达屏幕的光线经过二次反射，光能损耗很大，因而影像的亮度较低。

2. 投影器的结构

新月镜主要有凹透镜和凸透镜。其形状像月牙，由硬质玻璃制成，安置在聚光镜和光源之间，凹面对光源，具有隔热作用，同时又起着扩大包容角、提高光源利用率的作用。

投影器的主要构件如下：

(1) 反射镜：可在垂直方向转动，并能在水平面作 360° 回转。调节反射镜，可以改变投影器光路主光轴的方向，从而调整影像在银幕上的位置。

不使用时，应将反射镜下扣，盖住放映镜头，以起到对放映镜头、反射镜的保护和防止污染作用。

(2) 放映镜头：即凸透镜，是形成投影物件影像的关键光学元件。

(3) 调焦旋钮：调节此旋钮，可使放映镜头上下移动。调整放映镜头与投影物件之间的距离，可使屏幕上的影像清晰。

(4) 书写台：供使用者放置投影物件。

(5) 顶盖闭锁扣：起固定顶盖的作用。如扳动此扣，可开启顶盖，同时自动切断电源。

(6) 色带调整装置：投射在银幕上的光斑，其四周边缘有时会出现各种色带，这是由于螺纹透镜与光源的距离不当产生的色散现象，此时拨动色带调整装置即能消除。

(7) 灯泡切换装置：投影器有两个灯泡，一个为正常工作时使用，另外一个为备用。如工作灯泡损坏，切断电源后扳动此切换装置手柄，备用灯泡就能实现替换，使投影器继续工作。

(8) 强弱灯光选择开关：通常情况下，此开关置于弱光位置，以节省电能，延长灯泡寿命。当室内较亮时，工作一段时间后可将此开关置于弱光位置。电压超过 220 V 时，不要使用加亮开关，防止烧坏灯泡。

(9) 电源开关：控制投影器输入电源。

投影器的电路主要由输入电路、输出电路、电源变压器和散热电风扇组成。

3. 投影器的操作方法

(1) 调试投影器的位置、投影器与银幕之间的距离，并调试放映镜头；

(2) 按照投影器工作电压的要求，接通电源；

(3) 打开反射镜盖；

(4) 将灯光亮度选择在弱光位置；

(5) 将投影片放在书写台上，小型片应另加遮光框；

(6) 打开电源开关，使灯泡点亮、风扇运转；

(7) 旋动调焦旋钮至影像清晰；

(8) 转动色带调整装置消除色散现象；

(9) 放映结束，关闭电源。放下反射镜，按下折叠式投影器的折叠按钮，放下折叠杆，收好投影片。

15.3 多功能一体机

在办公自动化设备中，近年来还出现了多功能一体机。多功能一体机有多种功能，理论上多功能一体机的功能有打印、复印、扫描、传真，但对于实际的产品来说，只要具有其中的两种功能就可以称之为多功能一体机。目前较为常见的多功能一体机产品在涵盖功能上一般有两种：一种涵盖了三种功能，即打印、扫描、复印，典型代表为佳能 PIXMA MP198；另一种则涵盖了四种功能，即打印、复印、扫描、传真，典型代表为惠普 LaserJet M1522nf(CB534A)。绝大多数的产品在各个功能上有强弱之分，是以某一个功能为主导的，因此它的这个功能便特别出色，一般情况下可以分为打印主导型、复印主导型、传真主导型，而扫描主导型的产品还不多见。

15.3.1 多功能一体机的分类

多功能一体机有如下几种分类方法：

(1) 根据打印方式划分，多功能一体机可以分为激光型产品和喷墨型产品两大类。同普通打印机一样，喷墨型多功能一体机的价格较为便宜，同时能够以较低的价格实现彩色打印，而激光型多功能一体机的价格较贵。

(2) 根据产品的功能来进行分类，多功能一体机可以分为打印主导型、复印主导型和传真主导型。

(3) 根据产品的涵盖功能划分，多功能一体机可以涵盖有打印、复印、扫描、传真等功能中的几种。

(4) 根据产品的接口类型划分，目前多功能一体机与计算机连接常见的接口类型有并口(也称为 IEEE 1284，Centronics)和串口(也称为 RS-232 接口)及 USB 接口。

15.3.2　多功能一体机的主要性能指标

1. 打印速度

多功能一体机打印速度的标识方式和喷墨打印机、激光打印机打印速度的标识方式是一样的，均为 ppm 或者称之为"页/分"。它指的是产品在一分钟的单位时间内能够打印 A4 幅面纸张的数量。需要注意的是，产品标识的打印速度是指打印统一的字体、字号的纯文本，并且使用的省墨(也称为草稿方式)状态下进行打印的最快速度，但在日常应用中一般是达不到这个速度的。

2. 打印分辨率

打印分辨率指的是多功能一体机在打印功能上的打印质量和打印清晰度。打印分辨率的单位是 dpi(dots per inch)，即指每英寸打印的点数，它直接关系到打印机输出图像和文字的质量好坏。打印分辨率一般用垂直分辨率和水平分辨率相乘表示。对于多功能一体机来说，打印分辨率是一个最为重要的技术指标之一，因为多功能一体机的复印功能中的输出也是通过打印部件来实现的，因此多功能一体机的打印分辨率还会影响到产品的复印分辨率。

3. 打印尺寸

打印尺寸指的是多功能一体机最大能够支持打印的纸张的大小。它的大小一般多用纸张的规格来标识。目前的多功能一体机产品多是 A4 幅面的，也就是说，它能够最大支持打印 A4 幅面的纸张。

4. 复印速度、分辨率、缩放比例和复印尺寸

复印速度指的是多功能一体机在进行复印时每分钟能够复印的张数，它的单位是张/分。由于多功能一体机在复印前需要先对复印对象进行扫描，这需要一定的时间，即首张复印也需要花费比较长的时间，因此，多功能一体机的复印速度应该从第二张开始计数。

复印分辨率是指每英寸复印对象是由多少个点组成的，它直接关系到复印输出文字和图像质量的好坏。

缩放比例是指多功能一体机能够对复印原稿进行放大和缩小的比例范围，用百分比表示。目前市场上多功能一体机常见的复印比例有 25%～200%，50%～200%，25%～400%以及 50%～400%。

复印尺寸指的是多功能一体机能够复印输出的最大尺寸。一般来说，产品的最大复印尺寸大于或等于最大原稿尺寸。

5. 扫描分辨率、扫描尺寸和扫描兼容性

扫描分辨率指的是多功能一体机在实现扫描功能时，扫描对象通过扫描元件每英寸可以被表示成的点数，单位是 dpi。dpi 值越大，扫描的效果也就越好。

扫描尺寸指的是多功能一体机能够扫描到的放置在稿台上的扫描原稿的最大尺寸。多

功能一体机的扫描尺寸一般使用纸张的规格来标识，目前常见的多是 A4 幅面。

扫描兼容性指的是扫描仪厂商共同遵循的规格，是应用程序与影像捕捉设备间的标准接口。目前的扫描类产品要求都能够支持 TWAIN(Technology Without An Interesting Name) 的驱动程序。只有符合 TWAIN 要求的产品才能够在各种应用程序中正常使用。

6. 传真分辨率和传送速度

传真分辨率是指多功能一体机对需要传真的稿件进行扫描时能够达到的清晰程度。多功能一体机的传真分辨率的标识一般有两种方式：一种是使用扫描仪的标识方式，即使用 dpi 来进行标识；另一种则是使用传统传真机的标识方式，即使用标准、精细、超精细三个规格来进行标识，这三种标识转换为分辨率(指垂直分辨率)后分别是：3.85 pixel/mm(标准)，7.7 pixel /mm(精细)、15.4 pixel /mm(超精细)。

传送速度是指在单位时间内(一般是一分钟)，多功能一体机所能发送的国际标准样张数量。传送速度的快慢主要取决于多功能一体机所采用的调制解调器速度、电路形式及软件程序。

7. 功耗

功耗是所有的电器设备都有的一个指标，指的是单位时间内所消耗的能量，单位为 W。多功能一体机在不工作时处于待机状态，但也会消耗一定的能量(除非切断电源才会不消耗能量)。因此，多功能一体机的功耗一般分为两部分：一部分是工作时的功耗，另一部分则是待机时的功耗。由于技术原理的不同，激光型产品的功耗要大大高于喷墨型产品。

8. 噪声

噪声指的是非自然固有的并且超出了一定限度的声音。噪声对于人的健康会造成一定的影响。根据规定，在办公室中，声音超过 60 dB 就可以算是噪声了。

多功能一体机部分产品主要技术性能参数的比较如表 15-2 所示。

表 15-2　部分多功能一体机主要性能参数比较

名称	兄弟 DCP-7030	佳能 PIXMA MP198	联想 M7205	三星 SCX-4521F	惠普 LaserJet M1522nf(CB534A)
类型	黑白激光一体机	彩色喷墨一体机	激光多功能一体机	激光多功能一体机	黑白激光一体机
功能	打印、复印、扫描	打印、复印、扫描	打印、复印、扫描	打印、复印、扫描、传真	打印、复印、扫描、传真
内存	16 MB(标配)		16 MB	16 MB	64 MB(标配) 64 MB(最大)
显示屏	2 行 10 字符显示屏				6.4 厘米 LCD 显示屏
接口	1 个 USB 2.0 接口	1 个 USB 2.0 接口，1 个直接打印接口(PictBridg)	USB 2.0	USB 1.1(兼容 USB 2.0)，IEEE 1284 并口	1 个 USB 2.0 接口，1 个百兆网络接口
打印速度	22 页/分(黑白)	19 页/分(黑白)，14 页/分(彩色)	22 页/分	11 页/分	23 页/分(标准, A4)
打印尺寸	A4、LTR、B5、B6、EXE、A5、A6	A4、A5、B5、DL	A4	A4	A4、A5、B5、C5、DL、16K

名称	兄弟 DCP-7030	佳能 PIXMA MP198	联想 M7205	三星 SCX-4521F	惠普 LaserJet M1522nf(CB534A)
打印分辨率	2400 dpi × 600 dpi	4800 dpi × 1200 dpi	2400 dpi × 600 dpi	600 dpi × 600 dpi	600 dpi × 600dpi(最佳)
双面打印	手动	手动			手动
耗材型号	TN-2115, TN-2125, DR-2150	PG-830, CL-831			惠普硒鼓
进纸盒	250 页				进纸盒: 250 页; 优先进纸盒: 10 页; 自动进纸器(ADF): 50 页
复印速度	22 页/分(黑白)	19 页/分(黑白) 14 页/分(黑白)	22 页/分	20 页/分	23 页/分(最佳, A4)
复印分辨率	600 dpi × 600 dpi		600 dpi × 600 dpi	600 dpi × 600 dpi	600 dpi × 600 dpi(文本)
最大复印份数	99	20	99	99	99
缩放比例	25%～400%	25%～400%	25%～400%	25%～400%(稿台); 25%～100%(ADF)	25%～400%
扫描类型	CIS	CIS	CIS	CIS	CIS
光学分辨率	600 dpi × 2400 dpi	600 dpi × 1200 dpi	600 dpi × 2400 dpi	600 dpi × 600 dpi	1200 dpi × 1200 dpi
色深	48 位	48 位			
纸张类型	普通纸、再生纸、透明胶片、铜版纸、标签、厚纸、信封	普通纸、超亮白纸、高分辨率纸、专业照片纸 II、高级光面照片纸 II、亚高光照片纸、亚光照片纸、照片贴纸	支持直通纸道打印		普通纸、证券纸、彩纸、重磅纸、信头纸、轻质纸、预打印纸、预穿孔纸、再生纸、糙纸、投影胶片
标准配件	主机, 电源线, 耗材, 说明书, 保修卡	主机, 耗材, 电源线, 用户手册, 随机光盘, 保修卡	电源线, 使用手册, 保修卡, CD-ROM 光盘	墨粉盒, AC 电源线, 光盘, 快速安装指南, 电话线	主机, 耗材, 电源线, USB 连接线, 参考指南, 随机光盘, 保修卡
其他功能				传真传送速度: 20 秒/页; 传真分辨率: 300 dpi × 300 dpi(最大), 203 dpi × 196 dpi(照片), 200 dpi × 200 dpi(彩色); 调制解调器: 33.6 kb/s; 最大噪音: 55 dB	传真传送速度: 3 秒/页; 传真分辨率: 300 dpi × 300 dpi(最佳)(黑白); 最大拨号数: 120; 自动重拨: 支持传真延迟发送
电压	220～240 V, 50/60 Hz	100～240 V, 50/60 Hz	220～240 V, 50/60 Hz	AC 220～240 V, 50/60 Hz	200～240 V, 50/60 Hz, 2.6 A
最大功耗	320 W	13 W		350 W(平均), 待机时<10 W	410 W

15.4 数码录音笔

15.4.1 数码录音笔的主要功能

1. 数码录音笔与传统录音机的区别

数码录音笔与传统录音机相比，主要有以下几方面的特点：

(1) 重量轻、体积小。数码录音笔(见图 15-6)的主体是存储器，而由于使用了闪存，再加上超大规模集成电路的内核系统，因此整个产品比较轻巧。此外，它还具有声控录音、电话录音、MP3、复读、移动存储等功能，而这些都是传统录音机所不具备的。

图 15-6　数码录音笔

(2) 连续录音时间长。传统录音机使用的磁带每盒的录音时间长度一般是 40～60 分钟，最长的也只有 90 分钟。而目前即使存储容量最小的数码录音笔其连续录音时间的长度都在 5～8 小时，高端产品则有几十个小时的连续录音能力。此外，数码录音笔与除了有标准的音频接口之外，还提供了 USB 接口，从而使其能够非常方便地与计算机连接，即插即用。

(3) 非机械结构，使用寿命长。传统的录音设备是采用的机械结构，时间久了会发生磨损，因此寿命有限。例如一盒磁带，反复地擦、录上几十次就基本报废了；磁头和传动装置时间长了也会发生磨损。而数码录音笔采用的是电子结构，因此可以做到无磨损，故使用寿命较长。同时，数码录音笔还具有安全可靠的特点，由于它采用的是数字技术，因此可以非常容易地使用数字加密的各种算法进行加密，以达到保密的要求。

2. 数码录音笔的主要功能

(1) 声控设计、自动录音。虽然数码录音笔的录音时间较长，但也不是无限的，因此该功能就非常有用。这一功能能够使数码录音笔自动感应声音，无声音时它就处于待机状态，有声音时才启动录音，可最大限度地避免存储空间和电能的浪费。

(2) MP3 播放。支持 MP3 播放也是不少录音笔的功能之一。只要将 MP3 文件存储到录音笔的内存中，再结合耳机或是机体内置的音源，用户就可以像使用 MP3 那样听音乐了。

(3) FM 调频。FM 调频即数码录音笔支持的 FM 收音机功能。

(4) 数码相机功能。录音笔除了录音之外还可以拍摄静态、动态的图片，这是录音笔的一项新的附加功能，也是录音笔的发展方向。

(5) 电话录音。电话录音功能是指数码录音笔可以通过专用的电话适配器，与电话连接起来，可以十分方便地记录通话内容，并且录音效果良好，声音纯净，几乎没有什么噪音。这一功能非常适合于进行电话采访。

(6) 定时录音。定时录音是根据实际需要，预先设定好开始录音的时间，一旦满足条件，录音笔自动开启录音功能。该功能适合在一些特殊的场合、条件下使用，如定时录制电台的广播节目。

(7) 外部转录。数码录音笔虽然功能强大，但是它不应该成为孤立的设备，只有加强交流才能使数码录音笔的功能更加充分地发挥。通过音频线，可以将数码录音笔与传统的录音机连接，将原先在磁带上的模拟信息转换成数字信息，也可以通过 USB 接口和计算机交换信息。

(8) 多种播放查找功能，可做复读机。由于是数字的录制方式，因此数码录音笔的播放、定位、查找都非常方便。它可以实现循环播放、任意两点之间重复播放、自动搜索、定时放音等功能。这些功能使得数码录音笔完全可以作为一个复读机使用。

(9) 编辑功能。移动、复制、删除、拆分及合并等文件编辑功能可为存储于数码录音笔中的文件的管理提供方便。

15.4.2　数码录音笔的基本工作原理和选购

1. 数码录音笔的基本工作原理

数码录音笔通过对模拟信号的采样、编码，将模拟信号通过数模转换器转换为数字信号，并在一定的压缩后进行存储。数字信号即使经过多次复制，声音信息也不会受到损失。

2. 数码录音笔的选购

选购数码录音笔时应注意以下几个方面：

(1) 录音时间。录音时间的长短是数码录音笔最重要的技术指标。根据不同产品之间闪存容量、压缩算法的不同，录音时间的长短也有很大的差异。目前，数码录音笔的录音时间为 20~272 小时，可以满足大多数人的需要。如果以高压缩率来获得很长的录音时间，那么往往会影响录音的质量。

(2) 电池使用时间。一般来说，大部分数码录音笔都使用 7 号 AAA 型电池，有的小型产品则采用钮扣电池，还有的产品内置了充电电池。采用普通电池的好处是可以更换，而使用充电电池则比较便宜。应选择电池使用时间在 6 小时以上的数码录音笔，当然时间越长越好。

(3) 音质。通常，数码录音笔的音质效果要比传统的录音机好一些。录音笔通常标明有 SP、LP 等录音模式，SP(ShotPlay)即短时间模式，这种方式压缩率不高，音质比较好，但录音时间短；LP(LongPlay)即长时间模式，压缩率高，音质会有一定的降低。不同产品之间有一定的差异，所以在购买数码录音笔时最好能够现场试用。

(4) 存储方式。数码录音笔都是以内置的闪存来存储录音信息。现在的数码录音笔普遍内置了 128 MB 以上的闪存，有些高级的数码录音笔则提供外置存储卡，如 CF、SM 等，同时具备相当长的录音时间，资料传送也比较方便，如用读卡器将录音数据快速存入计算机。

(5) 其他功能。声控录音功能可以在没有声音信号时停止录音，有声音信号时恢复工作，不仅延长了录音时间，也更省电。电话录音功能则为电话采访及记事提供了方便。分段录音以及录音标记功能对录音数据的管理效率较高。此外，MP3、复读、移动存储等附加功能也会带来很大的方便，可根据需要选择。

除以上几点外，价格、外观等因素也需考虑。表 15-3 为部分数码录音笔的主要性能参数。

表 15-3 部分数码录音笔的主要性能参数

名称	索尼 ICD-PX720(1G)	三星 YV-150(1G)	爱国者 R5508(2G)	京华 DVR-909(4G)	三洋 ICR-PS501RM(2G)
最长录音时间	288 小时	66 小时	544 小时(低音质，单声道)	1080 小时	136 小时
标准录音时间	288 小时				PCM(44.1 kHz): 约 1 小时 20 分; MP3(320 kb/s): 约 7 小时
内存	1 GB	1 GB	2 GB	4 GB	2 GB
频率范围	LP: 75～3500 Hz; SP: 75～15000 Hz; HQ: 75～17000 Hz; SHQ: 75～20000 Hz	30 Hz～14 kHz	20 Hz～20 kHz	20 Hz～20 kHz	
信噪比	90 dB	85 dB	≥80 dB	90 dB	
输出接口	USB 2.0	USB 2.0	USB 2.0	USB 1.1	USB 2.0
输入设备	内置麦克风，外部麦克风或其他设备(磁带录音机，MD 播放机等)	内置麦克风或外部麦克风，电话录音	白色背光断码显示屏	内置双麦克风，电话录音，声控录音	
输出设备	内置扬声器，耳机	内置扬声器，耳机		内置扬声器，耳机	3.5 mm 耳机
显示屏	液晶显示屏	蓝色 EL 背光液晶显示屏	红色 黑色	支持	
功能特点	MP3、WMA 播放功能	支持 MP3、WMA 文件播放，FM 收音功能，VOR(声控录音)功能，TTS 功能		定时录音，一键录音功能，支持 MP3、WMA、WAV 等格式，支持 FM 收音、FM 录音功能	
输出功率	300 mW(扬声器输出)	耳机：22 mW/CH(16Ω); 扬声器: 150 mW	7 mW×2	10 mW	80 mW
电池类型	2 节 AAA 电池	1.5 V×2(AAA/LR03 碱性电池)	1 节 AAA 干电池	内置锂电池	
使用时间	12 小时	15 小时	8 小时	20 小时	
随机附件	2 节 AAA 碱性电池，立体声耳机，应用程序光盘 (Digital Voice Editor)，USB 连接电缆，操作手册	USB 连接线，外部设备连接线，外部麦克风，耳机，腕部挂绳，电话线，电话接收适配器，2 节 AAA 碱性电池，安装 CD		耳机，使用说明书，USB 线，驱动光盘，电话连接线，电话适配器，挂绳等	耳机，USB 线，立体声耳机，7 号充电电池
附带软件	驱动程序，中文版 Digital Voice Editor 应用软件	驱动程序，Voice Manager，TTS Manager		驱动程序	

15.5　不间断电源与交流稳压电源

15.5.1　不间断电源

不间断电源(Uninterruptible Power System)简称为 UPS，它可以保障计算机系统在停电之后继续工作一段时间，以使用户能够紧急存盘或系统正确退出，不致因停电而影响工作或丢失数据。它在计算机系统和网络应用中主要起到两个作用：一是应急使用，防止突然断电而影响正常工作，给计算机造成损害；二是消除市电上的电涌、瞬间高电压、瞬间低电压、电线噪声和频率偏移等"电源污染"，改善电源质量，为计算机系统提供高质量的电源。UPS 电源如图 15-7 所示。

图 15-7　UPS 电源

1. UPS 的类型

1) 按工作原理分类

UPS 电源按其工作原理可分为后备式、在线式以及在线互动式三种。

(1) 后备式 UPS。后备式 UPS 平时处于蓄电池充电状态，在停电时逆变器紧急切换到工作状态，将电池提供的直流电转变为稳定的交流电输出，因此后备式 UPS 也被称为离线式 UPS。后备式 UPS 电源的优点是：运行效率高、噪音低、价格相对便宜，主要适用于市电波动不大，对供电质量要求不高的场合，比较适合家庭使用。这种 UPS 存在一个切换时间问题，因此不适合用于关键性的供电不能中断的场所。实际上这个切换时间很短，一般介于 2 至 10 毫秒之间，而计算机本身的交换式电源供应器在断电时应可维持 10 毫秒左右，因此个人计算机系统一般不会因为切换时间而出现问题。后备式 UPS 一般只能持续供电几分钟到几十分钟，主要是让用户有时间备份数据，并尽快结束工作，其价格也较低。对不太关键的计算机应用，如个人家庭用户，可配小功率的后备式 UPS。

(2) 在线式 UPS。在线式 UPS 的逆变器一直处于工作状态，它首先通过电路将外部交流电转变为直流电，再通过高质量的逆变器将直流电转换为高质量的正弦波交流电输出给计算机。在线式 UPS 在供电状况下的主要功能是稳压及防止电波干扰；在停电时则使用备用直流电源(蓄电池组)给逆变器供电。由于逆变器一直在工作，因此不存在切换时间问题，适用于对电源有严格要求的场合。在线式 UPS 不同于后备式的一大优点是供电持续时间长，一般为几小时，也有大到十几个小时的，它的主要功能是可以让用户在停电的情况下也像平常一样工作。显然，由于其功能特殊，价格也较贵。这种在线式 UPS 比较适用于计算机、交通、银行、证券、通信、医疗、工业控制等行业，因为这些领域的计算机一般不允许出现停电现象。

(3) 在线互动式 UPS。在线互动式 UPS 是一种智能化的 UPS。所谓在线互动式 UPS，是指在输入市电正常时，UPS 的逆变器处于反向工作(即整流工作)状态，给电池组充电；在市电异常时，逆变器立刻转为逆变工作状态，将电池组中的电能转换为交流电输出，因此在线互动式 UPS 也有转换时间。同后备式 UPS 相比，在线互动式 UPS 的保护功能较强，逆变器输出电压波形较好，一般为正弦波，而其最大的优点是具有较强的软件功能，可以方便地上网，进行 UPS 的远程控制和智能化管理，可自动检测外部输入电压是否处于正常范围之内。如有偏差可由稳压电路升压或降压，提供比较稳定的正弦波输出电压。在线互动式 UPS 与计算机之间可以通过数据接口(如 RS-232 串口)进行数据通信，通过监控软件，用户可直接从计算机屏幕上监控电源及 UPS 的状况，简化、方便管理工作，并可提高计算机系统的可靠性。这种 UPS 集中了后备式 UPS 效率高和在线式 UPS 供电质量高的优点，但其稳频特性不是十分理想，不适合作长延时的 UPS 电源。

三种 UPS 的基本特性比较如表 15-4 所示。

表 15-4　三种 UPS 的基本特性比较

类　　型	后　备　式	在　线　式	在线互动式
容量	250 VA～2 kVA	1～100 kVA 以上	1～5 kVA
功能	基本功能	完全保护功能	较完全保护功能
转换时间	<10 ms	0 ms	4 ms
输出波形	方波(多数)	正弦波	正弦波
适用负载	PC 终端设备	服务器、小型机	工作站、网络设备

2) 按结构分类

UPS 从结构上一般分为直流 UPS(DC-UPS)和交流 UPS(AC-UPS)两大类。

(1) 直流 UPS。直流 UPS 由两个基本单元组成，分别是整流器和蓄电池。其工作过程为：当市电正常时，电流通过整流器向负载供电，同时整流器给蓄电池充电，电流路径是"市电→整流器→负载"；当市电故障或整流器故障时，通过控制电路自动切换使蓄电池为负载供电，电流流向为"蓄电池→负载"。

(2) 交流 UPS。交流 UPS 由三个基本单元组成，分别是整流器、蓄电池和逆变器。其工作过程为：当市电正常时，电流通过整流器、逆变器向负载供电，同时整流器给蓄电池充电，电流路径是"市电→整流器→逆变器→负载"(1 路)，"市电→整流器→蓄电池"(2路)；当市电故障或整流器故障时，通过控制电路自动切换使电池为负载供电，电流流向为"蓄电池→逆变器→负载"。

3) 按备用时间分类

从备用时间分，UPS 分为标准型和长效型两种。

一般来说，标准型 UPS 机内带有电池组，在停电后可以维持较短时间的供电(一般不超过 25 分钟)；长效型 UPS 机内不带电池，但增加了充电器，用户可以根据自身需要配接多组电池以延长供电时间，厂商在设计时会加大充电器容量或加装并联的充电器。

此外，UPS 还有其他一些简单的分类，比如根据组成原理分为旋转型 UPS 和静止型 UPS；根据应用领域分为商业用 UPS 和工业用 UPS；根据输出电压的相数分为单相 UPS 和三相 UPS；根据容量分为大容量 UPS(大于 100 kVA)、中容量 UPS(10～100 kVA)和小容量 UPS(小于 10 kVA)等。

2. UPS 的主要技术指标

1) 额定容量

UPS 的额定容量是指 UPS 的最大输出功率(电压和电流的乘积)。

通常市场上所售的 UPS 电源，容量较小的以"W"(瓦特)为单位来标识；超过 1 kW 时，用"VA"(伏安)标识。"W"与"VA"是有区别的，这就要求我们必须区别具体情况来选择 UPS。一般来讲，1 kW 以内的小容量 UPS 一般都用"W"表示容量，容量在 1～500 kVA 的 UPS 都用 VA 来表示容量。

2) 输出电压

UPS 输出电压是指市电经过 UPS 整形、滤波、稳压等一系列措施后输出的供计算机等负载设备使用的电压。这种电压一般都比市电电压"干净"，没有杂质信号。通常 UPS 的输出交流电压应该稳定在 220 V，不能有过多偏差。

3) 输入电压范围

UPS 的输入电压范围，即 UPS 允许市电电压的变化范围，也就是保证 UPS 不转入电池逆变供电的市电电压范围。范围越大，说明 UPS 适应性越好。一般 UPS 的输入电压范围应该在 160～270 V 之间或者更宽。

4) 转换时间

UPS 的转换时间是指 UPS 从市电切换到电池状态或从电池状态切换到市电所需要的时间。通常 UPS 的转换时间不能大于 10 毫秒。

5) UPS 电池

UPS 之所以能够在断电后继续为计算机等设备供电，就是因为其内部有一种储存电能的装置——UPS 电池。UPS 电池的主要功能是：当市电正常时，将电能转换成化学能储存在电池内部；当市电故障时，将化学能转换成电能提供给逆变器或负载。

UPS 电池的优劣直接关系到整个 UPS 系统的可靠程度，蓄电池又是整个 UPS 系统中平均无故障时间(MTBF)最短的一种器件。蓄电池的种类一般分为酸电池、铅酸免维护电池及镍镉电池等。考虑到负载条件、使用环境、使用寿命及成本等因素，一般选择铅酸免维护电池。

6) 标称后备时间

UPS 的标称备用时间是指市电断电后 UPS 能够供给计算机等设备的最大供电时间。

通常，UPS 根据备用时间可分为标准型及长效型。标准型 UPS 的备用时间为 5～15 分钟，长效型为 1～8 小时。假如用户的设备停电时只需要存盘、退出即可，那么就选用标准型 UPS；假如用户的设备停电时仍须长时间运转，那最好选用长效型 UPS。

7) 电源效率

电源效率是指 UPS 的整机电能利用率，也就是 UPS 从外部吸收功率与向负载输出功率两者的比值。这个数值和 UPS 电源设计线路有密切的关系，高效率的电源可以提高电能的使用效率，在一定程度上可以降低电源的自身功耗和发热量。通常在线式 UPS 的电源效率一般能够达到90%以上。

8) 噪音值

噪音是一种引起人烦躁或音量过强而危害人体健康的声音。衡量噪音强弱的数值称为噪音值，单位通常是分贝(dB)。

3. UPS 的基本组成

从基本应用原理上讲，UPS 是一种含有储能装置，以逆变器为主要元件，稳压稳频输出的电源保护设备，主要由整流器、蓄电池、逆变器和静态开关等几部分组成。

1) 整流器

整流器是一个整流装置，就是将交流电(AC)转化为直流电(DC)的装置。它有两个主要功能：将交流电(AC)变成直流电(DC)，经滤波后供给负载或逆变器；给蓄电池提供充电电压。因此，它同时又起到一个充电器的作用。

2) 蓄电池

蓄电池是 UPS 用来储存电能的装置，它由若干个电池串联而成，其容量大小决定了其维持放电(供电)的时间。其主要功能是：当市电正常时，将电能转换成化学能储存在电池内部；当市电故障时，将化学能转换成电能提供给逆变器或负载。

3) 逆变器

通俗地讲，逆变器是一种将直流电(DC)转化为交流电(AC)的装置。它由逆变桥、控制逻辑和滤波电路组成。

4) 静态开关

静态开关又称静止开关，是一种无触点开关，是用两个可控硅(SCR)反向并联组成的一种交流开关，其闭合和断开由逻辑控制器控制。它可分为转换型和并机型两种。转换型开关主要用于两路电源供电的系统，其作用是实现从一路到另一路的自动切换；并机型开关主要用于并联逆变器与市电或多台逆变器。

4. UPS 的日常维护与检修

(1) UPS 电源在正常使用情况下，主机的维护工作很少，主要是防尘和定期除尘。特别是气候干燥的地区，空气中的灰粒较多，而机内的风机会将灰尘带入机内沉积，当遇空气潮湿时会引起主机控制紊乱造成主机工作失常，并发生不准确告警，同时大量灰尘也会造成器件散热性变差。因此，一般每季度应彻底清洁一次。在除尘时，应检查各连接件和插接件有无松动和接触不牢的情况。

(2) 虽然储能电池组目前都采用了免维护电池，但这只是免除了以往的测比、配比、定时添加蒸馏水的工作。不良的工作环境对电池造成的影响较大，这部分的维护检修工作仍是非常重要的。UPS 电源系统的大量维护与检修工作主要在电池部分。

① 储能电池的工作全部是在浮充状态，在这种情况下至少应每年放电一次。放电前应先对电池组进行均衡充电，以达全组电池的均衡。应清楚放电前电池组已存在的失效电池。放电过程中如有一只电池达到放电终止电压，应停止放电；若要继续放电，应先消除失效电池后再进行。

② 核对性放电。不是首先追求放出容量的多少，而是要发现和处理失效电池，经对失效电池处理后再作验证性放电实验。这样可防止事故，避免放电过程中失效电池恶化为反极电池。

③ 平时每组电池至少应有 8 只电池作为标示电池，成为了解全电池组工作情况的参考。对标示电池应定期测量并做好记录。

④ 日常维护中需经常检查的项目有：清洁并检测电池两端电压、温度；连接处有无松动、腐蚀现象，检测连接条压降；电池外观是否完好，有无壳变形和渗漏；极柱、安全阀周围是否有酸雾逸出；主机设备是否正常。

⑤ 免维护电池的维护应从广义的立场出发，做到运行、日常管理的周到、细致和规范，使设备(包括主机设备)保持良好的运行状况，从而延长使用时间；应使直流母线经常保持合格的电压和电池放电容量；应保证电池运行和人员的安全可靠。

(3) 当 UPS 电池系统出现故障时，应先查明原因，分清是负载故障、UPS 电源系统故障，还是主机故障、电池组故障。虽然 UPS 主机有故障自检功能，但要维修故障点，仍需大量的分析、检测工作。另外，如自检部分发生故障，显示的故障内容则可能有误。

(4) 对主机出现击穿、断保险或器件烧毁等故障，一定要查明原因并排除故障后才能重新启动，否则会接连发生相同的故障。

(5) 当电池组中有电压反极、压降大、压差大和酸雾泄漏等现象的电池时，应及时采用相应的方法修复，对不能修复的要更换，但不能把不同容量、不同性能、不同厂家的电池联在一起，否则可能会对整组电池带来不利影响。对已过期的电池组应及时更换，以免影响到主机。

15.5.2　交流稳压电源

稳定电源是各种电子电路的动力源，所有用电设备，包括电子仪器仪表、办公设备等，对供电电压都有一定的要求。例如，有的办公设备要求 220 V 的电网供电电压，电压变化不能超过±10%，即从 198 V 到 242 V。超出这个范围，轻者办公设备不能工作，重者会损坏设备。为解决用电设备要求的供电稳定性，而市电电网又难以保证的供求矛盾，人们研制了各种各样的稳定电源。所谓稳定，是说电压或电流的变化小到可以允许的程度，并不是绝对不变。

1. 集成稳压电源的分类

稳压器的分类没有明确的含义和界限，一般都是按照习惯或通用的方法进行的，在此简单介绍几种。

1) 按稳定的对象分类

根据稳压器稳定的对象来分类，可以分为交流稳压器和直流稳压器两种。交流稳压器输出交流电压，直流稳压器输出直流电压，两者通常都用交流电网供电。在设计、制造和使用时，一般都把变压器、整流器、滤波器看成稳压器的一部分，作为一个整体来考虑。

2) 按稳定方式分类

根据稳压器的稳定方式来分类，可以分为参数稳压器和反馈调整式稳压器两种。参数稳压器主要是利用元件的非线性来实现稳压，比如仅用一只电阻和一只硅稳压管构成参数稳压器。反馈调整型稳压器是一个负反馈闭环自动调整系统，它把稳压器输出电压的变化量经过取样、比较放大，再反馈给控制调整元件，使输出电压得到补偿而趋近于原值，从而达到稳压。

3) **按调整元件与负载的连接方式分类**

根据稳压器的调整元件与负载的连接方式来分类，可以分为并联稳压器和串联稳压器两种。调整元件与负载并联的稳压器叫做并联稳压器或分流式稳压器，它通过改变调整元件流过电流的多少来适应输入电网电压的变化及负载电流的变化，以保持输出电压的稳定。这种稳压器效率较低，只在某些专用场合使用。调整元件与负载串联的稳压器叫做串联稳压器。在这种稳压器中，调整元件串接于输入端和输出端之间，输出电压就依靠调整元件改变自身的等效电阻来维持恒定。调整元件如果是晶体管，就是我们通常所说的晶体管串联调整型稳压器。

4) **按调整元件的工作状态分类**

根据调整元件的工作状态来分类，可以分为线性稳压器和开关稳压器。调整元件工作在线性状态的是线性稳压器，调整元件工作在开关状态的是开关稳压器。开关稳压器又有很多种类，如自激式、他激式、脉冲调宽式、频率调整式、斩波式、推挽式、半桥式、全桥式、单端正激式和单端反激式等。

5) **按调整元件的种类分类**

根据调整元件的种类来分，可以分为辉光放电管稳压器、稳压管稳压器、电子管稳压器、晶体管稳压器、可控硅稳压器等。

此外，还可以根据其他分类方法对稳压器进行分类，例如分为集电极输出型稳压器、发射极输出型稳压器，高精度稳压器、高压稳压器、低压稳压器，通用稳压器、专用稳压器等。

稳压器分类有时也是错综交织的。比如，一台稳压器可以同时是直流、闭环反馈、线性调整、串联、晶体管集电极输出、专用、高精度稳压器。但一般不必这样说明，只要表示出其主要特点就可以了。

2. 交流稳压电源的主要技术指标

衡量一台稳定电源的好坏，一方面要从功能的角度来看，即容量大小(输出电压和输出电流)、调节范围、效率高低等，人们称之为使用指标；另外一方面还要从外观形状、体积重量等直观形象来看，这些称为非电气指标；更重要的是，要看其输出量的稳定程度，这需要定量描述，称之为质量指标。

1) **稳压系数**

稳压系数有绝对稳压系数和相对稳压系数两种。绝对稳压系数表示负载不变时，稳压电源输出直流变化量 ΔU_o 与输入电网电压变化量 ΔU_i 之比，即 $K = \Delta U_o / \Delta U_i$。$K$ 表示输入电网电压变化 ΔU_i 引起的输出电压的变化量。绝对稳压系数 K 值越小越好。K 越小，说明同一 ΔU_i 引起的 ΔU_o 越小，也就是输出电压越稳定。这种表示方法在工程设计中常常用到。但在稳定电源中更重视相对稳压系数。相对稳压系数表示负载不变时，稳压器输出直流电压 U_o 的相对变化量 ΔU_o 与输入电网电压 U_i 的相对变化量 ΔU_i 之比，即 $S = (\Delta U_o / U_o)/(\Delta U_i / U_i)$。

一般情况下，如果不特别说明，稳压系数通常是指相对稳压系数 S，而不是绝对稳压系数 K。

2) 电网调整率

电网调整率表示输入电网电压由额定值变化 ±10% 时，稳压电源输出电压的相对变化量，有时也以绝对值表示。一般稳压电源的电网调整率等于或小于 1%、0.1% 甚至 0.01%。

3) 电压稳定度

负载电流保持为额定范围内的任何值，输入电压在规定的范围内变化所引起的输出电压相对变化 $\Delta U_o/U_o$(百分值)称为稳压器的电压稳定度。有的部门把这项技术指标更具体地规定为在额定输出电压的情况下，当电网电压由额定值变化±10%，负载电流从零变化到最大值时，引起输出电压的变化程度。

4) 负载调整率(也称电流调整率)

在额定电网电压下，负载电流从零变到最大时，输出电压的最大相对变化量称为负载调整率，常用百分数表示，有时也用绝对变化量表示。

5) 输出电阻(也称等效内阻或内阻)

在额定电网电压下，由于负载电流变化 ΔI_L 引起输出电压变化 ΔU_o，则输出电阻为 $R_o=|\Delta U_o/\Delta I_L|$。

6) 响应时间

所谓稳压器的响应时间，是指负载电流突然变化时，稳压器的输出电压从开始变化到新的稳压值之间的一段调整时间。

7) 失真

这项指标是交流稳压器特有的。交流稳压器原输入电网电压尽管是正弦波，但是由于使用了铁磁饱和线圈等非线性元件，输出电压有一定的变形，这就是波形畸变，也称失真。

8) 稳定度

一般来说，稳定度是指在某条件下输出电压的相对变化量 $\Delta U_o/U_o$。如不注明条件而泛谈稳定度，那就应该是在所有允许使用的条件下，或者说最恶劣的情况下，输出电压的最大相对变化量。

因为引起稳流器输出电流变化的因素与引起稳压器输出电压变化的因素完全一样，所以稳流器的指标和稳压器的指标一一对应。不过有一点应该注意，在稳压器中内阻越小越好，但在稳流器中内阻则是越大越好。输出电阻大，说明当负载电阻变化时，输出电压变化很大，而引起的输出电流却变化很小，这正是稳流的结果。

3. 使用交流稳压电源的注意事项

(1) 避免剧烈振动，防止腐蚀性气体及液体流入，防止受潮并置于通风干燥处，切勿盖上织物而阻碍通风散热。

(2) 使用三插(有接地)插座，机上的接地螺钉要妥善接地。用测电笔测机壳是否有带电现象，如有，属正常现象(这是由于分布电容感应电引起的)，可通过接地线消除。如果机壳严重漏电，可测绝缘电阻是否小于 2 MΩ，若是，则可能是绝缘层已受潮或线路与机壳短路引起的，应查明原因排除故障后再使用。

(3) 0.5～1.5 kVA 的小功率稳压器应使用保险丝作为过流、短路保护，2～40 kVA 的稳压器则须用 DZ47 断路器作为过流、短路保护。如保险丝经常熔断或断路器经常跳闸，应检查用电量是否过大。

(4) 当输出电压超过保护值(出厂时相电压保护值调整为 250 V ± 5 V)时，稳压电源自动保护，切断稳压电源输出电压，同时过压指示灯亮，用户应立即关机检查电网电压。如稳压器发生自动断电(有输入无输出)，应检查市电电压是否高于 280 V；若低于 280 V，应检查稳压器是否发生故障，查明原因后再使用。

(5) 若稳压器输出电压偏离 220 V 较多，应调节控制板上电位器至输出电压正常(输入电压达不到稳压范围的不能调节)。

(6) 当市电电压经常在稳压器输入电压下限(<150 V)或上限(>260 V)时，限位微动开关经常受碰触，易发生控制失灵。这时稳压器不能调压或只能调高(或只能调低)，应先检查微动开关是否损坏。

(7) 保持机内清洁，灰尘会阻碍齿轮的转动，影响输出电压精度。应及时清理和维护线圈接触面清洁；碳刷磨损严重时应调整压力，以免碳刷和线圈接触面跳火；碳刷长度不足 2 mm 时应予以更换；线圈平面跳火被烧黑时应用细砂纸予以打光。

(8) 三相稳压器输入端必须接上零线(中线)，否则稳压器无法工作，并将会损坏稳压器和用电设备。切勿用地线替代零线使用，而且零线不得接入保险丝。

(9) 稳压器输出电压低于额定电压(220 V 或三相 380 V)时，应检查输入电压是否过低。稳压器空载时达到额定电压而负载时输出电压又低于额定电压，是由于输入线路截面太小，负载时线路压降太大，使用的输入电压低于稳压器调节范围的下限所致，这时应更换为较粗的输入导线。

(10) 当单台负载功率较大(如空调等)而输入线路较长，截面又不足时，负载工作时电压严重降低，使用负载可能难以启动；当负载工作时又暂时停机，易发生输出瞬间过压断电，如发生这样的现象，并非稳压器故障，应改善输入线路(加粗线路，尽量缩短输入线长度，以减少线路中的压降)。

15.6 碎 纸 机

随着社会的发展，人们越来越认识到保密工作的重要性，在办公室中经常需要销毁一些纸质的文件和资料。这项工作过去往往由人工完成，例如请专人烧毁，或指定专门部门回收等。但这些做法经过的环节较多，仍有失密的隐患。现在，较好的办法是采用碎纸机来及时地完成这项工作。碎纸机是一种适合各种类型办公室销毁纸质机密文件的专用设备。

碎纸机一般由切纸部件和箱体两大部分组成。切纸部件包括锋利的刀具和电动机，电动机带动刀具快速转动，可将文件在很短的时间内粉碎成条状或米粒状甚至更小的碎片。箱体主要包括容纳纸屑的容器和机壳。一些碎纸机箱体下部还装有脚轮，以方便使用。

碎纸机的主要指标是碎纸后纸屑的大小以及碎纸的速度。一般来说，用于销毁机密文件的碎纸机应首先考虑碎纸的大小是否符合保密的要求，然后再考虑其他指标。对销毁工作量大的单位，还应同时考虑选择碎纸速度快、自动化程度高的机型。部分碎纸机的主要性能参数如表 15-5 所示。

表 15-5　部分碎纸机的主要性能参数

产品名称	科密 3868	三木 SD9511	震旦 AS101CD	Comix S514	范罗士 PS-67Cs
碎纸方式	粒状	段状	段状	粒状	粒状
碎纸效果	2 mm×8 mm	2 mm×12 mm	5 mm×55 mm	2 mm×6 mm	3.9 mm×50 mm
碎纸能力	6 页	15～17 页	10 页	6 页	8 页
碎纸宽度	220 mm	220 mm		240 mm	229 mm
碎纸速度	3 米/分	6 米/分	2.2 米/分	2.2 米/分	3.4 米/分
碎纸箱容积	16 升	34 升	15 升	25 升	23 升
碎纸机性能	入纸过量，则自动退纸；碎纸过热，则自动停机；蓝光提示，则纸满停机	自动光电感应进纸	可碎光盘	可碎光盘，功能强劲	可碎订书针、回形针、信用卡、光盘
噪音	< 58 dB		60 dB	58 dB	70 dB
电源	220 V	220 V，50 Hz	200 ～ 240 V AC，50/60 Hz	220 V	220～240 V
功耗	185 W	450 W		270 W	300 W
尺寸	350 mm × 262 mm × 570 mm		317 mm × 226 mm × 515 mm		286 mm × 368 mm × 457 mm
重量	15.6 kg	26 kg	7.4 kg	19 kg	9.1 kg

15.6.1　碎纸机的特性

对于碎纸机的选购，可参考以下七大特性。

1. 碎纸方式

碎纸方式是指当纸张经过碎纸机处理后被碎纸刀切碎后的形状。根据碎纸刀的组成方式，现有的碎纸方式有碎状、段状、沫状、条状、粒状、丝状等。市面上有些碎纸机可提供两种或两种以上的碎纸方式。不同的碎纸方式适用于不同的场合，如果是一般性的办公场合可选择粒状、丝状、段状、条状的；如果是一些对保密要求比较高的场合就一定要用沫状的。当前采用四把刀组成的碎纸方式，这是最先进的工作方式，碎纸的纸粒工整、利落，能达到保密的效果。

2. 碎纸能力

碎纸能力是指碎纸机一次能处理的纸张厚度及纸张最大数目。一般碎纸效果越好则其碎纸能力则相对差些，如某品牌碎纸机上标称碎纸能力为 A4、70 g、7～9 页，这说明该碎纸机一次能处理切碎厚度为 70 g 的 A4 幅面的纸 7～9 页。普通办公室选用 A4、70 g、3～4页的碎纸机就可以满足日常工作需要，如果是大型办公室则要根据需要选择合适幅面和较快速度的碎纸机。现有的大型碎纸机一般都能达到 60～70 页/每次。

3. 碎纸效果

碎纸效果是指纸张经过碎纸机处理后所形成的废纸的大小，一般以毫米(mm)为单位。粒状、沫状效果最佳，碎状次之，条状、段状相对效果更差些。例如 2 mm × 2 mm 的保密效果可将 A4 幅面的纸张切成 1500 多块。对于高度机密的文件，应采用可纵横切割的碎纸机，最好选用 3 mm×3 mm 及其以下规格碎纸效果的碎纸机。

4. 碎纸速度

碎纸速度也就是碎纸机的处理能力，一般用每分钟能处理废纸的总长度来度量，如 3 米/分，表示每分钟可处理的纸张在没有切碎之前的总长度。

5. 碎纸宽度

碎纸宽度是指碎纸机所能容许的纸张的宽度。通常要切碎的纸张应与切口垂直，否则整行文字有可能完整保留，使资料泄露。此外，如果入纸口太细，则纸张就会折叠在一起，降低每次所碎张数，且容易引至纸塞，降低工作效率。因此，选择碎纸机时一定要注意碎纸宽度。普通办公室一般使用的均是 A4 纸(大约 190 mm)，所以 220 mm 的宽度就足够了。

6. 碎纸箱容积

碎纸箱容积是指盛放切碎后废纸的箱体体积。低端碎纸机一般放置于废纸篓的上方，这样切割完后的碎片就可直接放置在废纸篓里；稍贵一些的产品则自带废纸篓(碎纸箱)。大多数办公用碎纸机一般都是封闭的带轮子的柜子，能够方便地在办公室里移动。因此，出于实际需要和占地面积的考虑，普通办公室可选择较小容量的碎纸箱，大小以 4 升到 10 升为宜，中型办公室以 10 升到 30 升最佳。

7. 其他特性

其他特性指的是碎纸机除了本身应具有的功能外，与一般碎纸机相比的不同之处，如采用超级组合刀具，可碎信用卡、书钉；精密电子感应进/退纸功能等。有些产品还具有超量/超温/过载/满纸/废纸箱开门断电装置，机头提起断电保护系统，全自动待机/停机/过载退纸等。

15.6.2　碎纸机的使用

碎纸机(如图 15-8 所示)的操作比较简单，对环境要求也低，通常采用 220 V 电源，只要保证供电就可正常工作。有的碎纸机设有自动启动装置，只要在输入口塞入纸张，就会自行运转，将纸张切碎。有的则需按一下启动键，使机器运转后，再放入需要销毁的文件。

图 15-8　碎纸机外观

输入文件时，应注意不要一次塞入过多的纸，尤其在纸张质量较好时更要注意，以免出现卡纸故障。对于一般的碎纸机产品来说，使用时一旦发生卡纸故障，可按倒退键或停机键，使碎纸机停止转动或倒退，以便清除卡住的纸，这些机器只有清除了卡住的纸张后才能够继续使用。为了保护碎纸机，这些碎纸机大都装有过载断电保护装置，当电动机过载发热时，会自动停机。这时应停止使用 20～30 分钟，使电动机冷却，再次使用时应考虑适当减少一些输入纸的数量。目前，比较先进的碎纸机一旦超载会自动停止，自动退纸，使用更为方便。

碎纸机的箱体装满后，有的机器还会自动发出声音，以提醒人们及时清除纸屑。

奥士达 906 型全自动保密碎纸机外形尺寸为 337 mm × 214 mm × 573 mm，机头为手提式，可与箱体分离，箱体下部装有脚轮。该机可碎纸张宽度为 220 mm，速度适中，A4 大小的纸张在 5 秒内粉碎完。该机还采用电子控制，碎纸、停止、超载退纸完全自动，不需手动，只要接通 220 V 电源后将废纸送入即可开始工作。此碎纸机有四支钢刀同时切削，速度快，效果好。

15.6.3　碎纸机的维护

碎纸机是用来处理无用的废纸或文件的，但人们往往会将其他无用的物品一起丢入碎纸机，造成卡纸故障或刀具损坏，因此使用时应加以注意。一般来说，比较容易忽视的有曲别针和订书针，在使用前应将其去除。

另外，使用碎纸机时要注意干燥，不要将潮湿的纸张塞入碎纸机，以免刀具生锈损坏。

15.7　实　　　训

一、实训目的

1. 了解考勤机的类型和指纹考勤机的使用方法；
2. 了解投影器的类型和基本操作方法；
3. 掌握多功能一体机打印、复印、扫描、传真的使用；
4. 掌握数码录音笔的操作方法；
5. 了解 UPS 电源和碎纸机的使用。

二、实训条件

考勤机、投影器、多功能一体机、数码录音笔、UPS 电源和碎纸机等各一台。

三、实训过程

1. 调节并操作考勤机、投影器、数码录音笔、UPS 电源和碎纸机。
2. 将多功能一体机与计算机连接，进行打印、复印、扫描、传真等操作。

思考与练习十五

一、填空题

1. 打印类考勤机分为电子类打卡机和机械类打卡机。存储类考勤机分为磁卡/条码类、（　　　）IC 卡类、（　　　　）电脑考勤机。

2. 幻灯机电气控制部分主要是将操作者换片或调焦以电信号形式传递给机械传动部分，其功能随幻灯机种类的不同而有所区别，一般具有无线遥控、（　　　）遥控、（　　　）控制、声控、讯控等功能。

3. 聚光镜式幻灯机的光学部分主要由光源、（　　　）、（　　　）、隔热玻璃和放映镜头等组成。

4. 多功能一体机可以根据打印方式分为（　　　）和（　　　）两大类。

5. 根据产品的涵盖功能划分，多功能一体机可以涵盖打印、（　　　）、扫描、（　　　）等功能中的几种。

6. 数码录音笔的主体是存储器，而由于使用了闪存，再加上超大规模集成电路的内核系统，因此整个产品比较轻巧。此外，它还具有（　　　）录音、电话录音、MP3、（　　　）、移动存储等功能。

7. UPS 电源按其工作原理可分为后备式、（　　　）以及（　　　）三种。

8. 根据碎纸机其碎纸刀的组成方式，现有的碎纸方式有碎状、（　　　）、沫状、（　　　）、粒状、丝状等。

二、选择题

1. （　　　）考勤机是摄像考勤机、拍照考勤机，有效解决了生物识别对环境和使用人群的限制。智能卡管理和人工管理相结合，可有效适应机关、工厂、企业等环境。

  A. 第六代　　　　　　　　　　　　B. 第五代
  C. 第四代　　　　　　　　　　　　D. 第三代

2. 指纹考勤机通过（　　　）、RS-485 等多种方式与计算机通信，可多台联网使用，适合于办公室或工厂考勤。

  A. PS2　　　　　　　　　　　　　　B. IEEE 1394
  C. RS-232　　　　　　　　　　　　D. USB

3. 数码录音笔基本都提供了（　　　）接口，从而使其能够非常方便地与计算机连接，即插即用，非常方便。

  A. PS2　　　　　　　　　　　　　　B. IEEE 1394
  C. RS-232　　　　　　　　　　　　D. USB

4. UPS 的转换时间是指 UPS 从市电切换到电池状态或从电池状态切换到市电所需要的时间。通常 UPS 的转换时间不能大于（　　　）毫秒。

  A. 2　　　　　　　　　　　　　　　B. 10
  C. 15　　　　　　　　　　　　　　　D. 25

5. UPS 根据备用时间可分为标准型及长效型。标准型 UPS 的备用时间为（　　　）分钟，长效型为 1～8 小时。

  A. 30～40　　　　　　　　　　　　B. 20～30
  C. 12～20　　　　　　　　　　　　D. 5～15

三、简答题

1. 简述非接触 IC 卡考勤机的优缺点。

2. 简述指纹识别考勤机主要的优缺点。

3. 简述人脸识别考勤机的基本原理。

4. 简述透射式投影器的基本原理。

5. 简述数码录音笔的基本原理。

6. 不间断电源的主要作用是什么？

7. 简述后备式 UPS 电源的优点和适用场合。

8. UPS 整流器的主要作用是什么？

9. 交流稳压电源电网调整率的含义和要求是什么？

参 考 文 献

[1]　张婷. 笔记本电脑选购使用维护. 北京：清华大学出版社，2010.

[2]　林东，陈国先. 计算机组装与维修. 2版. 北京：电子工业出版社. 2008.

[3]　松下 KX-FP343 与 KX-FP363 传真机使用说明书.

[4]　HP Officejet 7000 (E809) 宽幅打印机使用手册.

[5]　三星 ML-1430 激光打机用户手册.

[6]　NEC LT260K+/LT240K+便携投影机用户手册.

[7]　SONY Digital Handycam 数字摄影机使用说明书.

[8]　理想数字式一体化速印机 RISO RV 系列操作手册.

[9]　适马数码相机(SIGMA DP2S)使用说明书.

参 考 文 献